Metazoa

CB123324

um objeto dividido ou separado em metades, flanqueado pelo mundo em cada um dos lados. O mundo afeta a pessoa através dos sentidos — esse é o lado do sujeito. A pessoa também resolve o que fazer para reagir, e age — esse é o lado do agente. Os lados se tornam subpartes de uma pessoa, quase como se fossem duas pessoas. Mas os papéis são menos separados do que isso, afirmou Hurley, e a imagem de um lado de coisas para o outro é enganosa. Somos sujeitos-e-agentes unificados.

Eis outra maneira de descrever o que surgiu, o que era novo. À medida que a evolução avançou, os animais se tornaram um novo tipo de ponto de interseção, ou nexo, nas redes de causa e efeito do mundo. Quando um animal recolhe informações de todos os tipos através dos sentidos, ele se torna um ponto de convergência dessas cadeias. Quando [illegible] de ação [illegible] um ponto a partir do qual [illegible] [illegible] para afetar os sentidos de outro animal. Um animal também é um lugar em que o presente se reúne com o passado [illegible] o passado terá [illegible] pela quantidade dos resultados das ações de outrora. A informação que chega sobre o aqui e o agora interage com os registros daquilo que já ocorreu.

Essas características e esse posicionamento no mundo são [illegible] não foi a única, do modo de vida [illegible] possuem um ponto de vista e reagem [illegible] se abrigar sob o guarda-chuva da "ex[illegible] consequências esperadas, e compreen[illegible]. Em resumo, a evolução da agência animal traz consigo a origem dos sujeitos.

Peter Godfrey-Smith

Metazoa

A vida animal e o despertar da mente

tradução
Daniel Galera

todavia

Dedicado a todos que perderam a vida nos incêndios de 2019-20 na Austrália, e aos que combateram o fogo

Quando uma pessoa com a visão normal olha para um tomate e percebe a sua cor, os eventos biológicos que nela transcorrem apresentarão peculiaridades e características físicas próprias; eles terão uma natureza "intrínseca". Isso dará à experiência uma sensação específica para aquela pessoa, a pessoa que é esse padrão de atividades biológicas. Um dos desafios centrais nessa área é esclarecer por que processos cerebrais desse e daquele tipo são exatamente os que proporcionam à pessoa a sensação do vermelho, e não outra sensação qualquer. Isso é de fato um desafio — um desafio científico. Mas certas visões a respeito do que devemos esperar da narrativa científica nesse caso, algumas exigências dirigidas aos materialistas, se tornam insensatas. Uma descrição científica não pode englobar ou *conter* uma experiência que está sendo descrita; ter conhecimento de uma experiência é diferente de *tê-la*, mesmo que conhecê-la possa ajudar a imaginá-la. Alguns críticos do materialismo parecem esperar que uma descrição em "terceira pessoa" de um humano ou outro animal faça algo que, por princípio, ela não pode fazer: querem que ela dê conta da primeira pessoa como num passe de mágica.

Quando as pessoas encontram problemas nos *qualia*, elas às vezes definem o impasse da seguinte forma: os materialistas deveriam ser capazes de descrever uma série de processos físicos, de um ponto de vista em terceira pessoa, que seriam capazes de formar os *qualia*. Os vermelhos, os verdes e o som dos címbalos devem de algum modo *surgir* no sistema que está sendo descrito. Isso é um tremendo erro. Os *qualia* não são algo adicional que carece de explicação, como se de algum modo fossem gerados pelo funcionamento do sistema físico. Em vez disso, eles fazem parte do que consiste em *ser* o sistema descrito. A experiência é o ponto de vista em primeira pessoa de um sistema de vida complexo de um determinado tipo, e não algo que é gerado pelo funcionamento desse sistema.

Deixai-me solenemente preveni-los aqui, proprietários de navios de Nantucket! Ao alistar vigilantes em suas pescarias, estai atentos a qualquer rapaz de rosto magro e olhos côncavos, propenso a meditações impróprias [...]. "Mas, seu vadio", disse um arpoador a um desses rapazes, "Já estamos viajando há três anos e tu ainda não avistaste nenhuma baleia. As baleias são tão raras quanto os dentes da galinha quando estás aqui em cima." Talvez fossem mesmo; ou talvez houvesse um bando delas no horizonte distante, mas esse jovem distraído é de tal modo embalado pela cadência de ondas e pensamentos imiscuídos que, na letargia opiácea de um vago e apático devaneio, perde, por fim, sua identidade; toma o místico oceano a seus pés pela imagem visível da alma infinita, azul e profunda, que penetra humanidade e natureza; e tudo o que é belo, estranho, imprevisto e deslizante, toda barbatana de forma indiscernível que se erga, parece-lhe a materialização dos pensamentos ilusórios que povoam a alma, movendo-se continuamente por ela. Nesse enlevo, teu espírito segue as correntes rumo ao lugar de onde veio; torna-se difuso pelo tempo e pelo espaço; como as cinzas Panteísticas de Cranmer espalhadas, formando por fim uma parte das praias do globo terrestre.

Herman Melville, *Moby Dick**

* Herman Melville. *Moby Dick*. Trad. Irene Hirsch e Alexandre Barbosa de Souza. São Paulo: Cosac Naify, 2008. [N. T.]

percepção — aquilo que fazemos afeta o que percebemos — e por meio disso tentam converter o lado da percepção sensorial para o lado da ação. Dito dessa maneira, essa teoria dá uma forte impressão de estar indo longe demais[11] — e é exatamente o que penso a respeito. O objetivo dessas abordagens é se distanciar o máximo possível de visões nas quais a mente que percebe não é nada além de uma tela de projeção ou um receptáculo vazio para os *qualia*, mas elas vão tão longe que o lado receptivo da mente — que é real — acaba sendo totalmente negado.

Um dos aspectos perenes da filosofia é a sua capacidade de gerar teorias extremamente exageradas. Como observou o filósofo norte-americano John Dewey,[12] com ironia, um estudante de filosofia se espanta no começo com as diferenças enormes entre as posições dos [illegible] (tudo se transforma; não, a transformação é mera ilusão) e depois começa, do mesmo modo, a [illegible] pelo [illegible] essas peças que derrubam umas às outras. Trata-se de uma patologia da área, embora isso também seja muitas vezes a via para o surgimento de novas ideias — uma visão ferrenha e estilizada se contrapondo a outra. Na área específica em que se busca compreender a experiência, por algum motivo parece difícil até mesmo aceitar algum *diálogo* entre os sistemas vivos e o mundo, com a percepção sensorial e a ação coexistindo num processo de duas vias. A atenção filosófica parece restrita a alternâncias bruscas entre um lado e o outro.

Além dos sentidos

Os temas deste capítulo são a experiência e a subjetividade, mas até o momento temos tratado principalmente da experiência *sensorial*. Critiquei a maneira de pensar dos filósofos a respeito da percepção sensorial, mas outro problema encontrado em boa parte do trabalho recente na filosofia é que

I. Protozoa

Escada abaixo

Os dez degraus da escada construída entre as pedras do quebra-mar conduzem direto até a água, que está lisa e calma, bem no topo da maré. Os sons se retraem solenes e a luz se abranda num verde suave no momento em que você submerge. Você só consegue ouvir a própria respiração.

Logo você se vê em um jardim de esponjas, em meio a um amontoado de cores e formas. Algumas esponjas têm a forma de bulbos ou leques e crescem para o alto a partir do leito oceânico. Outras se espalham para os lados, encobrindo tudo que encontram e compondo uma camada irregular. Em meio às esponjas há criaturas que evocam samambaias e flores, e também ascídias, estruturas rosadas, parecidas com bicos, revestidas por dentro com padrões esmaltados. Os bicos lembram os tubos de ar curvados para baixo existentes nos conveses de muitos navios, mas aqui eles apontam em todas as direções. Estão cobertos por uma grande variedade de formas de vida, e às vezes ficam tão incrustados que parecem ser menos organismos propriamente ditos e mais um componente da paisagem física na qual as coisas vivem.

Mas as ascídias se mexem um pouco, como se estivessem dormindo e pudessem reagir, até certo ponto, à sua aproximação. Às vezes, me dando sempre um pequeno susto, o corpo de uma ascídia se desintegra parcialmente e expele de forma visível a água contida no animal, como se ele desse um suspiro diante do inevitável. A paisagem ganha vida e comenta a sua passagem.

Junto das ascídias há anêmonas e corais-moles. Alguns corais assumem a forma de um ramalhete de mãozinhas. Cada mão tem a regularidade de uma flor, mas uma flor que tateia a água ao redor. Elas se cerram e lentamente reabrem.

Você está nadando no meio de uma espécie de floresta, cercado de vida. Numa floresta, porém, tudo que você encontra é produto de um outro caminho evolutivo: o das plantas. No jardim das esponjas, você praticamente só vê animais. A maioria desses animais (à exceção das próprias esponjas) possui sistemas nervosos, fios eletrificados que se espalham pelo corpo. Esses corpos tremem e espirram, se prolongam e vacilam. Alguns têm uma reação abrupta à sua presença. Vermes-espanadores parecem tufos de penas alaranjadas presas ao recife, mas as penas estão repletas de olhos que somem quando você se aproxima. Imagine estar dentro de uma floresta verdejante e descobrir que as árvores tossem e espirram, esticam as mãos e espiam você com olhos invisíveis.

Esse mergulho vagaroso que começou na margem está lhe mostrando remanescentes e parentes das formas iniciais de ação animal. Você não está mergulhando no passado — a esponja, a ascídia e o coral são animais do nosso tempo, produtos do mesmo intervalo de tempo evolutivo que produziu os humanos. Você não está cercado por ancestrais, e sim por primos muito afastados, parentes vivos e distantes. O jardim à sua volta é feito dos galhos mais altos de uma única árvore genealógica.

Mais adiante, embaixo de uma saliência do recife, surge um emaranhado de antenas e pinças: um camarão-palhaço. Seu corpo, parcialmente transparente, tem apenas alguns centímetros de comprimento, mas as antenas e outros apêndices ampliam a sua presença a pelo menos o triplo de seu tamanho.

Dos animais que mencionei até agora, este talvez seja o primeiro que enxerga você como um objeto, em vez de reagir a feixes de luz ou massas que se avolumam. E depois, um pouco mais à frente, em cima do recife, surge um polvo esparramado como um gato — um gato muito camuflado —, com vários braços esticados e outros encolhidos. Este animal também o observa, de forma mais evidente que o camarão, erguendo a cabeça para prestar atenção enquanto você passa.

Matéria, vida e mente

Algo foi dragado das profundezas do Atlântico Norte pelo HMS *Cyclops*, um navio da Marinha Real Britânica, em 1857. A amostra parecia ser lama do leito oceânico. Ela foi conservada em álcool e enviada ao biólogo T. H. Huxley.[1]*

A amostra foi enviada a Huxley não porque parecia particularmente anormal, mas porque na época havia um interesse, ao mesmo tempo científico e prático, nos leitos oceânicos. O interesse prático advinha do projeto de instalar cabos de telégrafo em águas profundas. O primeiro cabo a atravessar o Atlântico e enviar uma mensagem com sucesso foi concluído em 1858, mas a camada isolante não resistiu após três semanas e a corrente que levava o sinal se perdeu no mar.

Huxley examinou a lama, notou a presença de alguns organismos unicelulares e intrigantes corpos arredondados, e armazenou a lama por cerca de dez anos.

Após esse período, ele deu nova atenção à amostra, usando um microscópio melhor. Dessa vez viu discos e esferas de origem desconhecida, e também uma substância viscosa, uma "matéria gelatinosa e transparente", que as envolvia. Huxley

* Este livro contém várias notas, reunidas no fim, que fornecem referências a fontes e abrem trilhas que levam um pouco mais longe. [N.A.]

presumiu ter encontrado um novo tipo de organismo, de formas extremamente simples. Sua interpretação cautelosa foi a de que os discos e as esferas eram partes rígidas produzidas pela própria matéria gelatinosa, que estava viva. Huxley batizou o novo organismo em homenagem a Ernst Haeckel, um biólogo, ilustrador e filósofo alemão. A nova forma de vida se chamaria *Bathybius Haeckelii*.

Haeckel se encantou tanto com a descoberta quanto com o batismo.[2] Ele vinha sustentando que alguma coisa assim deveria existir. Haeckel, como Huxley, tinha sido totalmente convencido pela teoria da evolução de Darwin, apresentada, em 1859, em *A origem das espécies*. Huxley e Haeckel eram os principais defensores do darwinismo em seus respectivos países, Inglaterra e Alemanha. Os dois também estavam dispostos a investigar mais a fundo questões[3] sobre as quais Darwin, exceto em algumas breves passagens, tinha relutado em especular: a origem da vida e o início do processo evolutivo. Teria a vida surgido na Terra apenas uma ou várias vezes? Haeckel estava convencido de que a geração espontânea da vida[4] a partir de matéria inanimada era possível e que podia consistir num processo contínuo. Ele aceitou o *Bathybius* como uma forma de vida fundamental, que talvez cobrisse vastas áreas do leito oceânico profundo; entendeu que ela podia ser uma ponte ou conexão entre o reino da vida e o reino da matéria morta e inorgânica.

A concepção tradicional de como está organizada a vida, uma noção vigente desde os gregos antigos, reconhecia somente dois tipos de seres vivos: animais e plantas. Tudo que estava vivo precisava pertencer a uma dessas duas categorias. Ao conceber um novo esquema de classificação no século XVIII,[5] o botânico sueco Carl Linnaeus alinhou as plantas e os animais a um terceiro reino inanimado, o "reino das rochas", ou *Lapides*. Essa tripla distinção se manifesta até hoje na costumeira pergunta: "animal, vegetal ou mineral?".

Na época de Linnaeus, os organismos microscópicos já haviam sido observados, começando possivelmente pelo comerciante de tecidos holandês Antonie van Leeuwenhoek, na década de 1670, quando ele fabricou o mais potente dos primeiros microscópios. Linnaeus introduziu uma certa quantidade de organismos pequeninos, observados ao microscópio, em sua classificação dos seres vivos, incluindo-os na categoria dos "vermes". (Ele concluiu a décima edição do seu *Systema Naturae*, a edição que deu início à classificação dos animais e das plantas, com um grupo que chamou de *Monas*: "o corpo é um mero ponto".)

Com o avanço da biologia, casos enigmáticos começaram a surgir, em especial na escala microscópica. A tendência era tentar encaixá-los nas plantas (algas) ou animais (protozoários), de um lado ou outro da fronteira. Com frequência, porém, era difícil determinar o lugar certo de uma criatura nova, e era natural suspeitar que a classificação padrão já não dava mais conta.

Em 1860, o naturalista britânico John Hogg defendeu que a melhor coisa a fazer era parar de forçar a situação e acrescentar um quarto reino para os organismos pequenos, cada vez mais reconhecidos como unicelulares, que não eram nem plantas nem animais.[6] Ele batizou esse grupo de *Protoctista* e os colocou em um *Regnum Primigenum*, ou "reino primevo", que fazia companhia a plantas, animais e minerais. (O termo cunhado por Hogg, *Protoctista*, acabou sendo encurtado por Haeckel em sua versão mais moderna, *Protista*.)[7] Na visão de Hogg, os limites que separavam os diferentes reinos vivos eram vagos, mas o limite entre o reino mineral e os vivos era bem definido.

A confusão de categorias que descrevi até o momento diz respeito à vida, não à mente. Mas a vida e a mente parecem desde muito interligadas, mesmo que a relação percebida entre elas não tenha se mantido estável. No sistema de

Aristóteles, desenvolvido há mais de 2 mil anos,[8] a *alma* unifica a vida e a mente. A alma, para Aristóteles, é uma espécie de forma interior que dirige a atividade corporal, e ela existe em diferentes níveis e gradações nos diferentes seres vivos. As plantas absorvem nutrientes para se manter vivas — isso denota um tipo de alma. Os animais fazem isso e também são capazes de detectar estímulos do ambiente e responder a eles — é outro tipo de alma. Os humanos podem raciocinar, além de possuir as duas outras capacidades, portanto têm um terceiro tipo. Para Aristóteles, até os objetos inanimados, desprovidos de alma, por vezes se comportam de acordo com finalidades e objetivos, tendendo a seu lugar natural.

A derrubada da ideia de Aristóteles durante a "Revolução Científica" do século XVII acarretou um redesenho dessas relações. Entre outras coisas, envolveu uma concepção mais rígida do mundo físico — a asserção de um entendimento mecânico da matéria, de engrenagens girando com pouco ou nenhum papel reservado à finalidade — e uma elevação ou eterificação da alma. A alma, intrínseca a toda a natureza viva em Aristóteles, ganhou um caráter mais exclusivo e intelectualizado. As almas também podem ser salvas pela vontade divina, permitindo alguma espécie de vida eterna.

Para René Descartes, uma figura de particular influência[9] no período, existe uma divisão nítida entre o físico e o mental, e nós humanos somos uma combinação dos dois — um cão é desprovido de sentimentos, não importa o que lhe é feito. As almas que tornam os humanos especiais deixam de estar presentes, mesmo de forma tênue, nos animais e nas plantas.

No século XIX, o período de Darwin, Haeckel e Huxley, os avanços na biologia e nas outras ciências fizeram com que o dualismo de Descartes parecesse cada vez menos viável. A obra de Darwin propunha uma visão na qual a linha divisória entre humanos e animais era menos nítida. Diferentes formas de vida e diferentes capacidades mentais podiam surgir dos processos graduais da evolução, principalmente a partir da adaptação às circunstâncias e das ramificações que davam origem às espécies. Isso deveria bastar para explicar tanto os corpos quanto as mentes — desde que se soubesse como tudo teve início.

Esse *desde que* era uma grande questão. Haeckel, Huxley e outros abordaram esse aspecto do problema da seguinte forma. Eles acharam que deveria existir uma *coisa*, presente nos seres vivos, que possibilita a vida e os primórdios da mente. Essa coisa seria física, e não sobrenatural, mas ao mesmo tempo muito diferente da matéria ordinária. Se pudéssemos isolá-la, daria para recolher um pouco dela com uma colher, e nessa colherada ainda teríamos essa coisa especial. Eles deram a essa coisa o nome de "protoplasma".[10]

Pode parecer uma forma esquisita de abordar a questão, mas ela foi motivada em parte por uma inspeção minuciosa das células e dos organismos simples. Quando se olhava o interior das células, era como se faltasse a organização necessária[11] — poucas partes diferiam de outras — para que as células fossem capazes de fazer o que evidentemente faziam. O que se observava parecia ser apenas uma substância transparente e macia. Em 1862, o fisiologista inglês William Benjamin Carpenter ficou maravilhado com o que organismos unicelulares eram capazes de fazer: as "operações vitais" que vemos ser "desempenhadas por um aparato complexo" em um animal são neles viabilizadas por "uma pequena partícula de gosma aparentemente homogênea". A partícula de gosma é vista "capturando o alimento sem o auxílio de membros, engolindo-o sem boca e digerindo-o sem estômago", e "se deslocando de um lugar a outro sem músculos". Isso levou Huxley e outros a pensarem que a atividade viva poderia ser explicada não por uma organização intrincada da matéria comum, e sim por um ingrediente diverso, inerentemente vivo: "é a organização que resulta da vida, e não a vida que resulta da organização".

Nesse contexto, o *Bathybius* parecia extraordinariamente promissor. Tudo indicava tratar-se de uma amostra pura da substância da vida, uma substância que talvez surgisse o tempo todo de maneira espontânea, formando um carpete orgânico que se renovava sem parar em águas profundas. Novas amostras foram examinadas. Foi dito que o *Bathybius* obtido no golfo da Biscaia era capaz de se movimentar. Outros biólogos, porém, não foram convencidos por essa suposta forma de vida primordial e pelo volume crescente de especulações que a cercavam. Como o *Bathybius* se mantinha vivo lá embaixo? Qual seria o seu alimento?

Veio, então, a expedição do *Challenger*[12] — um projeto de quatro anos de duração, organizado pela Royal Society of London na década de 1870, que recolheu amostras de centenas de locais nos oceanos profundos do mundo inteiro. O objetivo era ter o primeiro inventário abrangente da vida existente nas águas mais profundas. O cientista chefe da expedição, Charles Wyville Thomson, estava disposto a se dedicar à questão do *Bathybius*, embora a visse com desconfiança. O *Challenger* não encontrou novas amostras, e dois dos cientistas a bordo, às voltas com ajustes na teoria, passaram a suspeitar que o *Bathybius* nem estivesse vivo. Com uma série de experimentos, eles demonstraram que o *Bathybius* não aparentava ser nada além do resultado de reações químicas entre a água do mar e o álcool empregado na preservação das amostras, mesmo no caso da antiga amostra de Huxley, colhida no HMS *Cyclops*.

O *Bathybius* estava morto. Huxley reconheceu de imediato o erro. Haeckel, mais aferrado ao *Bathybius* como elo perdido, manteve a posição,[13] infelizmente, por mais dez anos. Mas a ponte havia caído.

Depois disso, algumas pessoas ainda mantiveram a esperança de encontrar uma ponte mais ou menos semelhante — uma substância especial que ligaria a vida à matéria. Mas, nos anos seguintes, as visões desse tipo foram perdendo força. Elas foram substituídas no decorrer de um processo lento de descoberta, o qual terminou por remover o mistério da atividade viva. A explicação da vida que dele resultou seguia justamente o caminho que Huxley e Haeckel não estiveram dispostos a endossar: o da organização oculta da matéria comum.

Essa matéria não é "comum" em todos os aspectos, como veremos, mas é comum na sua composição básica. Os sistemas vivos são feitos dos mesmos elementos químicos que compõem o restante do universo, e funcionam de acordo com os princípios físicos que também se estendem ao reino inanimado. Não sabemos, hoje, qual é a origem da vida, mas essa origem já não é um mistério do tipo que nos faria crer que uma substância adicional gera o mundo dos seres vivos.

Esse foi o triunfo de uma visão *materialista* da vida — uma visão que não aceita intrusões do sobrenatural. Foi também o triunfo de uma visão de acordo com a qual o mundo físico propriamente dito está unificado por seus componentes básicos. A atividade viva não se explica por meio de algum ingrediente misterioso, mas por meio de estruturas intrincadas em escala ínfima. Essa escala é quase inconcebível. Citando apenas um exemplo, os ribossomos são parte importante da célula — as estações de montagem das moléculas de proteína —, e sua própria estrutura é um tanto complexa. Mas seria possível encaixar mais de 100 milhões de ribossomos no ponto-final impresso ao término desta frase.[14]

A vida, assim, ficou resolvida. No caso da mente, as coisas seguem bem menos claras.

Do século XIX em diante, com a revolução de Darwin ganhando força, parecia difícil manter uma visão dualista da mente, como a de Descartes. O dualismo faz algum sentido numa concepção geral que confere aos humanos um lugar único e especial na natureza, de algum modo próximo a Deus. Assim, todo o resto, vivo ou morto, pode ser puramente material, enquanto nós possuímos um ingrediente a mais. Uma perspectiva evolutiva da humanidade, que identifica continuidades entre nós e os outros animais, torna o dualismo algo difícil de sustentar, embora não impossível. Isso move a tentativa de desenvolver uma visão materialista da mente, que explique o pensamento, a experiência e os sentimentos em termos de processos físicos e químicos. O fato de que a própria vida sucumbiu a um tratamento materialista desse tipo é encorajador, mas não está claro até que ponto isso realmente ajuda; não está clara a relação que o sucesso do materialismo biológico pode ter com os enigmas da mente.

Olhando novamente para a história, é possível distinguir dois caminhos alternativos que permanecem até hoje. Aristóteles, como vimos, reconheceu a existência de vários níveis diferentes da alma ligando as plantas e os animais a nós. O que chamamos de "mente" é visto como uma extensão ou versão natural da atividade viva. A concepção de Aristóteles não era evolutiva, mas não é difícil reformular essa perspectiva em termos evolutivos. A evolução das formas de vida complexas desemboca na mente como seria de esperar, com o incremento da ação intencional e da sensibilidade ao meio.

Descartes, por outro lado, entendia que a vida e a mente eram coisas totalmente diversas. Não há motivo, de acordo com essa segunda visão, para pensar que o avanço na compreensão da vida fará muita diferença na hora de resolver os problemas da mente.

Mais ou menos de um século para cá, as visões nessa área têm sido em sua maioria materialistas, mas elas se aproximaram de Descartes em um aspecto. Da metade do século XX em diante, os teóricos foram deixando de identificar conexões próximas entre a natureza da vida e a mente. Isso foi estimulado pelo avanço dos computadores. A tecnologia da computação que se desenvolveu a partir da metade do século passado prometeu oferecer uma outra ponte entre o mental e o físico, uma feita não de vida, mas de lógica. A nova mecanização da razão e da memória — computação — parecia ser o melhor rumo para os avanços. À medida que os sistemas de inteligência artificial (IA) se desenvolveram, alguns deles começaram a parecer um pouco inteligentes, mas havia poucas evidências que levassem a crer que estavam *vivos*. Os corpos dos animais, pelo visto, não importavam muito — na verdade, eles começaram a parecer inteiramente opcionais. O software era o cerne da questão. O cérebro roda um programa, e esse programa também pode rodar em outras máquinas (ou em outras coisas que não sejam máquinas).

Nesse mesmo período houve um aguçamento do problema do mental e do físico. "A mente", entendida como um quebra-cabeça, foi substituída por um enigma mais específico. O novo enfoque sustenta que uma parte da mente pode ser explicada sem muita dificuldade em termos materialistas, enquanto um outro aspecto é mais resistente. O lado resistente é a experiência subjetiva, ou a consciência. Pensemos, por exemplo, na memória. Podemos verificar que vários tipos de animais possuem memória; eles criam registros do passado em seu cérebro e usam esses registros, mais tarde, quando resolvem o que fazer. Não é muito difícil imaginar como o cérebro pode alcançar isso. Uma boa parte desse problema permanece sem solução, mas ele sem dúvida parece solucionável; podemos nos considerar capazes de resolver como funciona esse lado da memória. Mas, pelo menos nos humanos, alguns tipos de memória também envolvem uma *sensação*. Como disse Thomas Nagel, em 1974,[15] existe um *algo que é ser como* — uma *sensação* de como é — ter uma mente. Existe uma sensação de como é lembrar de uma experiência boa ou ruim. O lado de "processamento de informação" da memória, a capacidade de armazenar e recuperar informações úteis, pode estar acompanhado ou não dessa característica adicional. O lado difícil do problema mente-corpo é explicar esse segundo aspecto da nossa vida mental, explicar em termos biológicos, físicos ou computacionais como a sensação das experiências pode existir no mundo.

Esse problema ainda é frequentemente abordado recorrendo-se a uma gama de opções clássicas. A principal linha divergente é entre as visões materialistas (ou "fisicalistas"), de um lado, e o dualismo, do outro. Algumas possibilidades mais radicais também são cogitadas. O *pampsiquismo* propõe que toda matéria, inclusive a matéria de um objeto como uma mesa,[16] possui algum aspecto mental. Não é a mesma coisa que a ideia de que o universo inteiro é feito de experiência — isso é o *idealismo*. Em vez disso, um pampsiquista aceita a disposição física do mundo tal como se manifesta, mas acrescenta que o material que compõe esse mundo sempre contém um aspecto um pouco semelhante à mente. Esse aspecto semelhante à mente contido na matéria dá origem à experiência e à consciência a partir do momento em que parte dessa matéria se organiza formando um cérebro. Apesar da aparência extravagante, o pampsiquismo tem defensores sérios. Thomas Nagel, que mencionei antes, argumenta que o pampsiquismo deve permanecer na discussão porque todas as visões apresentam problemas significativos, e os problemas do pampsiquismo não são piores do que os problemas das outras alternativas. Ernst Haeckel, nos anos pós-*bathybius*, também se viu atraído pelo pampsiquismo. Huxley se viu atraído por outra tese pouco ortodoxa.[17] Ele suspeitou que a experiência consciente poderia ser um efeito de processos materiais, mas nunca a sua causa. É um tipo incomum de dualismo, o qual também possui defensores atualmente.

Algo que sobressai nessa gama formidável de visões alternativas do universo, e também está visível no debate mais rotineiro, é uma diversidade imensa nas ideias a respeito de onde se situa a mente. Para alguns, ela está em toda parte, ou quase em toda parte. Para outros, está restrita aos humanos e talvez a alguns poucos animais semelhantes a nós. Uma pessoa pode ver um paramécio, um organismo unicelular, nadando vigorosamente por uma lâmina de água, e dizer: O que está ocorrendo nessa criatura é suficiente para que ela possua sentimentos. O paramécio é responsivo e tem objetivos. Numa escala minúscula, ele é dotado de experiência. Outra pessoa pode não somente desprezar o paramécio, mas também ver um animal complexo como um peixe e dizer: Provavelmente não há sentimento nenhum aí. O peixe demonstra ter muitos reflexos e instintos, e uma atividade cerebral razoavelmente complicada, mas toda essa atividade está ocorrendo "no escuro". Se essa segunda pessoa está equivocada, por que ela está equivocada? Se o pampsiquismo também está equivocado e não há qualquer indício de sentimento num grão de areia, por que isso é um equívoco? *Será* que as coisas podem ser de fato assim? É comum que pareça haver certa arbitrariedade na situação. As pessoas podem afirmar aquilo que quiserem. Se eu precisasse adivinhar qual é a posição da maioria das pessoas, hoje, a respeito de quais seres vivos são dotados de experiência, estimaria que uma resposta bastante comum é "sim" para os mamíferos e pássaros, "talvez" para os peixes e répteis, e "não" para todo o resto. Mas se alguém fizer questão de ampliar esse alcance (até as formigas, plantas e paramécios) ou limitá-lo (somente os mamíferos), logo a discussão parece se perder um pouco. Como poderíamos estabelecer quem tem razão?

Essa impressão de arbitrariedade tem relação com algo que o filósofo Joseph Levine chamou de "lacuna explicativa".[18] Mesmo se estivermos bastante convictos de que a mente deve ter fundamentos puramente físicos, sem que seja necessário acrescentar nada, desejaremos saber por que *esse* arranjo físico acarreta *esse* tipo de experiência, e não outra coisa. Por que é *essa* a sensação de ter um cérebro do tipo específico do seu, desempenhando determinados processos neste exato momento? Mesmo que as dificuldades apresentadas pelas outras visões nos convençam de que o materialismo precisa ser verdadeiro, é difícil esclarecer *por que* ele é verdadeiro, como as coisas poderiam ocorrer dessa maneira.

Esse é o conjunto de problemas que pretendo abordar neste livro. O objetivo não é responder aos questionamentos de Levine a respeito das experiências particulares — que atividades cerebrais são responsáveis por enxergar cores ou sentir dor. Isso é trabalho para a neurociência. O objetivo, em vez disso, é entender por que existe uma sensação de ser um ente material do tipo que somos. Este "somos" deve ser tomado em sentido amplo; meu alvo principal não são as complexidades da consciência humana, mas a experiência em geral, algo que pode incluir muitos outros animais. Quero tratar dessas questões relativas à experiência de um modo que reduza a impressão de arbitrariedade descrita antes — a sensação de que você poderia responder sim para as bactérias e não para os pássaros, conforme o humor.

Minha abordagem do problema mente-corpo é biológica e se encaixa na visão de mundo materialista. Para muitos, a palavra "materialismo" sugere uma maneira de ver fria e inflexível: o mundo é menor do que se pensava, menos especial ou menos sagrado, nada além do entrechoque de átomos. Átomos se entrechocando são, de fato, muito importantes, mas não quero iniciar a história com ares de frieza e restrição. O mundo "físico" ou "material" é mais do que um mundo de colisões surdas e estruturas inertes. É um mundo de energia, de campos e de influências ocultas. Precisamos estar prontos para surpresas constantes a respeito do que ele contém.

A abordagem adotada por este livro é o materialismo biológico, mas em muitos sentidos o cerne do meu enfoque está numa posição mais ampla, às vezes chamada de *monismo*. O monismo é o comprometimento com uma unidade subjacente à natureza,[19] uma unidade nos níveis mais básicos. O materialismo é um tipo de monismo, por estar comprometido com a ideia de que os fenômenos mentais, incluindo a experiência subjetiva, são manifestações de atividades mais básicas descritas pela biologia, química e física. O idealismo, a ideia de que tudo é mental, é outro tipo de monismo — a proposição de uma unidade diferente. (Um idealista precisa explicar como aquilo que parece ser um objeto ou ocorrência física é, na verdade, uma manifestação da mente ou do espírito.) Outra maneira de ser monista é pensar que tanto aquilo que chamamos de "físico" quanto o que chamamos de "mental" são manifestações de algo mais básico; essa visão é denominada monismo *neutro*. Em vez de explicar o mental nos termos do físico ou o físico nos termos do mental, explicamos tanto o físico quanto o mental nos termos de outra coisa. Essa "outra coisa" tende a permanecer um tanto misteriosa. Se eu não fosse um materialista, seria um monista neutro,[20] mas esta, para mim, é uma possibilidade menos cotada. O caminho que pretendo seguir partirá da vida — entendida do ponto de vista materialista — para tentar mostrar como o desenvolvimento evolutivo de sistemas vivos pode dar origem às mentes. Quero fechar — ao menos parcialmente — a lacuna explicativa entre o mental e o físico.

Antes de avançarmos, porém, vamos olhar mais de perto o lado mental do quebra-cabeça, bem como as palavras que usamos para descrevê-lo. O lado da mente que Nagel procurava destacar ao dizer "existe algo que é ser como..." costuma ser chamado, hoje em dia, de *consciência*. (O próprio Nagel o chama assim.) Você é consciente, nesse sentido, se existe uma sensação de ser como você. Mas o termo "consciência" é muitas vezes enganoso nesse contexto, pois tende a sugerir alguma coisa bastante sofisticada. A expressão "algo que é ser como..." deveria incluir sensações de todos os tipos. Existe algo que é ser como você — ou como um peixe ou uma mariposa — quando os mais tênues e fugazes sopros de sensação fazem parte da sua vida. O fato de que a palavra "consciência" sugere mais do que isso acaba trazendo problemas.

Por exemplo, os neurocientistas costumam dizer que a consciência depende do córtex cerebral, a parte cheia de dobras que encobre o nosso cérebro, algo que se encontra somente nos mamíferos e em alguns outros vertebrados. Eis uma citação do médico e ensaísta Oliver Sacks[21] sobre um paciente que, como resultado de uma infecção cerebral, perdeu a capacidade de memorizar fatos novos. Sacks perguntou: "Qual é a relação dos padrões de ação e memórias procedurais, que estão associados a porções relativamente primitivas do sistema nervoso, com a consciência e a sensibilidade, que dependem do córtex cerebral?". Sacks está fazendo uma pergunta e ao mesmo tempo apresentando um pressuposto: a consciência e a sensibilidade dependem do córtex cerebral. Será que Sacks está querendo dizer que, caso alguém ou algo não possua um córtex cerebral, tampouco poderá ter uma consciência em todo seu exuberante aqui-estou-eu, embora possa ter, ainda assim, algumas sensações? Ou será que pensa que sem o córtex cerebral as luzes só podem estar apagadas, e o ser em questão não teria experiência alguma, mesmo que pudesse manifestar certos comportamentos? A maior parte dos animais, especialmente a maior parte dos animais neste livro, não possui um córtex cerebral. Teriam eles uma experiência de tipo diferente da nossa ou uma ausência completa de experiência?

Algumas pessoas acreditam que sem um córtex cerebral não é possível haver qualquer tipo de experiência. Talvez nos encaminhemos para uma visão desse tipo no fim das contas,[22] mas eu duvido. É preciso um esforço contínuo para não ceder ao hábito de pensar que todas as formas de experiência devem ter algo de humano em diversos aspectos. Quando a palavra "consciência" é usada para se referir à ideia muito abrangente da experiência vivida, é fácil se desencaminhar. Mas muita gente emprega a palavra "consciência", ou alguma modificação dela ("consciência fenomênica"), nesse sentido mais amplo. Não vou ser exigente demais com as palavras, e nenhuma terminologia é perfeita. Em certos aspectos, "senciência" é um bom termo para o conceito mais abrangente. Podemos perguntar: que animais são sencientes? Isso é, ou pode ser, diferente de perguntar que animais são conscientes. Mas "senciência" é um termo usado com frequência para falar de *tipos* de experiência particulares — prazer, dor e experiências relacionadas que incluem uma avaliação como boas ou más. Essas experiências são sem dúvida importantes, e provavelmente faz sentido pensar que podem existir sem tipos sofisticados de consciência. Mas elas podem não ser o único tipo de experiência básica ou simples. Em um capítulo posterior, investigarei a possibilidade de que o lado sensorial e o lado avaliativo da experiência são, em alguma medida, distintos — registrar o que acontece pode ser distinto de avaliar se aquilo é bom ou ruim. "Senciência" não costuma ser empregada em relação ao lado sensorial dessa distinção.

Outro termo é a insubmissa "experiência subjetiva". O termo soa redundante (há outro tipo de experiência?) e não contém um adjetivo fácil como "consciente" ou "senciente". Mas "experiência subjetiva" nos aponta uma direção boa ao evocar a ideia de um *sujeito*. Em alguns sentidos, este livro trata da evolução da subjetividade — o que é a subjetividade e como ela surgiu. Sujeitos são o lar da experiência, os lugares onde ela vive.

Às vezes falarei, também, apenas sobre a mente, pois creio que é isso que podemos vir a compreender através desta história: a evolução da mente e como ela se encaixa no mundo. Transitarei entre terminologias sem deixar nada gravado em pedra. Nossa compreensão atual não basta para que possamos insistir no uso de uma palavra ou outra.

O projeto que estou propondo pode ser descrito de muitas maneiras, mas todas as formas de encará-lo são difíceis. Este projeto consiste em mostrar que, de algum modo, um universo de processos que não são, em si, mentais ou conscientes podem se organizar de modo a dar origem *à* experiência. De alguma forma, uma parte da atividade predominantemente não mental do mundo se organizou para formar mentes.

O dualismo, o pampsiquismo e várias outras visões acreditam que isso não pode acontecer; não se pode fazer uma mente — não por completo, pelo menos — a partir de outra coisa, apenas com ingredientes não mentais. A mente deve estar presente em tudo ou precisa ser colocada "em cima" — não literalmente em cima, mas acoplada a um sistema físico que, em princípio, estaria completo sem ela. Acredito, em vez disso, que se pode — ou que a evolução pode — construir uma mente a partir de outra coisa. Havendo determinados arranjos de coisas que não são, elas mesmas, mentais, uma mente passa a existir. Mentes são produtos evolutivos que surgem da organização de outros ingredientes não mentais da natureza. Esse surgimento é o tema deste livro.

Eu disse que a mente é um produto evolutivo e algo *construído*, mas quero evitar desde já o aparecimento de um erro comum. Uma visão materialista não alega que a mente é um *efeito* de processos físicos que ocorrem em nosso cérebro, uma consequência ou produto dele. (Huxley parece ter acreditado nisso.) Em vez disso, a ideia é que experiências e outras ocorrências mentais são processos biológicos, e portanto físicos, de um certo tipo. Nossas mentes são arranjos e atividades de matéria e energia. Esses arranjos são produtos evolutivos; eles tomam forma aos poucos. Mas esses arranjos, uma vez que existem, não são uma *causa* das mentes; eles *são* mentes. Processos cerebrais não são uma causa dos pensamentos e das experiências; eles *são* pensamentos e experiências.

Esse é o modo como vejo o projeto materialista biológico — trata-se de mostrar que essa posição faz sentido e explica, com a maior probabilidade, como as coisas realmente são. A meta deste livro é seguir o mais longe possível por esse caminho. Não acho que a solução para o problema se revelará com uma canetada, com um gesto que tirará o coelho da cartola. Ela será mais cumulativa. À medida que o livro avança, desenvolverei um enfoque positivo, um esboço de solução que combina, em linhas gerais, três elementos dentro de um cenário que, acredito eu, faz sentido. Mas nem todas as perguntas serão respondidas e muitos enigmas permanecerão. O modo como penso que as coisas vão se desdobrar ganha expressão vívida numa citação que, ao longo de anos de sucessivos manuscritos, serviu de epígrafe para este livro. O autor da citação é Alexander Grothendieck, um matemático.

> O mar avança insensível e silencioso, nada parece acontecer e nada é perturbado… Mas ele finalmente envolve a substância teimosa que, aos poucos, se torna uma península, depois uma ilha, depois uma ilhota que termina submersa, como se tivesse sido dissolvida pelo oceano que se estende até onde a vista alcança.[23]

Grothendieck se dedicou a um problema bastante abstrato — abstrato até para os padrões da matemática pura. A citação descreve sua abordagem para os problemas de sua área. O problema que temos diante de nós parece resistir aos métodos usuais. O que devemos fazer em resposta a isso é construir conhecimento *em torno* do problema, na esperança de que, enquanto o fazemos, o problema se transforme e desapareça. A situação vai se remodelando e, em certo ponto, se torna compreensível. A imagem que ele usou para representar esse processo é a submersão de um objeto, de uma massa, na água.

Guardo essa imagem na mente faz muito tempo. Não acho, como é o caso de alguns filósofos, que os problemas nessa área são meras ilusões que podemos transpor somente trocando as palavras aqui e ali. É preciso aprender coisas novas. À medida que elas são aprendidas, porém, o problema em si muda de forma e vai sumindo.

A imagem de Grothendieck parecia tão apropriada que cheguei a usá-la na abertura do livro. Mas agora a imagem tem outras conotações, quando o derretimento do gelo polar numa Terra que esquenta com rapidez está levando ao desaparecimento de preciosas ilhas no Pacífico. Levando em conta essas novas associações, parecia errado abrir o livro dessa maneira.[24] Mas a metáfora de Grothendieck ainda guia o meu pensamento, e a perspectiva que ela expressa guiará o funcionamento deste livro. *Metazoa* aborda os problemas da mente e do corpo explorando a natureza da vida, a história dos animais e as diferentes formas de ser animal que hoje nos cercam. Ao explorar a vida animal, construímos algo em volta do problema e vemos como ele vai se transformando e cedendo aos poucos.

Este livro é a continuação de um projeto que teve início em outro livro, chamado *Outras mentes*. Aquele livro era uma exploração da evolução e da mente guiada por um grupo específico de animais: cefalópodes, o grupo que inclui os polvos. *Outras mentes* nasceu a partir de encontros com esses animais dentro d'água, em mergulhos subaquáticos e com snorkel. Encontrá-los lá, em sua complexidade mutável e cheia de cores cambiantes, me levou a uma tentativa de entender o que poderia estar se passando dentro deles. Isso, por sua vez, me fez rastrear seu caminho evolutivo, um caminho que nos trouxe a um acontecimento crucial na história dos animais, uma ramificação muito antiga na árvore genealógica. Ocorrida há mais de meio bilhão de anos, ela resultou em dois ramos, um dos quais conduziu ao polvo (entre outros), e outro, a nós.

Algumas ideias a respeito de mentes, corpos e experiência foram esboçadas naquele livro, guiadas pelos animais que eu acompanhava de perto. Aqui, tais ideias são desenvolvidas e expandidas. Esse desenvolvimento resulta de um olhar mais aprofundado ao aspecto filosófico, de uma exploração de outros ramos da árvore e de horas aquáticas passadas na companhia de outros de nossos parentes animais. Se em *Outras mentes* eu retornava sempre aos polvos, neste livro o objetivo é percorrer o caminho em companhia de muitos tipos de animais, mais próximos e também mais distantes de nós na árvore evolutiva. Para alguns desses animais, eu também era um ser disponível para observação e contato; para outros, uma presença aquém de um sonho. Rumo ao final do livro, começamos a nos aproximar de parentes mais próximos, com corpos e mentes mais semelhantes aos nossos. Mas o relato histórico pende para os estágios mais prematuros, e seu objetivo é desvendar como a experiência veio a existir na Terra para começo de conversa, primeiro nas águas, e depois em terra.

Esse é, portanto, o caminho do livro. Caminhamos — rastejamos, crescemos, nadamos — pela história da vida animal desde os primórdios, guiados por uma coleção de criaturas do nosso presente. Aprendemos algo com cada animal — com seu corpo, com sua forma de perceber e agir, com sua maneira de travar contato com o mundo. Com o auxílio deles, tentamos discernir não somente a história, mas as diferentes formas de subjetividade que temos hoje ao nosso redor. Minha meta não é enciclopédica, não se trata de cobrir todas as variedades de animais. Concentro-me naqueles que marcam transições na evolução da mente, em especial nos estágios em que ela surgiu. Em sua maior parte, esses animais são marinhos e vivem nos oceanos. Vamos descer os degraus.

2.
A esponja-de-vidro

Torres

Um jardim de esponjas costuma surgir logo abaixo[1] das camadas de água em que o sol consegue penetrar bem, especialmente em locais por onde passam correntes. Ali, quando a luz começa a rarear, pode ser que você encontre uma paisagem de corpos de animais imóveis. Eles têm a aparência de copos, bulbos, cálices ou árvores ramificadas. Às vezes lembram mãos cobertas por luvas grossas, como se alguma coisa enorme, soterrada no leito oceânico, estivesse tentando alcançar a superfície com seus membros macios e inacabados.

Ainda nessa zona rasa, olhe ao longe e imagine um outro mar bem mais gelado, um cenário de escuridão atravessado por uma fina precipitação de partículas. Sobre o leito oceânico, a mais de novecentos metros de profundidade, uma torre esbranquiçada e cilíndrica, com altura de cerca de trinta centímetros, se ergue em meio a outras torres semelhantes, todas bem fixas no fundo e com topos um pouco mais largos e dotados de aberturas. O exterior macio encobre uma treliça de pequenas partes rígidas. As menores dessas partes são estrelas, ganchos ou delicadas cruzes, entremeados de modo a erigir aquela malha em forma de torre. As torres se afixam ao fundo com delicadas âncoras. As âncoras e as cruzes são feitas de dióxido de silício, o principal componente do vidro.

Num coral de águas temperadas ou numa paisagem lunar do oceano profundo, a esponja parece morta e inerte, mas se você olhar bem de perto, perceberá que não é o caso. Ela é uma bomba silenciosa, fazendo a água passar por dentro dela. Enquanto faz isso, ela percebe e reage. A torre das profundezas marítimas, a esponja-de-vidro, tem um corpo que também é capaz de conduzir luz e carga elétrica, como uma lâmpada ("pense!") no fundo do oceano.

Célula e tempestade

O que antecede a evolução da mente é a própria vida — não tudo a respeito da vida, não o DNA e seus mecanismos, mas outras características. O começo é a célula.

A vida primordial, antes dos animais e das plantas, era unicelular. Animais e plantas são imensas colaborações entre células. Antes dessas colaborações terem surgido, é provável que as células não fossem completamente solitárias, convivendo, em vez disso, em colônias e aglomerados. Mesmo assim, naquela altura a célula era um pequenino self em si mesma.

Células são delimitadas, possuem um dentro e um fora. A fronteira é uma membrana; ela encerra parcialmente a célula, mas possui canais e passagens. A fronteira é palco de idas e vindas contínuas, e no lado de dentro a atividade é frenética.

Uma célula é composta de matéria, é um agrupamento de moléculas. Não sei exatamente o que passa pela sua cabeça quando digo "matéria", mas para muitos a palavra evoca um modo de ser inerte e enfadonho, com objetos pesados que precisam de um empurrão para se mover. Essa imagem da matéria é influenciada pelo funcionamento das coisas na superfície terrestre e na escala dos objetos de tamanho médio, como mesas e cadeiras. Quando pensamos no material de que é feita a célula, precisamos pensar de outra maneira.

Dentro de uma célula, os eventos transcorrem em escala *nanométrica*,[2] que mede os objetos em milionésimos de milímetro, e o meio em que tudo acontece é aquático. Nesse ambiente, a matéria se comporta de maneira muito diferente de qualquer coisa em nosso mundo terrestre e de tamanho médio. Nessa escala, atividades surgem espontaneamente sem que nada as tenha provocado. Numa expressão atribuída ao biofarmacêutico Peter Hoffmann, dentro de qualquer célula está acontecendo uma "tempestade molecular", um turbilhão incessante de colisões, atrações e repulsões.

Se imaginamos que a célula está cheia de aparatos intrincados, partes com funções a cumprir, essas ferramentas estão sendo bombardeadas sem parar por moléculas de água. Um objeto dentro de uma célula recebe uma colisão de uma molécula de água a cada dez trilionésimos de segundo, aproximadamente. Isso não é um erro de digitação; é quase impossível pensar na escala dos eventos dentro da célula de maneira intuitiva. Essas colisões não são triviais; a força de cada uma supera em muito a força que as próprias ferramentas são capazes de exercer. O que o aparato no interior da célula pode fazer é desviar os eventos numa direção em vez de outra, colocando um pouco de coerência na tempestade.

O meio aquático é importante para a manutenção dessa tempestade. Nessa escala espacial, muitos objetos grudariam uns nos outros e ficariam amontoados caso estivessem em terra firme, mas na água isso não acontece; ao contrário, eles permanecem em movimento, e isso faz da célula um espaço de atividade autoproduzida. Como eu disse antes, costumamos ver a "matéria" como inativa e inerte. Mas o problema que as células precisam enfrentar não é o de fazer as coisas acontecerem, mas o de criar ordem, colocando algumas balizas no fluxo espontâneo dos acontecimentos. A matéria, nessas circunstâncias, não fica ali parada sem fazer nada, e sim corre o risco de fazer demais; o problema consiste em extrair organização do caos.

Quase todas as associações às quais tendemos a recorrer quando pensamos na matéria se revelam traiçoeiras no momento em que refletimos sobre a vida e as suas possíveis origens. Se a vida precisasse evoluir na superfície terrestre a partir de ingredientes na escala mesa-e-cadeira, ela não teria surgido. Mas a vida não precisou fazer isso; ela evoluiu na água — talvez em finas películas de água na superfície, mas na água — a partir da emergência de ordem no meio de uma tempestade molecular.

A origem da vida ocorreu bastante cedo na história da Terra,[3] talvez por volta de 3,8 bilhões de anos atrás, num planeta que possui aproximadamente 4,5 bilhões de anos. É possível que a primeira forma de vida não tivesse a forma de uma célula, mas deve ter havido algum meio inicial para que um conjunto especial de processos químicos pudesse ser contido, delimitado e impedido de dispersar. Em algum estágio posterior apareceram células, que de início, podemos presumir, eram mal vedadas e frágeis, mas que depois resultaram em algo próximo às bactérias, células que preservam sua organização e se reproduzem de modo consistente.

Nesse processo em que as células foram adquirindo força para se manter — transformando materiais, impondo ordem, aplicando um pouco de método na loucura —, um avanço fundamental foi assumir o controle das cargas elétricas.

O adestramento da carga elétrica[4]

O adestramento da carga elétrica foi um acontecimento marcante na história humana recente. No século XIX, a eletricidade deixou de ser uma força misteriosa e muitas vezes perigosa — que podia ser vista de maneira mais direta nos relâmpagos — para se tornar um elemento das tecnologias que em pouco tempo definiram o mundo moderno. Se você está lendo este livro na claridade da luz elétrica ou num computador, o ato da leitura está embasado na eletricidade. Esse avanço elétrico modernizante não foi o primeiro, mas sim o segundo. A carga elétrica também foi adestrada bilhões de anos atrás, durante os primeiros estágios da evolução da vida. Nas células e nos organismos, é a eletricidade que possibilita uma boa porção de tudo que acontece. Ela é o fundamento da atividade cerebral — nosso cérebro são sistemas elétricos — e de muitas outras coisas.

O que é a eletricidade? Muitos físicos também ainda consideram essa pergunta desconcertante. A carga elétrica é uma propriedade fundamental da matéria. Ela pode ser positiva ou negativa. Objetos com a mesma carga elétrica (positiva e positiva, por exemplo) se repelem, e os que têm cargas diferentes (positiva e negativa) se atraem. A composição dos objetos comuns contém ambas. Qualquer átomo é uma combinação de partículas ainda menores, algumas positivas (prótons), outras negativas (elétrons) e, na maioria dos casos, também partículas sem carga elétrica (nêutrons). Normalmente, um átomo contém a mesma quantidade de elétrons e prótons, de modo que o átomo propriamente dito não apresenta nenhuma carga elétrica resultante, pois as cargas positivas e negativas estão perfeitamente equilibradas.

A tendência elétrica de atração e repulsão é forte. Como diz o inimitável Richard Feynman[5] em suas *Lições de física*:

> A matéria é uma mistura de prótons positivos e elétrons negativos que se atraem e repelem com enorme força. Porém, o equilíbrio é tão perfeito que, se você ficar parado ao lado de uma pessoa, não sentirá força alguma. Se houvesse o menor desequilíbrio, você saberia. Se você estivesse a uma distância de um braço de outra pessoa e cada um de vocês contivesse *um por cento* a mais de elétrons que de

prótons, a força repulsiva seria formidável. Quão grande? O suficiente para erguer o Empire State? Não! Para erguer o monte Everest? Não! A repulsão seria suficiente para erguer um "peso" igual ao do planeta inteiro!

Na mistura de componentes com carga elétrica que constituem a matéria comum, as partículas negativas, os elétrons, se posicionam na parte externa dos átomos, enquanto os prótons (junto com os nêutrons) ficam na parte interna. Às vezes ocorre a perda ou o ganho de elétrons na camada externa, dando origem a um íon. Um íon é um átomo (ou às vezes uma molécula que combina alguns átomos) que sofreu um desequilíbrio em seus componentes com carga após uma perda ou ganho dessa espécie, possuindo assim a sua própria carga elétrica total. Muitas substâncias químicas, ao se dissolverem na água, produzem íons que ficam à deriva. Água *salgada* é água com íons dissolvidos. Em qualquer gota de água salgada há incontáveis íons que interagem entre si e com as moléculas de água, exercendo atração e repulsão.

Uma *corrente* elétrica é um movimento de partículas com carga elétrica positiva ou negativa. Em um fio de metal, a corrente assume a forma de um movimento de elétrons, enquanto o restante de cada átomo que compõe o fio permanece no lugar. As correntes elétricas empregadas na tecnologia (luzes, motores, computadores) funcionam, em sua maioria, dessa forma. Mas uma corrente também pode ser um movimento de íons inteiros. Se alguns íons positivos ou negativos na água, por exemplo, puderem ser induzidos a se mover de maneira consistente em determinada direção, temos uma corrente elétrica. Isso é a corrente, e não o processo que a desencadeia. Qualquer recipiente com água salgada pode conter uma corrente dessas, se você conseguir, de alguma forma, induzir a ocorrência do tipo certo de padrão de movimento geral nos íons. Nos sistemas vivos, ao contrário do que ocorre nas invenções humanas, a maior parte das correntes elétricas assume essa forma.

A carga elétrica em si mesma não se assemelha à vida nem possui características mentais. Ela produz uma boa parte do que ocorre tanto no mundo animado quanto no inanimado. Mas a atividade viva funciona em torno das cargas elétricas, valendo-se principalmente de íons que são arrebanhados, bombeados, conduzidos e liberados.

A membrana da célula mantém diversas coisas dentro ou fora dela, mas possui canais que selecionam alguns materiais que podem passar. Muitos deles são *canais iônicos*. Às vezes um canal permite de modo passivo que íons transitem de um lado a outro, talvez somente em certas circunstâncias; em outros casos, a célula bombeia os íons para que atravessem a membrana.

Canais iônicos estão presentes, com variações, em todos os tipos de vida celular, incluindo as bactérias. O motivo para as bactérias serem dotadas de orifícios e passagens elaboradas para íons nem sempre é muito claro. Os canais podem ter aparecido originalmente apenas para permitir que as células ajustassem sua carga elétrica geral em relação ao exterior — para regular as cargas e mantê-las sob controle. Sempre que existe tráfego nas fronteiras de um sistema vivo, contudo, esse tráfego tende a acumular outras funções. Um fluxo de íons pode operar como um aparato sensorial rudimentar, por exemplo: suponha que o contato com determinada substância química no lado externo abra um canal e deixe íons passar. Essas partículas dotadas de carga elétrica podem desencadear novos eventos dentro da célula.

A consequência seguinte desses fluxos de íons está relacionada a esse tráfego nas duas vias, mas é uma mudança maior e mais substancial para a célula. O passo seguinte é a *excitabilidade*. Os canais controlam o fluxo de partículas com carga elétrica e esses canais podem, eles mesmos, ser controlados: podem ser abertos e fechados. Isso pode ocorrer por via química ou impacto físico, mas também pode envolver a própria carga elétrica. Canais iônicos com portões sensíveis a voltagem são canais que abrem em resposta a eventos elétricos aos quais eles, os canais, estão expostos. Isso possibilita uma reação em cadeia; um fluxo de corrente elétrica gera um outro fluxo maior que se espalha pela membrana da célula.

Pode não parecer um passo muito largo, e ele pode soar menos obviamente útil do que o arranjo que descrevi antes, no qual o fluxo de íons é sensível a substâncias químicas que a célula encontra pelo caminho. Mas canais iônicos com portões sensíveis a voltagem são a base para outra inovação, o *potencial de ação*. Trata-se de uma reação em cadeia de mudanças que percorrem a superfície da célula, especialmente no nosso cérebro. Íons positivos fluem para dentro da célula em dado momento, afetando canais iônicos em pontos adjacentes, que se abrem e permitem a entrada de mais íons, e assim por diante. Uma onda de distúrbio elétrico viaja pela membrana como uma pulsação. Um potencial de ação é o evento de tipo faísca que está por trás da descrição de uma célula nervosa que "dispara". Essa faísca ocorre por intermédio dos canais iônicos com portões sensíveis a voltagem.

Em um canal iônico com portão sensível a voltagem, um controlador de corrente é afetado pelas cargas elétricas às quais é exposto; o fluxo da corrente é eletricamente controlado. Esse é o princípio de um transistor. No início desta parte, mencionei os avanços do século XIX que trouxeram a eletricidade aos domínios da tecnologia humana. Outro avanço similar ocorreu no século XX, com a invenção do transistor. Os chips de silício existentes nos computadores e nos smartphones são conjuntos de minúsculas chaves elétricas desse tipo. O transistor foi inventado em 1947, nos Estados Unidos, na Bell Laboratories — ou podemos dizer que uma de suas invenções aconteceu ali. O primeiro transistor da Bell Labs tinha aproximadamente três centímetros, e desde então vem sendo melhorado e encolhido. O mesmo dispositivo foi inventado bilhões de anos atrás na evolução das bactérias.

Se as bactérias inventaram os transistores, o que estavam fazendo com eles?[6] Por que *elas* precisavam controlar a eletricidade usando eletricidade? Até onde sei, não há uma resposta consensual para essa pergunta. As bactérias poderiam estar utilizando-os como parte da manutenção eletroquímica da célula. Poderiam estar usando-os no controle natatório. Canais capazes de detectar substâncias químicas externas podem ser casualmente sensíveis a cargas elétricas, e as bactérias que formam colônias em "biofilmes" usam íons para trocar sinais entre as células. Mas bactérias não possuem potencial de ação — as reações em cadeia faiscantes que ocorrem em nosso cérebro — e a situação toda me parece um tanto esquisita. Bilhões de anos atrás, a natureza inventou o dispositivo de hardware fundamental da tecnologia da computação — um dispositivo que, além de tudo, é complicado e custoso — e o fez nas bactérias, mas as bactérias não pareciam estar computando muita coisa com ele.

Deixando de lado os motivos de seu surgimento, o canal iônico com portão sensível a voltagem foi um marco no adestramento da carga elétrica. Esses canais não possuem uma única utilidade óbvia, como falei antes. Em certo sentido, o mesmo vale para o transistor, e isso tem muito a ver com a importância de um e de outro. Um transistor é um método geral de controle, um dispositivo para fazer com que um evento *aqui* afete um evento *lá* de maneira rápida e confiável. Os eventos controlados podem ser variados — qualquer coisa capaz de ser útil. Ao capacitarem os potenciais de ação, os canais iônicos com portão sensível a voltagem também possibilitam que a atividade da célula possua uma qualidade "digital"; um neurônio dispara ou não dispara, sim ou não. Nem todos os animais possuem neurônios com esses disparos tipo faísca, e sistemas nervosos podem funcionar com excitabilidades mais amenas, mas esse atributo digital certamente é útil. É notável que esse dispositivo de controle tenha sido inventado num passado tão remoto, quando quase todas as suas aplicações no presente não eram sequer centelhas no olhar da evolução.

Em tempos de computadores onipresentes e IA, é natural, quase inevitável, querer saber mais sobre as relações entre os sistemas vivos e esses artefatos. Será que organismos e computadores fazem a mesma coisa em essência, porém com materiais diferentes? É verdade que surgem semelhanças entre eles, muitas vezes de modo inesperado, mas também é importante reconhecer as disparidades. Uma diferença está no fato de que a maior parte do que uma célula precisa fazer, sua principal ocupação, é algo que um computador nunca precisa fazer. Uma grande parte da atividade da célula consiste em se preservar, garantir que a energia continue entrando, assegurar que um padrão de atividade prospere apesar da desintegração e da rotatividade dos materiais. Dentro dos sistemas vivos, aquelas atividades que parecem coisas que os computadores também fazem — comutação elétrica e "processamento de informação" — estão sempre integradas a um oceano, a uma microecologia, de outros processos químicos. Na célula, toda atividade acontece num meio líquido e está sujeita às vicissitudes da tempestade molecular e a todas as digressões químicas nas quais se envolvem os sistemas vivos. Quando construímos um computador, construímos algo cuja operação é mais regular e uniforme; algo que não se deixará distrair, na medida do possível, pelas vicissitudes de sua composição química.

Isso se relaciona com uma questão mais ampla. Nestes capítulos iniciais, em muitas ocasiões, tento descrever um emaranhado de componentes e processos no interior das células e dos organismos simples. Uma palavra que surge naturalmente em muitas etapas é "mecanismo" — estamos diante do mecanismo da percepção, do mecanismo da excitabilidade. Quando digito a palavra "mecanismo", nunca tenho certeza se devo apagá-la. No sentido amplo do termo, sim, canais iônicos dependentes de voltagem são peças de mecanismos, assim como nervos e cérebros. Negar isso é arriscar um movimento em direção a visões dualistas (alma + corpo) ou vitalistas ("força vital"). Então digo a mim mesmo para não apagar essa palavra. Mas os contrastes entre máquinas e sistemas vivos também são importantes. Nas células, os processos da vida envolvem a imposição de ordem a uma tempestade molecular e o arrebanhamento imperfeito de íons. Isso não tem nada a ver com o que acontece em nenhuma máquina que já construímos. Normalmente, construímos máquinas para que sejam previsíveis e restritas a suas atividades, mesmo que depois possamos empregá-las para simular fenômenos mais caóticos. Descrever os intrincados materiais dentro de uma célula como um "mecanismo" está correto em alguns sentidos e incorreto em outros.

Há outro item que gostaria de enfatizar nesse inventário de atributos da vida que estavam em cena antes do surgimento dos animais. Ele foi tangenciado algumas vezes nas linhas acima, mas agora quero colocá-lo no centro do palco por um momento. Esse atributo é o *tráfego*, uma ponte de duas vias entre os sistemas vivos e o seu ambiente. Esse tráfego inclui o fluxo de íons descrito antes, e também a captação de materiais brutos e a eliminação de dejetos. As células estão confinadas, mas não estão fechadas para o mundo. Estou enfatizando o aspecto *poroso* da vida celular.

Esse tráfego tem um lado metabólico — um lado que envolve obter energia e usá-la para se manter vivo — e também um lado informativo. Alguns influxos que entram são importantes em si mesmos (o alimento, por exemplo), enquanto outros são importantes por aquilo que prognosticam ou pressagiam, pelo que indicam a respeito de outra coisa. O lado metabólico dessa ponte de duas vias é inevitável se quisermos que a vida persista. A atividade viva em si mesma é um padrão embrenhado num fluxo energético,[7] que começa e termina fora do organismo. Minha colega Maureen O'Malley expressou isso bem;[8] combinando um pouco de jargão da química com uma imagem de outra fonte, ela disse que estar vivo requer aprender a existir "numa montanha-russa redox, dando e recebendo perpetuamente". (Reações redox são aquelas que envolvem uma transferência de elétrons entre duas moléculas.) Uma das consequências disso, e parte daquilo que O'Malley desejava enfatizar, é que os sistemas vivos são inerentemente sensíveis a mudança e eventos externos. Eles não têm a opção de ser blindados, e precisam estar abertos ao mundo por uma necessidade energética. Uma vez abertos ao mundo dessa forma, serão afetados pelo que acontece. E uma vez afetados por esses acontecimentos, a evolução tenderá a colocar em uso essa sensibilidade — o organismo muitas vezes encontrará uma maneira de reagir aos eventos e favorecer seus projetos, por mais simples que sejam. Toda a vida celular conhecida, incluindo as minúsculas bactérias, possuem alguma habilidade de perceber o mundo e reagir a ele. A percepção, pelo menos em suas formas mais básicas,[9] é muito antiga e está por toda parte.

Metazoa

Essas ideias perfazem um dos dois temas deste capítulo. Células vivas são objetos físicos, mas diferentes de qualquer outro objeto a que estamos acostumados. Elas constroem membranas para conter e moldar turbilhões de atividade. São confinadas, mas permanecem sempre dependentes de um tráfego através dessas bordas. Capaz de definir e manter a si mesma, cada célula é um self. O próximo passo da história nos leva a um novo tipo de unidade, um novo tipo de self: animais.

Quando pensamos em animais, costumamos pensar primeiro em animais como nós — outros mamíferos, cães e gatos, talvez pássaros. Mas os animais abrangem muito mais do que isso. Animais — o reino Metazoa — representam um ramo grande da árvore completa da vida, a rede genealógica que conecta toda a vida na Terra. O termo "Metazoa" foi introduzido no final do século XIX por Ernst Haeckel,[10] o biólogo alemão do capítulo I. Ele distinguiu Metazoa, animais multicelulares, de Protozoa, animais unicelulares ("zoa" como em "zoológico" e "zoologia"). O prefixo grego "meta" tinha originalmente significados como *depois* e *ao lado de*, depois adquiriu a conotação de *superior*, e hoje costuma significar *sobre* — ver algo de fora. Haeckel provavelmente tinha em mente uma mistura de mais elevado e mais recente. Mas os protozoários já não são considerados animais, portanto o "zoa" em sua nomenclatura se torna enganoso. Hoje os animais estão apenas no reino Metazoa.

Animais são feitos de muitas células vivendo em unidade;[11] para além disso, eles vivem de maneiras imensamente variadas. Incluem os corais e as girafas, as vespas que são menores que alguns seres unicelulares e as baleias de cinquenta toneladas. Alguns têm aparência quase idêntica à de uma planta. Na biologia atual, a palavra "animal" se refere a qualquer organismo encontrado num ramo específico da árvore genealógica, não importando a aparência ou o modo como vive. Um coral é um animal tanto quanto um lobo. Este não é o único emprego significativo do termo "animal", mas é inequívoco e claro, ao contrário de muitos outros usos.

Os animais não formam uma escala que vai do "inferior" ao "superior", embora o hábito de falar assim deles pareça ser difícil de quebrar. Na árvore genealógica, alguns animais são inferiores no sentido de serem mais antigos, mas os insetos que vivem hoje não são inferiores a nós; tudo que vive hoje está no topo da árvore. Portanto, não faz sentido falar numa "escala" ou "degraus" evolutivos; a vida animal apresenta uma outra forma. Alguns animais são mais complicados do que outros, em diversos aspectos (mais componentes, uma gama maior de comportamentos, um ciclo de vida mais complexo...), mas a biologia não comporta uma escala geral que vai do inferior ao superior, do tipo que parecia natural antes de Darwin.

A rede genealógica da qual os animais fazem parte — a "árvore da vida" — nem sempre tem o formato de uma árvore;[12] em muitos lugares ela é bem mais emaranhada. Em prol da simplicidade, continuarei me referindo a ela como uma árvore. Essa árvore conecta toda a vida conhecida da Terra por meio de relações de ancestralidade e descendência. Ela já é muito antiga, mas continua a crescer. Esse crescimento ocorre através de processos evolutivos que funcionam ao longo de períodos enormes. Às vezes, populações ou espécies se dividem em duas. Cada parte, então, evolui em seu próprio caminho e adquire suas peculiaridades. A extinção é sempre provável, mas qualquer segmento — uma nova espécie — que não acabe extinto pode se dividir outra vez mais adiante. De uma única bifurcação inicial, teremos então centenas de ramificações, cada uma representando não somente uma espécie, mas um conjunto delas.

Muitos anos atrás, quando a árvore era mais jovem e menor, um broto se projetou: um novo galho. O galho sobreviveu, se ramificou repetidas vezes e se tornou especialmente vasto e diversificado. Os organismos naquela parte da árvore genealógica são os animais. A evolução é aberta e não se pode prever em que direção vão crescer as futuras ramificações, tanto dentro quanto fora da parte animal da árvore. Mas, embora os animais tenham vivido de maneiras muitíssimo variadas, há um *estilo* geral de vida encontrado nos animais, um modo de viver que foi inventado no ramo animal da árvore.

Os animais surgiram a partir de um tipo particular de organismo unicelular, maior e mais complexo internamente do que as bactérias. Essas células, as células *eucariontes*, possuem componentes especiais para lidar com a energia — mitocôndrias — e um esqueleto interno elaborado (o citoesqueleto). O citoesqueleto é uma rede interna de filamentos e tubos que podem se deslocar em relação uns aos outros, permitindo que a célula controle sua forma e movimento.

Muito antes do surgimento dos animais, o citoesqueleto havia inaugurado um novo regime de mobilidade nos organismos unicelulares,[13] incluindo a caça ativa do alimento. Esse aparato tornou a transição de uma existência baseada primeiro no processamento químico, como se vê nas bactérias, para outra baseada parcialmente no comportamento: movimento e manipulação. Todas essas características soam pertencentes aos animais, mas ainda estamos falando de organismos unicelulares — protistas. Alguns deles cresceram. Membros do gênero *Chaos*, por exemplo, caçam não apenas bactérias, mas também, em alguns casos, pequenos animais invertebrados.

As plantas são outro galho da árvore genealógica, outro experimento multicelular de longa duração, e também são conjuntos de células eucariontes. O mesmo vale para os fungos. Um tema recorrente na evolução é a formação de unidades novas e maiores a partir da colaboração das unidades menores. A própria célula eucarionte veio a existir desse modo,[14] uma célula ingerindo outra mais simples que ela. A célula ingerida deu origem às mitocôndrias, as usinas de força dos eucariontes.

Nos eventos que originaram, separadamente, os animais e as plantas, um outro tipo de ajuntamento ocorreu, mas nesse caso não foi uma ingestão, e sim uma sobreposição. Vamos imaginar que uma célula se divide e que as duas células descendentes, em vez de irem uma para cada lado, permanecem coladas como resultado de uma mutação que afeta sua composição química. Quando essas células se dividem, suas descendentes também permanecerão coladas uma à outra. O resultado inicial é apenas um objeto vivo maior. Esse objeto não pode atuar em conjunto e não é dotado de nenhum método óbvio de reprodução, pode apenas se tornar cada vez maior. Mas temos aí um passo em direção a uma nova forma de vida.

Seres multicelulares como esses evoluíram muitas vezes a partir de formas de vida unicelulares. Na linhagem animal, isso pode ter ocorrido há cerca de 800 milhões de anos (com bons 100 milhões de anos de incerteza). Não restam fósseis dos seres primordiais, mas podemos imaginar as etapas do início: uma bolota de células no oceano, formada por uma sucessão de células que se recusaram a ficar longe das irmãs.

A partir daí, para onde vamos? Uma tradição especulativa imagina como próxima etapa uma vasilha, ou uma esfera vazia com uma abertura. A bolota de células se dobra dentro de si mesma e se torna oca. Essa possibilidade também foi esboçada pela primeira vez por Ernst Haeckel.[15]

Um dos motivos para que a hipótese da vasilha seja tentadora é que essa forma aparece com frequência nos estágios iniciais do desenvolvimento individual — o desenvolvimento do óvulo em adulto — numa ampla variedade de animais. A forma oca é uma *gástrula*. É um erro pensar que algo que se vê no início do desenvolvimento individual devesse estar presente também no início da evolução (como supôs Haeckel), mas a forma de vasilha parece ser tão antiga e difundida que talvez possa nos oferecer uma pista. Haeckel denominou esse animal hipotético "Gastraea".

O episódio envolvendo o *Bathybius*, narrado no capítulo 1, não foi um dos melhores momentos de Haeckel; com o Gastraea, ele se saiu melhor. Esta continua sendo uma possibilidade válida para uma forma animal bastante primitiva. A esfera com abertura pode ter sido o despertar de um sistema digestivo; o primeiro animal a existir pode ter se formado ao redor do estômago. Naquele ambiente fechado, ele podia capturar o alimento e liberar enzimas digestivas sem correr o risco de perdê-las.

O intestino humano retém o nosso alimento. Além disso, nossos intestinos abrigam incontáveis bactérias vivas[16] que nos proporcionam enormes benefícios, contanto que um equilíbrio seja mantido. Esse tipo de colaboração é extremamente comum nos animais, e também pode ter desempenhado um papel nos primeiros estágios da sua evolução. Essa ideia não consta da tese original de Haeckel nem da maior parte do pensamento sobre o assunto que se desenvolveu desde então. É uma ideia mais nova, fundada na compreensão de que o corpo de um animal comum é habitado por grandes colônias de bactérias que o auxiliam a processar os alimentos, entre outras funções. O reconhecimento da existência generalizada de associações próximas entre os nossos corpos e os micróbios que o acompanham trouxe uma mudança significativa no modo como os biólogos pensam a vida animal, e talvez essas associações tenham surgido lá no começo. Lembrem, também, daqueles eventos de ingestão ocorridos na história das células, os eventos que deram origem às mitocôndrias, e também aos cloroplastos nas plantas. Nesses encontros, um aliado metabólico foi trazido para dentro da célula — ou então trazido num primeiro momento para depois ser domesticado. No caso agora descrito, em comparação, construímos um lar para micro-organismos colaboradores sem que precisassem entrar em nossas células; em vez disso, construímos um curral para eles. Uma ecologia digestiva diversificada pode estar na origem da vida animal.

Essa ideia da esfera aberta, com ou sem micróbios colaboradores em seu interior, é como uma segunda iteração da evolução das células. No primeiro caso, tivemos a formação de uma borda com canais de passagem, constituindo uma unidade que controla reações químicas. Dessa vez estamos falando de várias células juntas, e elas formam uma esfera vazia, um outro objeto com lados interno e externo. Cada célula individual é, agora, uma peça da esfera, e elas controlam o tráfego que entra e sai dessa outra unidade maior.

A partir daí — ou de algum outro lugar — os primeiros corpos animais foram adquirindo outras formas. No momento em que escrevo, o registro fóssil continua mantendo um silêncio frustrante para quem tenta esclarecer os passos seguintes. Mas encontramos pistas em alguns animais existentes. São pistas fáceis de interpretar de maneira errada; os animais de hoje não são ancestrais preservados, e sim primos distantes. Atravessaram tantos anos de evolução quanto nós. Mas alguns deles podem ter permanecido numa forma que se assemelha a formas antigas, ou pelo menos nos indica algo a seu respeito.

Os animais que contêm essas pistas formam um trio:[17] esponjas, carambolas-do-mar e placozoários. Eles são bem diferentes entre si. Uma esponja adulta não se move mais depois de achar o seu lugar. Ela vive fixa no mesmo lugar, como uma planta. Algumas esponjas também crescem bastante. Placozoários, em contraste, são criaturas pequeninas, achatadas, rastejantes e com forma pouco definida. É necessário um microscópio para ver um deles com nitidez. Tanto esponjas quanto placozoários não possuem um sistema nervoso. Carambolas-do-mar lembram águas-vivas, mas podem estar a uma distância evolutiva considerável delas. Elas possuem um sistema nervoso e nadam com a ajuda de cílios que realizam movimentos ritmados nas laterais do corpo. Portanto, uma dessas pistas lembra uma peça decorativa, submarina e imóvel, outra rasteja de maneira nervosa e microscópica, e a terceira é transparente e sabe nadar.

Por que estes, dentre tantos animais, oferecem pistas sobre as formas mais primordiais? Em primeiro lugar, são animais que apresentam vários tipos de simplicidade. Possuem poucas partes e uma variedade pequena de células. Em segundo lugar, são muito distantes de nós do ponto de vista genético. Na árvore genealógica, estão em linhas que se bifurcaram da nossa bem no princípio.

Vale a pena fazer uma pausa para pensar sobre essa combinação de características — simplicidade e distância de nós. Não há uma razão geral para que as duas coisas estejam associadas. Poderíamos encontrar, na Terra dos dias atuais, um animal extremamente complexo cujo caminho evolutivo divergiu do nosso no início da árvore. Todo o tempo que tivemos para evoluir nosso corpo e cérebro complexos também esteve à disposição desse outro animal. O melhor exemplo parcial dessa combinação — complicado e distante de nós — é o polvo, que nos aguarda num capítulo posterior do livro. Mas os polvos não chegam nem perto da distância que nos separa das esponjas e dos outros animais de que estamos falando agora.

Tem sido frequente a tentação de contar uma história segundo a qual certos animais ancestrais muito antigos se parecem com uma esponja, sendo seguidos por ancestrais que se parecem com uma água-viva, e assim por diante. Essa sequência não é impossível, mas não se pode simplesmente extraí-la a partir da árvore evolutiva. Fazer isso seria tratar grupos de primos como se fossem avós — ou tratar primos distantes como se fossem mais semelhantes a avós do que primos próximos. Tão logo descrevemos a situação em termos de primos e avós, fica claro que essa forma de raciocinar não faria sentido. Contudo, pode haver outras razões para que certos primos distantes em particular possam conter pistas.

Portamos em nossos corpos diversas invenções evolutivas (cérebros, corações, espinhas dorsais e assim por diante) que precisaram surgir pela primeira vez de alguma maneira. Esponjas e águas-vivas vivem sem essas invenções, embora compartilhem ancestrais conosco. Assim, a primeira coisa que esses animais nos mostram é como poderíamos ser caso precisássemos viver sem elas. Além disso, esses animais não pertencem a linhas evolutivas que apresentavam essas características em algum ponto e depois as perderam; está bastante claro que nunca as apresentaram. Entre as invenções de que carecem, também estão incluídas algumas que são mais do que meros acessórios. A divisão corporal entre esquerda e direita que possuímos é um invento. As intrincadas dobras de tecidos que compõem nossos órgãos internos são um invento. Ao observar animais distantes que não apresentam invenções como essas, junto com as evidências genéticas e os fósseis, podemos começar a entrever como teriam sido os ancestrais que estavam muito abaixo de nós na árvore.

Luz através do vidro

Ao longo da história, as esponjas têm sido vistas como a mais importante pista viva[18] para elucidar os primeiros animais que surgiram. Possuem um registro fóssil satisfatório e, das pistas disponíveis, é a mais bem conhecida. Assim, evitando supor que as esponjas dos dias atuais se parecem em qualquer medida com nossos ancestrais e encarando-as, em vez disso, como os seres extraordinários que são, vamos dar uma olhada mais de perto.

As esponjas se distribuem amplamente nos oceanos, com formas que vão desde os dedos e as árvores das águas temperadas, passando pelas chaminés enormes dos recifes tropicais, até as torres que habitam as congelantes águas profundas e fornecem o título deste capítulo. Algumas se incrustam em outros organismos em vez de desenvolver sua própria forma. Seu *modus vivendi*, em muitos casos, consiste em fazer a água entrar pela parte inferior, atravessar o corpo e ser expelida pelo topo. O alimento, principalmente bactérias, é retirado da água que passa. Algumas esponjas possuem uma dieta mais ambiciosa; os mares profundos abrigam algumas esponjas predatórias que aprisionam e consomem pequenos animais.

A esponja possui um corpo, mas esse corpo é de um tipo muito diferente do nosso. A maior parte de suas células está em contato direto com a água que o percorre. O corpo da esponja é um labirinto de pequenos corredores revestidos de parceiros microbianos, e o ambiente o permeia.

A esponja não possui um cérebro nem qualquer outro tipo de sistema nervoso. As larvas (formas imaturas), que parecem minúsculos charutinhos, podem nadar e são dotadas de estruturas sensoriais que lembram certas partes de um sistema nervoso. Esses mecanismos sensoriais estão voltados para o mundo exterior, e não para outras células no mesmo corpo. A larva se estabelece e o adulto cresce em seu lugar. Embora a esponja não possua sistema nervoso, ela não é inerte. Cada uma de suas células contém a tempestade descrita antes neste capítulo. A esponja inteira parece bem mais sossegada, mas possui um lado que pode ser descrito como ativo.

A água que percorre o corpo da esponja é ativamente bombeada por células dotadas de pequenas caudas (flagelos). Esse bombeamento pode ser alterado ou interrompido, especialmente se a água estiver suja e os canais da esponja correrem o risco de ficar entupidos. Para um agregado de células sem sistema nervoso, isso não é um feito trivial. Parece haver células sensoriais especializadas ao longo das chaminés que a água percorre, e essas células enviam sinais a outras. Levando em conta o que a célula é, sua capacidade de influenciar as demais é uma tarefa significativa. O método mais comum para que isso ocorra é a liberação de pequenas moléculas que podem ser captadas pelas outras células. Como resultado disso, os canais se contraem e espremem. Esse processo é lento, mas há pouca necessidade de que seja veloz. Em alguns casos, a esponja primeiro se expande um pouco e depois se contrai, como em um "espirro" sonolento e invisível.

Tudo isso nos faz lembrar ao mesmo tempo das oportunidades e dificuldades acarretadas pela vida multicelular. Uma célula que integra uma esponja corre pouco risco de ser devorada por outra célula maior, como aconteceria caso flutuasse livre na água. Porém, se a célula ficasse simplesmente presa no mesmo lugar com as outras, correria o risco de morrer de fome. Na esponja, uma filigrana de canais e chaminés mantém a maior parte das células em contato com a água. Mas se algo precisa ser feito, é difícil alcançar uma coordenação, sobretudo quanto ao movimento. No fim das contas, o resultado se parece bastante com uma planta. A maioria das esponjas fica inteiramente satisfeita com isso, e elas fazem o que fazem há muito mais tempo que nós. Ainda assim, algumas tentaram coisas diferentes.

As esponjas da classe Hexactinellida, ou esponjas-de-vidro, exploram em seus corpos dois temas deste capítulo, a unidade e a individualidade, de uma maneira única.[19] A esponja-de-vidro é um organismo multicelular como outros animais, mas à medida que ela cresce, a maior parte das suas células se funde e perde suas bordas. Elas não abandonam as bordas que as separam do mundo exterior, mas as células vizinhas. O corpo acaba formando uma única rede conectada, frequentemente descrita como "teia de aranha tridimensional", estendida por cima de elementos mais rígidos que lhe dão suporte.

Esses elementos mais rígidos são feitos de vidro. Dependendo da espécie, eles variam e lembram adagas, estrelas ou flocos de neve. Eles se agrupam e formam flores, videiras e — por fim, em combinação — o esqueleto que sustenta a torre. (As ilustrações a seguir,[20] de Rebecca Gelernter, representando as partes pequenas, são reproduções de gravuras feitas a partir de espécimes recolhidos no século XIX pela expedição do *Challenger*, na viagem que desbancou o *Bathybius*.)

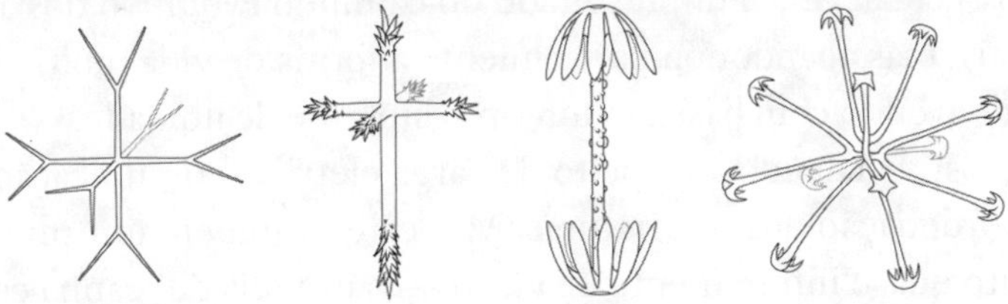

Como outras esponjas, as da classe Hexactinellida vivem em exuberantes associações com outros tipos de vida. O cesto-de-vênus é uma esponja-de-vidro que costuma abrigar um par de pequenos camarões em seu corpo. Esses camarões entram na esponja quando são muito pequenos, crescem ali dentro e nunca mais vão embora. Chega o momento em que ficam grandes demais para sair por qualquer abertura disponível. Os camarões acabam se reproduzindo. Eles mantêm a esponja limpa e, em troca, se beneficiam da proteção oferecida pelo esqueleto da esponja e pelo alimento contido na água que percorre seu corpo.

As esponjas-de-vidro não possuem sistema nervoso, mas não são eletricamente inertes, e nesse caso o adestramento da carga elétrica se manifesta de maneira incomum. Uma vez que possuem aquela intrincada teia de aranha viva revestindo o esqueleto, elas são as únicas esponjas capazes de sinalização elétrica e de uma espécie de "potencial de ação". Normalmente, a esponja-de-vidro conduz a água através do corpo em um fluxo contínuo. Em resposta a certos estímulos, porém, como a retirada de um único elemento de vidro de seu corpo, o bombeamento cessa rapidamente. Isso ocorre por meio do envio de um impulso elétrico através do corpo. Em termos elétricos, a esponja-de-vidro se comporta como uma única e enorme célula; um impulso pode viajar pelo organismo todo sem ser interrompido. A esponja-de-vidro é capaz de coordenação, não porque coordena sinais entre as células, mas por ser, em grande parte, pós-celular. Ela é um resultado do caminho evolutivo dos animais, mas abandonou parcialmente a forma de vida multicelular, vivendo com base em um tipo diferente de unidade.

Estive falando a respeito de carga elétrica, comunicação e coordenação nessas criaturas. Mas este é também um animal feito quase inteiramente de vidro — não a teia de aranha condutora de carga, mas o esqueleto que há por baixo. Uma característica notável do vidro, sabemos, é sua interação com a luz. Partes do esqueleto de algumas esponjas-de-vidro se parecem com cabos de fibra óptica, que conduzem e filtram a luz.

Será que a esponja está fazendo algo biologicamente significativo com a luz, ou essa condução é somente uma consequência de o vidro ser o seu material de construção? A luz é *usada* ou apenas canalizada ao acaso? Há um leque fabuloso de possibilidades levantadas[21] e discutidas com relação a diferentes espécies de esponjas. A luz, que exceto nos casos das águas menos profundas derivará em sua maior parte de algum tipo de bioluminescência, pode ser mais um meio de comunicação interna do animal. Também é possível que ela esteja alimentando alguns dos micro-organismos presentes: diatomáceas minúsculas e outras criaturas que vivem da luz se aninham bem no fundo de algumas esponjas, fundo o bastante, quem sabe, para que não pudessem sobreviver sem os raios de luz canalizados até elas. A luz conduzida pela esponja, nesses casos, chega a penetrar um pouquinho no próprio leito oceânico. O cesto-de-vênus emite luz na água ao redor, talvez funcionando como uma lamparina suave no fundo do oceano, atraindo o camarão que viverá dentro dele. Essas possibilidades não estão confirmadas e alguns biólogos acreditam que a luz no interior e no entorno das esponjas é fraca demais para exercer qualquer efeito. Seja esta uma característica estrutural ou acidental, a esponja-de-vidro é uma coletora e curadora de luz biológica.

3. A ascensão do coral-mole

Ascensão

Numa baía ao norte de Sydney, na Austrália, a pouca distância das escadas que descemos no capítulo 1, há uma planície de areia submarina. A baía se forma em frente à foz de um rio que nasce nas florestas de eucalipto do continente e corre até o Pacífico.

A planície submarina fica exposta a fortes correntezas. Quando a maré sobe, a água do oceano empurra o rio com força e depois retrocede com o recuo. Esse fluxo das águas atrai uma abundante variedade de animais, mas também significa que a área só pode ser visitada por mergulhadores subaquáticos em períodos limitados do dia, nos momentos em que a água repousa na mudança da maré. Cada pausa proporciona uma oportunidade de cerca de uma hora. Você mergulha no auge da maré e permanece até que a água comece a se deslocar.

A mudança da maré chega rápido — você sente um puxão e começa a ser levado. Em pouco tempo se torna impossível nadar contra a corrente. Se não sair a tempo, você será rapidamente arrastado ao mar.

Algumas poucas regiões da planície apresentam formações de corais-moles roxos e brancos. Esse tipo de coral é macio e suave, não irregular e mineralizado como os corais tropicais "duros". Ele forma árvores com formatos que lembram uma couve-flor, embora a comparação com a couve-flor não lhes faça nenhuma justiça. À distância, parecem tufos de nuvens roxas e brancas; de perto, enxergamos veias e filamentos delicados, com búzios e caranguejos morando entre os galhos.

Quando você se aproxima durante uma correnteza fraca, talvez no embalo final da subida da maré, é como chegar de asa-delta, aproximando-se silenciosamente das nuvens, para descobrir que elas estão crescendo da terra em cima de caules firmes e esbranquiçados. Essas árvores não são organismos individuais, mas sim colônias de vários pequenos animais, pólipos de coral. No capítulo 2, vimos que dentro deles há um frenesi interminável de atividade microscópica. Mas os corais parecem ficar imóveis enquanto animais mais ativos rastejam entre seus galhos.

Alguns anos atrás, Tom Davis, um mergulhador e pesquisador daquela região que havia mergulhado inúmeras vezes na baía na maré alta, quando as águas estavam calmas, perguntou a si mesmo: o que os corais-moles fazem quando ninguém está olhando? Durante a maior parte do dia a correnteza é forte demais para que um mergulhador permaneça lá embaixo com os corais, mas ele poderia instalar câmeras e filmar em modo time-lapse, mostrando o que acontece quando as águas estão velozes e nenhum humano está por perto para ver.

Ele mergulhou com a esposa, Nicola, e colocou câmeras em vários pontos onde existem corais. Quando as câmeras foram recuperadas[1] e eles assistiram aos resultados, descobriram que nas mudanças da maré, sempre que as águas aceleravam, os corais-moles se erguiam devagar, inflando seus corpos, até adquirirem o triplo do tamanho que tinham nos momentos de águas paradas. O mais provável era que estivessem se expandindo para recolher o alimento extra trazido pelo fluxo das marés. Os corais diminuíam outra vez quando as águas se acalmavam e permaneciam encolhidos nos períodos de cerca de uma hora nos quais os humanos podiam retornar.

Corais são *cnidários*,[2] o mesmo grupo de animais que inclui águas-vivas e anêmonas. Esse grupo divergiu da nossa própria linha evolutiva muito cedo na história da vida animal. O último ancestral em comum entre você e um coral pode ter existido há 650 milhões ou 700 milhões de anos. A data é incerta, mas é com certeza mais recente que a do seu último ancestral em comum com uma esponja.

O corpo de um cnidário é macio, de organização radial — em torno de um disco ou vasilha — e muitas vezes orlado de tentáculos. Estes podem ser longos como serpentes ou curtos como dedos. Dentro do corpo há músculo e os fios eletrizados de um sistema nervoso.

Muitos cnidários apresentam um ciclo de vida complicado,[3] passando por uma série de formatos corporais diferentes. Essas transições são um pouco como metamorfoses, como a de uma lagarta em borboleta, mas não exatamente, pois os corpos não apenas se transformam, como também se multiplicam em mais de uma etapa; é como se uma lagarta pudesse fazer muitas borboletas, e cada borboleta também pudesse fazer muitas lagartas. As duas formas adultas que um cnidário pode ter são o pólipo e a medusa. Um pólipo costuma permanecer fixo a uma superfície, muitas vezes na forma de uma vasilha. A medusa é o conhecido corpo de água-viva que nada em águas abertas com tentáculos ondulantes. Muitos cnidários alternam entre esses dois corpos. Corais e anêmonas vivem somente como pólipos.

A pouca distância das árvores nebulosas da planície arenosa, um outro tipo de coral vive atrelado a um recife. Esses corais às vezes formam arbustos, mas também se aglomeram em massas irregulares. Cada pólipo lembra uma flor branca com oito tentáculos compridos em forma de dedos. Cada dedo, por sua vez, contém raios menores crescendo dos lados. Esses raios se chamam *pínulas*. Dedos saindo de dedos. Colônias de corais ficam muitas vezes cobertas por uma esponja laranja que cresce como um cobertor e permite que as partes dos pólipos semelhantes a flores atravessem até a sua superfície.

Como possuem oito desses tentáculos semelhantes a dedos, esses animais são chamados de "octocorais". Uma massa deles reunida resulta numa floresta de mãozinhas. Se você ficar observando e tiver paciência, não raro verá um pólipo abrir devagar como se tentasse pegar algo, ou fechar os dedos numa espécie de punho.

Ocasionalmente, um único tentáculo poderá dobrar e se recolher enquanto os demais permanecem estendidos. Outras vezes, a mão inteira poderá fechar. Numa escala maior, pode ser que você encontre zonas ou afloramentos em que todas as mãos estão fechadas, enquanto nas áreas vizinhas a maioria das mãos está aberta. Elas parecem estar se esticando e tentando *pegar* coisas, mas por muito tempo não esteve claro o que estavam pegando, se é que o faziam. John Lewis, um biólogo canadense, investigou trinta espécies de octocorais[4] e descobriu que algumas estavam de fato pegando não apenas plâncton, mas também minúsculos invertebrados. Essa conversa de alcançar e pegar sugere ações momentâneas que uma pessoa pode fazer, mas em geral o processo ocorre em graciosa câmera lenta: mais veloz que uma planta, porém mais devagar que a velocidade agitada do comportamento animal que nos é familiar. Nesses movimentos de desdobrar e cerrar os dedos, há pistas, indicadores, ecos dos primórdios e das primeiras formas de ação animal.

O que está por trás disso? Em primeiro lugar, os cnidários são formas animais antigas, com desenhos corporais que muito provavelmente fazem parte do nosso passado. Não está claro se algum cnidário dos tempos atuais — uma anêmona, coral ou água-viva — guarda semelhança com um de nossos ancestrais, mas é bem possível que a estrutura radial se pareça com a estrutura de alguns de nossos antecessores.

Em segundo lugar, eles são capazes de agir. A ação propriamente dita não foi inventada pelos cnidários. Muitos organismos unicelulares podem nadar, valendo-se de flagelos propulsores ou cílios. Alguns são capazes de envolver a presa e mudar de forma. Incitações ao movimento podem ser observadas em todos os candidatos a formas animais primordiais. No capítulo anterior, vimos como as esponjas controlam o bombeamento de água por seu interior. Isso se assemelha a uma ação e pode datar de muito longe.

A evolução está repleta de zonas nebulosas e ocorrências parciais — a *primeira* de qualquer coisa raramente estará clara. Além disso, a evolução também ocasiona, às vezes, a redescoberta de alguma coisa em novo grau ou escala. Na vida unicelular, existe ação; nadar, capturar, ingerir. Essas ações podem ter sido um estímulo importante para a evolução da própria vida multicelular.[5] O mundo pré-animal era um mundo de predadores e presas unicelulares, e uma das opções para quem quisesse evitar ser a presa era tornar-se grande demais para ser confortavelmente engolido. A partir do momento em que as células se reúnem para dar origem a animais, a ação precisa ser reinventada numa escala maior. São necessárias formas novas de coordenação. As inquietas esponjas estão no limiar dessa redescoberta, são casos parciais. Nos cnidários, a ação volta a existir de modo inequívoco, com movimentos e reorganizações na escala grandiosa do corpo animal.

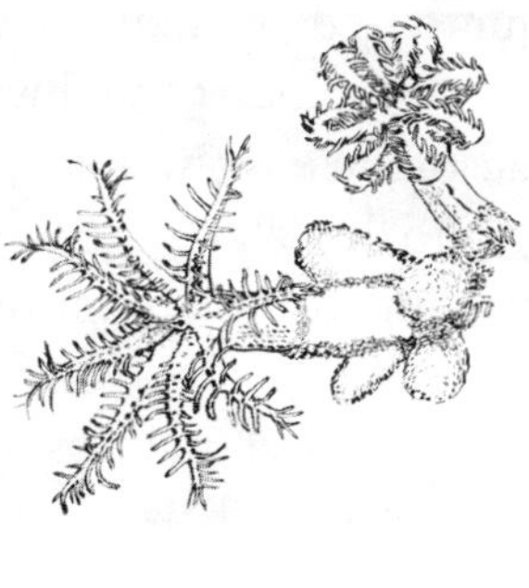

Esses gestos de pegar e fechar não são tudo que os cnidários podem fazer. Outra capacidade importante, uma ação antiga de outro tipo, é o disparo de suas células urticantes, os nematocistos. Todos os cnidários, ou quase todos, possuem células urticantes capazes de picar. Algumas picadas, especialmente no caso das anêmonas, são tão fracas que uma pessoa dificilmente as percebe. Outras, como as cubomedusas, podem nos matar na hora. As células urticantes variam, mas são similares o bastante na forma que é provável que tenham se originado de um único invento, no começo da seção cnidária da árvore, para então ser passada adiante em diversos ramos.

Nos casos mais dramáticos e às vezes perigosos, um arpão fica recolhido dentro da célula. As células dotadas de arpões são rodeadas de células sensoriais e outros controladores numa "bateria" (isso parece ser uma metáfora de artilharia, algo bem adequado aqui). O arpão, quando acionado, atinge acelerações extraordinárias e velocidades elevadas por uma distância muito pequena. No disparo de um arpão, o comportamento em si — o movimento executado — é realizado por uma única célula. Essa célula possui ajudantes em volta, sensores e assemelhados, mas para o ato em si não é necessária nenhuma coordenação entre as células. Compare isso aos movimentos de pegar realizados pelo coral-mole. Nesse caso, não se trata da ação de uma célula, mas de uma combinação de incontáveis contrações de diferentes células, movimentos que precisam ocorrer juntos e de maneira harmoniosa. O que estou destacando aqui e marcando como invento de especial importância, é uma ação que envolve coordenação[6] através de amplas escalas do ponto de vista de uma célula. A origem *disso* é o que ecoa nos movimentos de pegar que observamos nos corais-moles.

Mesmo que esses comportamentos dos cnidários sejam ecos de ações animais primordiais, por que os escolhi? Por que não o nado coordenado de uma medusa? O estágio da medusa costuma ser visto como uma adição posterior[7] ao modo de vida dos cnidários, enquanto o estágio do pólipo teria evoluído mais cedo. Mas o ponto mais importante é que, se você observar uma água-viva nadando e um coral-mole tentando apanhar algo, em certo sentido eles estão fazendo os mesmos movimentos. Nadando ou apanhando, em forma de sino ou vasilha, os dois movimentos envolvem contrações em torno de uma estrutura radial. Um pólipo e uma medusa podem parecer muito diferentes, mas em termos de organização básica, a medusa é um pólipo de cabeça para baixo. Na medusa, uma contração radial resulta em um movimento natatório; no pólipo, o animal está fixo, e o resultado é um movimento de pegar.

Se estamos à procura de "primeiras ações", outra questão que pode surgir é por que devemos focar em movimentos e não na outra principal atividade dos organismos, que é produzir substâncias químicas. Mover partes do corpo e preparar químicos são dois meios para alcançar os efeitos que ajudam você a seguir em frente. Isso é verdade, mas o advento do movimento controlado na escala do corpo animal ainda assim é um marco. Embora a ação não tenha sido inventada do zero pelos cnidários, encontramos nesses animais uma ação de tipo e escala diferentes. Os corpos que desempenham essas ações foram um tipo novo de objeto presente no mundo e um novo fator capaz de fazer coisas acontecerem.

O caminho animal

O desdobramento da árvore da vida que deu origem aos animais acumulou um pacote de inovações numa velocidade um tanto rápida. A mais importante talvez seja o sistema nervoso.

Entre os animais que vimos até agora, sistemas nervosos estão presentes nos cnidários e nas águas-vivas, mas não nas esponjas e nos placozoários. Os sistemas nervosos evoluíram cedo, não se sabe ao certo se uma única vez ou em mais de uma ocasião.[8] A base daquilo que os sistemas nervosos fazem consiste em duas características que já estavam presentes bem antes do surgimento dos animais. São elas a "excitabilidade" das células — a capacidade de rápidas mudanças nas propriedades elétricas, como discutido no capítulo 2 — e o envio de sinais químicos entre uma célula e outra. Os sistemas nervosos reuniram essas duas capacidades muito antigas. Quando uma célula se excita — sofre uma mudança repentina em suas propriedades elétricas —, o evento costuma estar restrito àquela célula específica.[9] Ele permanece confinado nas bordas que delimitam a unidade da célula. Mas uma das coisas que um espasmo desses pode desencadear é a emissão de uma substância química na borda da célula, uma substância que pode ser receptada por uma célula vizinha. Isso pode tornar a segunda célula mais (ou menos) suscetível a sofrer suas próprias mudanças elétricas. Juntas, sinalização química e excitabilidade são centrais no funcionamento de um sistema nervoso.

Os sistemas nervosos estão repletos de células especializadas nesse tipo de interação. Essas células exibem um formato de árvore e são equipadas com prolongamentos finos que colocam uma célula em contato com um grupo seleto de outras. Costuma-se dizer que sistemas nervosos estão presentes somente nos animais (e na maioria deles, não em todos), embora células que combinam excitabilidade com sinalização química estejam presentes também em outros organismos. O que torna especiais os sistemas nervosos no amplo sentido animal é a existência destas células com formato ramificado: os neurônios.[10] Estes são encontrados unicamente no reino animal. A presença dessas células provoca uma mudança em como funcionam as influências dentro do corpo. Elas permitem a ocorrência de interações rápidas e direcionadas, em contraste com os padrões de influência mais difusos em que uma célula envia substâncias químicas para quem estiver ouvindo. O sistema nervoso interconecta o corpo de novas maneiras. Lars Chittka, um biólogo que estuda as abelhas, possui um jeito eficaz de ilustrar o poder dos neurônios. A abelha, diz ele, tem um cérebro com um milímetro cúbico de tamanho. Parece ser minúsculo. Mas depois ele informa que um único neurônio de abelha tem a mesma complexidade de um carvalho adulto, no que diz respeito às ramificações. Cada neurônio pode se conectar a outros 10 mil.

O sistema nervoso é uma reformulação de capacidades encontradas na maioria das formas de vida, mas nos animais essas capacidades foram ampliadas e se tornaram muito mais poderosas. Um lembrete útil do quanto dependemos desses sistemas é o fato de que "neurotoxinas" são o principal tipo de toxina de ação rápida, tanto em animais como as cobras quanto em delitos cometidos por humanos — armas famosas como gás sarin, VX e Nivichok são neurotoxinas. Quando ouvi falar em neurotoxinas pela primeira vez na juventude, pensei: será que ela impede que você sinta as coisas? Você fica amortecido? Não consegue pensar? No entanto, as neurotoxinas impedem muito mais do que isso. A morte ocorre muitas vezes por asfixia ou parada cardíaca. Nossa vulnerabilidade a essas substâncias químicas — que não são intrinsecamente destrutivas, que não destroem os tecidos, mas em vez disso interferem em pontos de interação entre as células — evidencia até que ponto o sistema nervoso interconecta todo o corpo do animal. Uma maneira de matar esse corpo é ir atrás dos mensageiros, prejudicando assim a ação conjunta das partes.

Outra característica estreitamente associada ao sistema nervoso, em termos evolutivos, são os músculos.[11] As ações de um cnidário, ao contrário dos movimentos mais sutis de uma esponja, são baseadas em músculos. O capítulo anterior mencionou a invenção do citoesqueleto, um esqueleto interno de filamentos móveis dentro de alguns organismos unicelulares. Nos animais, a coordenação desses esqueletos internos ao longo de muitas células conectadas gera a inovação do músculo. Ele permite a contração e o relaxamento coordenados de feixes imensos de células.

Os animais conseguem realizar algumas ações sem o auxílio de músculos. Nas carambolas-do-mar, o corpo é coberto de fileiras de cílios também vistas em muitos organismos unicelulares. Os cílios ficam alinhados verticalmente, como as cerdas de um pente (daí vem o nome popular do animal em inglês, *comb jelly*). Os movimentos dos cílios permitem que a carambola-do-mar, assim como seus pares unicelulares, possa nadar. (As carambolas-do-mar também possuem músculos, usados para direcionar o nado.) Os cílios são empregados em movimentos de pequena escala por vários outros animais. Mas todos os movimentos mais expansivos — os gestos de pegar dos octocorais, o nado da medusa e outros movimentos que ainda veremos — são possibilitados por musculaturas.

Para discutir as inovações que permitiram aos animais desempenhar um papel tão incomum na Terra, vim procurando enfatizar novas capacidades no campo da *ação*. Outra propriedade dos animais, que não comentei muito neste capítulo, é a *percepção sensorial*. A percepção sensorial está sempre presente, não apenas nos animais, mas em toda a vida celular conhecida. Mas algumas pistas disponíveis sugerem que, nesses primeiros estágios da evolução animal, a inovação de maior destaque e sem precedentes foi criar a ação em um novo patamar. Esse foi o fator da transformação.

Os cnidários existentes hoje são dotados de uma variedade de sentidos, e o mesmo vale para os prováveis ancestrais dos animais em todos os estágios históricos. Mas os cnidários são mais "mirrados", por assim dizer, no lado sensorial[12] do que no lado das ações. Não se encontram olhos nos corais e nas anêmonas, e somente olhos um tanto rudimentares na maioria dos outros cnidários. (A grande exceção, a cubomedusa, é normalmente considerada o produto de um estágio posterior.) Os esforços do pólipo para apanhar o alimento, a ascensão e o recuo da colônia, e o disparo de células urticantes estão relacionados a estímulos de vários tipos, e é provável que os cnidários também tenham inventado um senso de equilíbrio ou de gravidade. A medusa se orienta dentro d'água por meio de órgãos, chamados *estatocistos*, que contêm cristais pequeninos.[13] Os cristais são mais pesados que a água, e seus movimentos podem ser detectados quando há uma mudança na posição do animal. Pode haver outras formas de percepção também, mas nos cnidários não é a percepção que sobressai, o que representa seu passo rumo ao desconhecido, aquilo que sabem fazer de diferente. Em vez disso, a inovação foi um tipo novo de ação: o movimento de larga escala, controlado por uma musculatura.

Com essa transformação da vida animal na nossa mira, vamos pensar por um momento no problema da mente-corpo que está presente ao fundo. Modos de pensar usuais nos fornecem uma série de conceitos que ajudam a identificar o que as mentes podem fazer. Um deles é o conceito de *subjetividade*. Esse conceito aparece com seu par complementar: *agência*. A subjetividade tem a ver com percebimento, com o modo que as coisas se revelam para mim. Ela indica a experiência como algo que acontece a uma pessoa. A agência tem a ver com fazer, tentar, iniciar. Agência é o por-mim; tem a ver com ser uma fonte de ação e de seus efeitos. Ela indica coisas que uma pessoa faz acontecer. Interessante notar que a palavra "sujeito" (ao contrário de "subjetividade") também carrega um outro conjunto de conotações, nas quais o sujeito é quem faz ou dá início a algo: o sujeito em oposição ao objeto. Esta não será a última vez que esses conceitos vão se emaranhar.

Como conceitos do dia a dia, subjetividade e agência apontam para aspectos diferentes de uma pessoa ou animal, um lado mais sensorial e outro mais ativo. Do ponto de vista evolutivo, contudo, eles estão intimamente ligados. A percepção sensorial tem sua razão de ser no controle das ações.[14] Nada se ganha, do ponto de vista biológico, ao coletar informação que não será aproveitada na prática. A evolução da mente inclui a evolução integrada da agência e da subjetividade. Mas nem tudo precisa se desenvolver lado a lado. Pode acontecer, em algum estágio, um avanço decisivo no campo da ação em particular. Um novo tipo de agência pode vir a existir ao lado de capacidades sensoriais mais simples.

Em toda esta parte do livro, sou influenciado pelo pensamento do psicólogo e filósofo holandês Fred Keijzer,[15] e por sua ênfase na *modelagem da ação* como uma preocupação central no princípio da evolução dos sistemas nervosos. As discussões deste capítulo envolvendo a formação da ação em escala multicelular, o tamanho e a importância desse feito, e sua relação com o corpo animal, foram todas influenciadas por ele. Na área das relações entre percepção sensorial e ação nos animais muito antigos, Keijzer propõe algo interessante. Ele acha que alguns tipos novos de percepção sensorial podem surgir "de graça", ou quase de graça, em consequência da modelagem das ações complexas. Imagine que você constrói um sistema elaborado para produzir alguma espécie de movimento coordenado e coreografado. Muitas vezes, para alcançar isso você vai precisar que algumas partes do sistema sejam sensíveis ao que outras partes do mesmo sistema estão fazendo. Mas se então algo externo afeta o sistema, em especial através do tato, esse evento será, em alguma medida, registrado automaticamente, pois perturbará o padrão de atividade no qual aquelas partes estão envolvidas. A percepção sensorial interna do sistema irá registrar — ou poderia fazê-lo com facilidade — que alguma coisa externa aconteceu. Mesmo que um sistema nervoso esteja voltado apenas para dentro (Keijzer não está sugerindo que seja assim, mas caso estivesse), ele reagiria ao que ocorre fora dele. Um sistema assim não pode evitar de se voltar, em alguma medida, para fora. Ações novas e expansivas trazem consigo uma expansão da sensibilidade.

A aparência de assimetria entre ações complexas e percepção sensorial mais simples em determinado estágio primitivo da evolução animal pode não passar de uma ilusão. A percepção sensorial complexa pode estar bem escondida. Mas quando pensamos nas formas primordiais de experiência, ou sobre o que existe nos animais *antes* da experiência, é interessante imaginar um animal cujos movimentos ultrapassam a capacidade dos sentidos, e indagar, como faz Keijzer, se a percepção sensorial tenderia a vencer a distância automaticamente.

Vamos deixar de lado essas especulações por um momento e retornar aos temas principais que são trazidos à tona nesse estágio da história. Todos os seres vivos fazem coisas. Eles ajustam suas atividades e afetam o que existe em torno deles. Com os animais, porém, isso assumiu outra forma. No ramo ocupado pelos animais na árvore da vida, umas das coisas que surgiram foi um self multicelular. Não apenas isso, os animais também produziram a ação multicelular, ações geradas por meio de feixes de células que se contraem, retorcem e esticam. Nervos e músculos tornaram isso possível; uma esponja não é capaz de nada parecido. Esse tipo de ação foi um invento transformativo na evolução; a partir dele, tudo mudou.

Tudo mudou — a partir de um certo ponto. Quando essa transformação teve início, e que tipo de animal deu o pontapé inicial? Teria sido um animal semelhante a um cnidário ou algum outro, mais primitivo? Como veremos agora, o motor da ação animal, esse engenheiro da Terra, talvez tenha começado aos trancos.

No capítulo anterior, procuramos pistas de formas primitivas de vida animal, principalmente ao observar animais que vivem hoje, mas que estão muito distantes de nós. Do nosso ponto de vista, os galhos mais afastados na parte animal da árvore da vida são muito incertos. As coisas ficam mais nítidas à medida que se aproximam de nós. Se desenharmos as linhas evolutivas com o tempo subindo verticalmente pela página, o diagrama de algumas das relações fica assim:

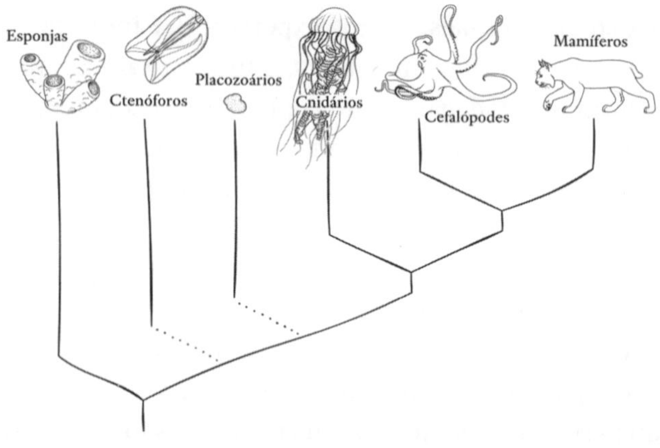

Os sistemas nervosos evoluíram em algum ponto abaixo da divisão à direita, que conduz aos mamíferos e cefalópodes de um lado e aos cnidários do outro. Eles podem ter evoluído duas vezes; isso depende de questões não elucidadas a respeito da árvore, indicadas por linhas tracejadas no diagrama.

Todas as ramificações e inventos evolutivos discutidos até agora ocorrem antes do aparecimento de qualquer registro fóssil. O primeiro período do qual dispomos de evidência fóssil definitiva dos animais é o Ediacarano,[16] que teve início há cerca de 635 milhões de anos. O lento abrir das cortinas para o registro fóssil dos animais revela uma cena bem diferente da vida que vemos hoje ao redor.

O cenário é o leito oceânico, às vezes raso, outras vezes mais profundo, habitado por várias criaturas de corpo mole, algumas pequeninas, mas outras chegando a medir metros. Apesar de seus corpos moles, muitas delas deixaram vestígios. Esses vestígios revelam formas enigmáticas — desenhos em forma de flores, vórtices e discos, espirais e ramificações fractais.

Que razões há para acreditar que eram animais? Em alguns casos, é realmente incerto, e alguns vestígios podem representar um experimento multicelular, ou vários experimentos, completamente perdido e muito distante dos animais. A confirmação foi obtida em 2018 por um estudante chamado Ilya Bobrovskiy,[17] que desceu de rapel num penhasco numa região remota da Rússia onde se encontram vestígios extraordinariamente grandes e bem preservados de *Dickinsonia*, um famoso organismo do Ediacarano. Como suspeitava Bobrovskiy, as rochas continham não somente fósseis comuns, mas também vestígios submetidos a um processo de mumificação natural e preservados havia meio milhão de anos. Os corpos mumificados contêm colesterol, um composto químico produzido somente pelos animais. O *Dickinsonia* era achatado, é quase certo que vivia no leito oceânico, e se parece com um tapete para boxe, alcançando um metro de comprimento. Não apresenta sinais de olhos, membros ou qualquer outra parte animal familiar, e o mesmo vale para todos os ediacaranos. Eles quase sempre têm formatos corporais definidos — folhagens e rodas, três lados, cinco lados —, mas nenhuma perna, nadadeira ou garra, e nada que indique sentidos complexos, como olhos.

Tampouco há registro claro de ocorrência de cnidários e esponjas, os animais que estive investigando como pistas, no período Ediacarano. Mas há possibilidades a serem consideradas em cada caso. Alguns organismos ediacaranos se parecem bastante com as "plumas-do-mar" dos tempos atuais.[18] Os organismos que levam esse nome tão apropriado pertencem ao mesmo grupo dos corais-moles que conhecemos no começo deste capítulo. Mas estes não se parecem com árvores, e sim com as penas que se usava para escrever antigamente, com a ponta enfiada no leito oceânico e a pluma aberta acima.

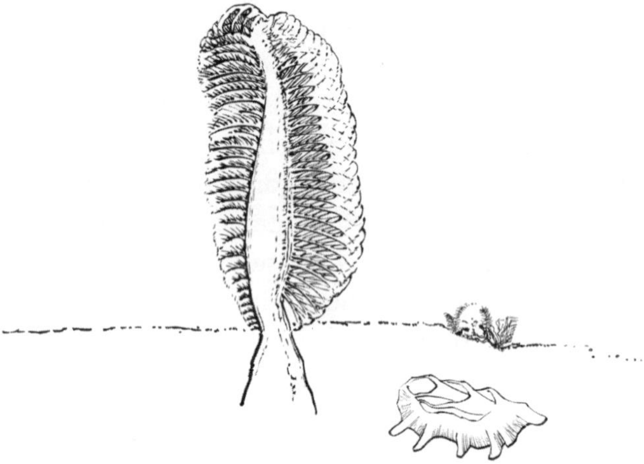

A existência ou não de parentesco próximo entre os ediacaranos e as plumas-do-mar é uma questão controversa, pois as diferenças começam a surgir numa inspeção mais atenta. Outros organismos ediacaranos possuem folhas ramificadas que também remetem a formas cnidárias, mas essas semelhanças também podem ser enganosas. Muitos ediacaranos foram inicialmente chamados de "águas-vivas" por Reg Sprigg,[19] que descobriu os primeiros fósseis ediacaranos ao inspecionar minas abandonadas na Austrália Meridional, em 1946. A maior parte desses fósseis agora é interpretada de outra forma, porém o mais provável é que fossem verdadeiras águas-vivas enquanto viviam nas águas, e que seus corpos tenham se esmagado e ficado incompreensíveis quando caíram no fundo.

Na imaginação da biologia, o Ediacarano foi muitas vezes retratado como uma época tranquila e plácida, um período com pouca interação entre os organismos. Quase não há sinais de predação — nenhum indivíduo devorado pela metade, nenhum sinal dos armamentos embutidos, sejam eles ofensivos ou defensivos, que os animais tendem a possuir hoje em dia. Não se encontram garras nem espinhas dorsais. Também não há sinais conhecidos de especialização sexual, embora isso seja difícil de estabelecer, e até hoje nenhum organismo do Ediacarano foi identificado como pertencente a um sexo. O sexo estava presente, com quase toda a certeza,[20] mas provavelmente coexistia com vários tipos de reprodução assexuada (como nos cnidários e nas esponjas de hoje). A densidade podia ser alta; podemos ver lajes de pedra contendo amontoados de dúzias ou centenas de organismos de várias espécies. Mesmo nessas cenas dignas de Hieronymous Bosch, porém, não é muito evidente que os animais estivessem se envolvendo uns com os outros de alguma forma. Pode ter havido interações que permanecem ocultas após o desaparecimento de certas partes moles, mas a maioria dos mecanismos conhecidos de contato entre animais parece estar ausente.

Essa imagem plácida do período é adequada até certo ponto. Em anos recentes, todavia, mais detalhes emergiram, e aquele Ediacarano tranquilo começou a assumir uma face um pouco mais dramática, certamente marcada por transições e mudanças.

Pelo que tudo indica, houve três estágios. Eles foram reconhecidos por um jovem biólogo, Ben Waggoner,[21] cerca de vinte anos atrás, e vêm se comprovando diante de dados mais recentes. Os estágios têm nomes graciosos (graças a Waggoner, com uma ajudinha da geografia). Digo "estágios", mas tecnicamente cada um deles é uma "mescla" (uma palavra menos graciosa); uma mescla é uma coleção de espécies fossilizadas que se depositaram mais ou menos na mesma época.

A primeira dessas mesclas é a Avalon, que remonta a cerca de 575 milhões de anos. Mesmo este primeiro estágio ocupa uma posição bastante avançada no Ediacarano como um todo. O início do período, há 635 milhões de anos, foi marcado por uma glaciação descomunal que pode ter deixado a Terra inteira sob o gelo. As condições se aquietaram por algum tempo, sobreveio outra era glacial, e logo depois os fósseis começam a aparecer. Os níveis de oxigênio podem ter se elevado consideravelmente após essa segunda glaciação. Em todos esses primeiros estágios, porém, devemos imaginar um mundo com baixa presença de oxigênio. Isso teria limitado a capacidade de ação animal a ponto de ela nem sequer ser uma opção.

A mescla de Avalon, batizada em homenagem a uma localidade no Canadá, apresenta o que parecem ser organismos estáticos, folhosos e semelhantes a plantas. (Numa feliz confluência etimológica, "Avalon" significa "a ilha das árvores frutíferas" em galês antigo.)[22] Várias dessas criaturas têm o aspecto superficial de uma única grande folha ou de um aglomerado de folhas preso ao leito oceânico. Quando observada mais de perto, cada folha revela ser, na verdade, um feixe de elementos intrincados que se ramificam.

A mescla de Avalon também contém uma possível esponja — com uma forma cônica apropriada, que todavia não remete a nenhum grupo de esponjas moderno. As esponjas em geral são enigmáticas.[23] Evidências químicas e pesquisas genéticas sugerem que as esponjas estavam presentes e podiam até ser comuns nesse período, mas os fósseis até hoje conhecidos oferecem essa única candidata cônica e outra possibilidade posterior, descoberta recentemente, que lembra uma velha antena de TV virada de ponta-cabeça, com varetas finas que saem a partir do centro.

Os organismos da Avalon parecem ter vivido em mares profundos e tranquilos, escuros demais para a fotossíntese, a centenas ou talvez milhares de metros da superfície. Hoje em dia, essa é uma zona pouco povoada e hostil, mas naquele tempo pode ter sido o berço de formas de vida lentas, porém inovadoras. Essas criaturas podem ter sobrevivido de pequenas partículas de carbono orgânico dissolvidas — seu desenho de ramificações progressivas apresenta uma organização "fractal"[24] que maximiza a sua área, favorecendo a absorção contínua dessa névoa orgânica e do oxigênio necessário para queimá-la.

O que veio a seguir pode ter sido uma transição. A mescla do Mar Branco, que empresta o nome de uma localidade da Rússia, remonta a cerca de 560 milhões de anos. Esses fósseis apresentam estruturas corporais mais variadas. Ainda não vemos nadadeiras nem pernas, mas em alguns casos o formato do corpo e os vestígios fossilizados dão fortes indícios de que o animal era capaz de se movimentar.

As criaturas da mescla do Mar Branco viviam em leitos oceânicos rasos, e não nas profundezas, como é o caso da Avalon. São leitos oceânicos que, em certo sentido, estavam vivos. Às vezes são descritos como "tapetes microbianos", mas Mary Doser, da Universidade da Califórnia em Riverside, figura central dos estudos sobre esse período, os chama de "superfícies orgânicas texturizadas". Essas superfícies continham mais do que bactérias e assemelhados, provavelmente incluindo também organismos similares a algas e pequenos animais entranhados. O registro fóssil preserva as texturas propriamente ditas — "uma laminação ondulada e crispada, texturas de pele de elefante...". Um emaranhado de organismos vivos e mortos, de várias escalas, compunha uma superfície predominantemente bidimensional, uma planície marítima.

Nesse cenário, vemos novos corpos e estilos de vida. Ainda há organismos estáticos, que ficam em posição erguida e lembram a pluma-do-mar, mas também existe uma variedade de formas mais achatadas que se adequaram para recolher o seu alimento do tapete. Alguns desses podiam se mover. O *Dickinsonia* (com seu colesterol russo mumificado) parecia se alimentar num lugar e depois partir, deixando para trás uma trilha de marcas do corpo inteiro. Tudo indica que dois outros organismos eram mais ativos. O *Kimberella* é considerado um parente provável dos moluscos. Ele parecia um *macaron* rastejante, capaz de raspar a superfície do tapete com uma espécie de pazinha retrátil.

Há também um enigma chamado *Helminthoidichnites.* Esse fóssil, batizado com esse nome incrivelmente difícil no século XIX,[25] tinha sido encontrado primeiro em rochas menos antigas e foi interpretado como trilhas deixadas por um pequeno animal escavador — talvez um verme ou crustáceo. Mais tarde, vestígios semelhantes foram descobertos em rochas ediacaranas e analisados em mais detalhe por Mary Droser e Jim Gehling, na Austrália Meridional, perto de onde foram localizados os primeiros fósseis ediacaranos.

Esse trabalho se valeu de um novo tipo de escavação, que permitiu que o lado inferior de imensas lajes de pedra fosse estudado por inteiro. Vistoriadas de perto, algumas lajes exibem traços de padrões de movimento complexos. O animal vivo se deslocava através de várias camadas do tapete submarino, empilhando diques pelo caminho. As trilhas vão em direção a corpos de outros animais, incluindo o *Dickinsonia.* Trata-se do primeiro registro fóssil de saprofagia, ou de um animal que se alimentava de cadáveres. Também é o primeiro vestígio concreto de movimento direcionado, orientado a um objetivo que foi percebido pelos sentidos. Inicialmente, os alvos eram cadáveres, mas a saprofagia passa por transições naturais rumo à predação, especialmente quando a presa é estática ou lenta.

Afirmei que o *Helminthoidichnites* era um enigma. Todos os organismos ediacaranos são enigmáticos em alguma medida, mas nesse caso o enigma é extremo. Por muito tempo, tudo que tínhamos era a trilha, sem resto algum do animal propriamente dito. Justo no momento em que este livro estava sendo concluído, apareceu um candidato, uma pequena criatura em forma de feijão que pode ser a responsável pelos rastros deixados pelo *Helminthoidichnites*. Ela foi encontrada na Austrália Meridional, o lar original dos ediacaranos.

O período dos fósseis do Mar Branco é, então, marcado por uma transição: novos corpos, novas capacidades comportamentais, um ambiente diferente. Alguns animais desse período também parecem ter possuído mobilidade. O *Spriggina* tem um corpo com formas que gritam movimento e se parece superficialmente com um trilobito rastejante. Não há traços conhecidos de movimentos do *Spriggina*, mas isso não surpreende, uma vez que um animal precisa se enterrar ou raspar o chão para deixar marcas. Se ele apenas pairar acima do tapete, nenhum traço chegará a nós, vários milhões de anos depois.

Nessa época os níveis de oxigênio continuaram a subir, em ritmo lento e inconstante. Quem sabe a sequência tenha sido mais ou menos esta: com mais oxigênio, as superfícies texturizadas vivas puderam se desenvolver. Elas se tornaram uma fonte de alimento, estimulando a lenta "pastagem" pela extensão do tapete. A pastagem leva a uma concentração de reservas nos corpos dos animais, que depois morrem. Isso torna o ambiente mais inconsistente — há muito alimento aqui, pouco ali. O movimento vai se tornando cada vez mais valioso, assim como a capacidade de perseguir trilhas de cheiros no mar, para que o animal possa encontrar o que deseja.

O terceiro estágio, depois de Avalon e Mar Branco, foi batizado de "Nama", em referência a uma região da Namíbia, na África. É o estágio mais recente, que conduz ao término do Ediacarano. Levando em conta o que vinha ocorrendo logo antes, era de esperar que Nama contivesse um aumento dessa complexidade rastejante. Ao invés disso, as rochas são mais calmas. As formas rastejantes, surpreendentemente, desaparecem. Os rastros de *Helminthoidichnites* permanecem ali, e uma das interpretações para esse período, conhecida como "Mundo dos Vermes", propõe que uma profusão de criaturas escavadoras e perfuradoras de túneis foram as protagonistas desse terceiro estágio. Mas aqueles animais de porte maior que se moviam, e que remetem vagamente aos moluscos e assemelhados, parecem ter sumido. À exceção dos escavadores, a vida em Nama retrocedeu às formas folhosas que balançavam na água (apesar de serem folhas que são, em sua maioria, diferentes das anteriores). Ninguém sabe por que isso aconteceu. E a mescla de Nama parece representar o estágio que leva ao término do Ediacarano.

A ascensão do coral-mole

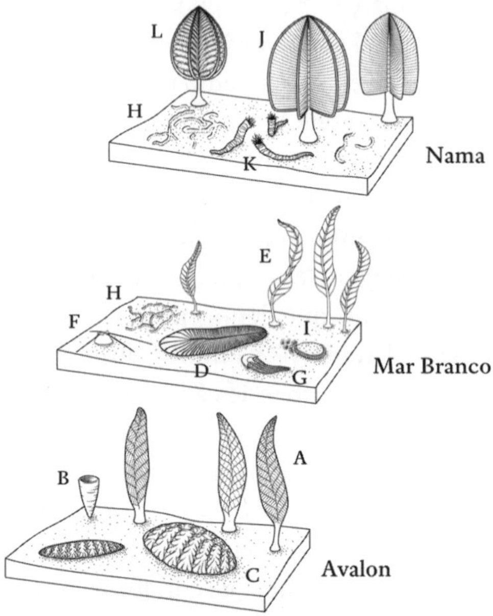

Os três estágios do Ediacarano. Entre os organismos se incluem: **A:** *Charnia*; **B:** *Thectardis* (uma esponja?); **C:** *Fractofusus*; **D:** *Dickinsonia*; **E:** *Arborea*; **F:** *Coroncollina* (também uma esponja?); **G:** *Spriggina*; **H:** *Helminthoidichnites*; **I:** *Kimberella*; **J:** *Swarpuntia*; **K:** *Cloudina*; e **L:** *Rangea*. *Charnia* e *Rangea* estão entre os organismos que foram comparados a plumas-do-mar.

Como isso se encaixa nos temas deste capítulo, com a tentativa de discernir pistas sobre a evolução da ação animal? Temos um cenário com formas estáticas e que se parecem com plantas — Avalon, nos mares profundos —, e em seguida uma transição para criaturas com mais mobilidade, que vivem em águas rasas. As evidências genéticas sugerem que sistemas nervosos evoluíram antes do depósito de qualquer um desses fósseis, ou quem sabe no decorrer do primeiro estágio; a datação genética é imprecisa. Depois parece haver o despertar de um regime em que tipos novos de percepção sensorial e ação se estabelecem — o Mar Branco. Em Nama, isso parece regredir.

Se os avalonianos que conhecemos eram animais dotados de sistemas nervosos (sem contar a possível esponja), o que estavam fazendo com eles? É tentador dizer que podiam estar coordenando gestos de pegar ou agarrar, como vemos nos corais-moles de hoje. Porém, nos casos em que esses organismos deixaram fósseis mais detalhados que a média, não se encontra evidência de aberturas no corpo — diferente do que ocorre com o coral-mole, não existe uma boca à qual levar comida. Em vez disso, acredita-se que seu corpo inteiro absorvia o alimento — isso, repetindo, faria sentido numa forma projetada para maximizar a área corporal.

Pode ser que os folhosos organismos avalonianos nem tenham sido animais. Mesmo assim, sistemas nervosos de algum tipo provavelmente existiram antes da chegada dos animais rastejantes que aparecerão mais tarde no Ediacarano. Há boas evidências de que sistemas nervosos evoluíram num corpo com um desenho aproximadamente radial.[26] É possível que estivessem escondidos em alguns dos corpos semelhantes a flores, mas pode ser, também, que tenhamos que olhar *para cima*.

Mantive o foco nessas formas que habitavam o leito oceânico porque é ali que restaram os registros fósseis. Mas outras formas de vida dos mais variados tipos podiam estar mais acima, na coluna de água — nadadores de corpos moles, semelhantes a águas-vivas e carambolas-do-mar. Alguns estágios iniciais da evolução dos sistemas nervosos podem ter ocorrido nessa região mais elevada. Nadadores primitivos, de formato pelicular, muitas vezes permanecem invisíveis aos paleontólogos, pois é improvável que seus corpos delicados se transformem em fósseis visíveis após a morte. Há quem tenha sugerido que os primeiros animais rastejantes podem ter evoluído a partir de uma larva (uma forma imatura) de um animal semelhante a um cnidário, uma larva que alcança o leito oceânico e começa a se mover sobre ele. A partir daí, é possível vislumbrar uma sequência que vai dos movimentos de deslocamento e pastagem sobre o tapete até um comportamento direcionado a outros animais.

Os debates em torno do Ediacarano às vezes parecem manifestar uma preferência compreensível por histórias que funcionem usando somente o elenco de personagens presentes nos fósseis, portanto habitantes do leito oceânico. Muitas vezes me pergunto se, com respeito à evolução do comportamento e das interações entre animais,[27] o cenário do leito oceânico não seria somente a ponta de um iceberg, e se boa parte do que importa não teria se passado num ponto mais elevado da coluna de água, envolvendo animais que deixaram pouco ou nenhum vestígio. Se isso for verdade, é difícil saber como se poderia completar as peças faltantes do quebra-cabeça. Na biologia evolutiva, porém, é incrível a frequência com que o aparentemente incompreensível se torna compreensível como resultado de um avanço técnico repentino, um *Dickinsonia* mumificado ou uma nova ideia teórica.

Essa conversa sobre a transição do nado para o rastejamento também chama a atenção para um estágio que ainda não foi mencionado, mas que traz um avanço que merece ser visto de perto. Voltando o olhar para a névoa submarina daqueles tempos, um dos acontecimentos que tiveram enormes consequências posteriores foi a evolução de um novo tipo de corpo, chamado de *bilaterado*, ou corpo com simetria bilateral. São corpos que apresentam eixos de esquerda-direita e cima-baixo. Nossos corpos são bilaterados, assim como o das formigas, lesmas e cavalos-marinhos. Temos braços e pernas em cada lado, e também olhos e orelhas; há um par à esquerda e à direita de muitas partes do corpo. A maioria dos animais existentes hoje é bilaterada (vale para qualquer critério de "maioria"). E o mesmo vale para alguns dos mais antigos — *Kimberella*, *Spriggina*, entre outros. Cnidários, tais como corais e águas-vivas, não são assim, nem as carambolas-do-mar, as esponjas e os placozoários.

Essa forma corporal evoluiu antes do estágio ediacarano do Mar Branco. Ela data pelo menos daquela época, porque alguma versão sua precisava ter entrado em cena antes das ramificações que colocaram os variados animais bilaterados em seus respectivos caminhos, e há pelo menos um punhado de diferentes bilaterados no Mar Branco. O último ancestral comum entre você e uma borboleta, e também o último ancestral comum entre você e um polvo, viveu necessariamente naquela época ou antes.

Tração

O corpo bilaterado, com sua simetria esquerda-direita, representou uma inovação sobretudo no campo da ação. O corpo bilaterado foi preparado para *ir* a algum lugar. Não existem animais que não sejam bilaterados na superfície terrestre — nenhuma água-viva que rasteje ou caminhe, nenhuma anêmona com dedos no ar (embora existam algumas que vivem nas faixas de maré). Tudo indica que corpos bilaterados surgiram numa versão marinha da superfície terrestre: o leito oceânico. São corpos feitos para rastejar sobre superfícies, com direção e tração.

Os primeiros bilaterados que surgiram eram provavelmente mais simples do que os ediacaranos fossilizados do Mar Branco, e talvez pequenos, mas não sabemos muito mais que isso. Também nesse caso, temos uma pista viva nos tempos de hoje — uma que talvez evoque formas antigas. A pista, neste caso, são os platelmintos. São animais pequenos e simples, cujo nome em inglês, *flatworm*, dá uma boa ideia da sua aparência: verme achatado.

A pista fornecida pelos platelmintos é muito útil?[28] Talvez não. Os platelmintos de hoje, por mais simples que sejam, vivem desse jeito há muito tempo. A forma corporal do platelminto parece ter surgido, nos contornos gerais, em algumas ocasiões distintas, e faz sentido que tenha sido assim. Muitos platelmintos dos tempos atuais são parasitas em outros organismos, e o parasitismo tende a resultar em simplicidade. Portanto, os platelmintos podem não ser bons modelos para os primeiros bilaterados a existir. Mas, levando tudo isso em conta, vamos dar uma olhada mais de perto neles, pelos animais que são e pela possível presença neles de ecos de algo mais antigo.

Podemos encontrar platelmintos marinhos nos recifes e em campos de detritos submarinos. Os mais visíveis não são os mais simples — estes são os *acelos*, que foram considerados a melhor pista para uma forma bilaterada primordial —, e sim um outro tipo, os *Polycladida*.

Eles parecem mesmo muito simples. Possuem cerca de um centímetro de comprimento na maioria dos casos, embora possam ser bem menores ou maiores. É comum apresentarem uma forma oval, achatada e com laterais onduladas, e são muito finos. Lembram um pedacinho de lenço de papel.

Mas se você se detiver um pouco, em instantes perceberá que eles são cheios de atividade. Eles se movimentam com mais rapidez que a maioria dos animais no seu entorno. Alguns platelmintos são capazes de nadar, mas até mesmo os que rastejam o fazem de maneira ágil e direcionada. "Posso parecer um pedacinho de lenço de papel, mas neste momento tenho *algo a fazer*."

Seus corpos fazem muito com pouco. Eles não possuem um tubo digestivo "de uma ponta a outra" — o que entra por um buraco sai pelo mesmo buraco — nem um sistema circulatório. Um olho ciclópico pode ser visto às vezes no meio das costas, embora olhos de um tipo bastante rudimentar possam brotar em aparentemente qualquer ponto dessas criaturas, inclusive em saliências pequeninas do corpo fino como papel, erguidos um pouco acima do plano formado por todo o resto.

A vida sexual dos platelmintos é mais complexa do que se pode supor. Em geral, eles são hermafroditas, e alguns se engalfinham numa "esgrima peniana", em que dois parceiros tentam espirrar sêmen dentro do corpo um do outro. Surpreende também que sejam criaturas tão exuberantes, com cores e padrões chamativos. À primeira vista, não é algo fácil de entender; eles não conseguem se enxergar com seus olhos rudimentares. Mas muitos platelmintos são imitadores,[29] especialmente de outros pequenos animais rastejantes chamados *nudibrânquios*.

Os nudibrânquios são lesmas-do-mar, ou seja, moluscos. São parentes próximos das lesmas e dos caracóis da superfície, mas podem ser assombrosamente belos, com uma variedade infindável de cores e padrões. Muitos ingerem alimentos complicados do ponto de vista químico, como esponjas, o que os torna impalatáveis aos peixes e a outros predadores. As cores vibrantes provavelmente servem para alardear isso.

Dois dos principais grupos são os *dórides* e os *aeólidos*. Os primeiros possuem um formato de lesma bastante oportuno para um platelminto que pretenda imitá-los, enquanto os últimos recebem esse nome devido aos apêndices que cobrem seu corpo e que lembram serpentinas tremulando sem parar debaixo da água, como se sopradas por uma brisa. (Na mitologia grega, Éolo era o guardião dos ventos.) Toda primavera, num recife próximo ao local de abertura deste capítulo, surgem pequeninos aeólidos. São encontrados principalmente junto a briozoários, animais que parecem arbustos feitos de filamentos enroscados. Os aeólidos aparecem neles e são quase impossíveis de ver. São como passarinhos cravejados de joias, com apenas milímetros de comprimento, pousados em árvores com galhos da espessura de um fio de cabelo.

Ocupando uma posição próxima dos aeólidos na árvore evolutiva estão os nudibrânquios do gênero *Tritonia*. Esse grupo de espécies contém alguns animais grandes e bastante estudados, mas também uma forma mais evasiva que habita os corais-moles e as esponjas deste capítulo. São muito pequenos, de tonalidade perolada, com prolongamentos pontudos saindo do corpo, semelhantes aos pináculos de uma igreja. Desses prolongamentos nascem outros, pináculos saindo de pináculos. Parecem ter sido projetados por um arquiteto em miniatura, um pequenino Antonio Gaudí.

Esses Tritonia brancos são difíceis de enxergar, como falei, e isso ocorre em parte porque eles se confundem com os pólipos de corais-moles, graças a suas extensões de pináculos perolados que nascem uns dos outros. Levei algum tempo até perceber que isso, também, é um exemplo plausível de mimetismo. Certa vez vi um Tritonia passeando muito devagar perto de uma colônia de corais-moles. Por alguma razão, me peguei pensando não em mimetismo ou camuflagem, e sim em homenagem. Os dois haviam assumido a mesma configuração e estavam lado a lado numa espécie de harmonia formal, com o coral fazendo seus gestos de pegar enquanto o Tritonia tentava, ao que tudo indicava, imitá-lo: “Meu corpo”, ele parecia dizer, “presta homenagem às primeiras ações animais”.

4.
O camarão de um braço só

O caranguejo provavelmente seria tomado por um sentimento de fúria íntima se pudesse nos ouvir classificando-o, sem o menor alarde ou consideração, como um crustáceo, para então dá-lo como encerrado. "Não sou nada disso", ele diria; "Sou EU MESMO, *apenas* EU MESMO."

William James, *As variedades da experiência religiosa*

Maestro

A pouca distância da cena que abriu o capítulo anterior — a planície arenosa, as marés rápidas e a ascensão do coral-mole —, uma tubulação fina e antiga corre pelo leito do oceano até alcançar o litoral e sair pela baía. Uma abundância de formas de vida se agrupou em torno do cano parcialmente enterrado. Enquanto você nada ao longo do cano, as esponjas fazem ajustes imperceptíveis no fluxo de água que percorre seus corpos, e os corais-moles desenrolam seus tentáculos em forma de dedos. Mais adiante, você passa por formas lentas de ação animal. Até que, embaixo de uma saliência, surge algo bem diferente: um movimento de antenas. Várias pernas ligeiras. E uma atenção que se dirige a você à medida que você se aproxima.

O camarão-palhaço tem um corpo com listras vermelhas e brancas, como os antigos postes de barbearias. São crustáceos, como as lagostas e os caranguejos. O termo "camarão" tem uso amplo e não se aplica a um ramo único da árvore evolutiva; os animais que costumamos chamar de "camarões" são retirados de vários ramos vizinhos. Os crustáceos, por sinal, também não pertencem a um único ramo. Mas todos esses animais são artrópodes,[1] e *eles* ocupam o seu ramo próprio na árvore, um ramo abrangente e importante. Os camarões-palhaço (seu nome científico é *Stenopus hispidus*) têm corpos de alguns centímetros de comprimento, dois braços longos com garras que impressionam, e várias antenas compridas e brancas, mais compridas que o corpo. Avistei uma dupla desses animais num local específico e meses depois, quando passei perto do mesmo lugar, fui conferir se eles ou seus semelhantes continuavam por ali.

Cheguei ao local e vi um camarão-palhaço parado em cima do sifão de uma ascídia. O camarão tinha perdido um de seus longos braços com garras. Não estava muito prejudicado, pois ainda possuía uma profusão de membros, incluindo várias garras menores além da gigante que ainda lhe restava.

O camarão ficou algum tempo parado diante de um pequeno tubarão que descansava embaixo de uma saliência rochosa, e parecia cutucá-lo. O tubarão mudou um pouco de posição e não deu muita bola. A certa altura, o camarão se entrincheirou no teto da saliência rochosa e deve ter ficado pendurado de ponta-cabeça, pois somente algumas antenas mais compridas ficaram visíveis, apontando para baixo como os bigodes de um gato.

Pensei: por que não tocar nelas? Talvez isso assustasse o camarão, mas ele poderia ir mais para o fundo da saliência se quisesse. Ele não parecia nem um pouco preocupado com o tubarão. Portanto, estendi a mão e rocei com delicadeza uma das antenas. Para a minha considerável surpresa, o camarão desceu do esconderijo e olhou para mim.

Fiquei extasiado. Depois de anos observando os polvos, já estou acostumado com a ideia de estabelecer certo grau de contato com animais improváveis, mas fiquei perplexo com o olhar direto que aquele camarão me lançou.

Em seguida, ele voltou a perambular. O que estava se passando dentro dele? Ele reconheceu minha presença e permitiu outros toques. Ficou parado com aquele seu único braço erguido como um regente de orquestra, um minúsculo maestro, em frente ao tubarão adormecido.

Dos animais descritos até agora neste livro, esse é o primeiro que consegue *ver* um objeto como você, o primeiro com olhos capazes de distinguir objetos (embora certas águas-vivas excepcionais que mencionei antes, as cubomedusas, tenham olhos mais ou menos do mesmo tipo). Também é o primeiro animal descrito por mim até agora que é capaz de se mover *com rapidez*. Ele pode escalar em alta velocidade, se aproximando ou se afastando de você. Pode manipular coisas. Este é um animal que demonstra uma relação diferente com o seu entorno, um modo de ser distinto de todos que discutimos até então. Como isso aconteceu?

O Cambriano

Animais desse tipo são produtos do Cambriano, outro período crucial na história da vida animal. No capítulo anterior, observamos o período imediatamente anterior, o Ediacarano, a época dos primeiros fósseis de animais conhecidos. Nessa fase, os animais foram da aparência de flores estáticas a seres que escavavam e rastejavam. No Cambriano, que teve início há cerca de 540 milhões de anos,[2] ocorre o que parece ser uma mudança brusca, quase uma ruptura. Entre seus fósseis há animais com partes rígidas, patas e conchas, e olhos ostensivos. Os pioneiros foram parentes antigos daquele camarão.

Ainda se debate muito se essa aparência de uma mudança *brusca* é ou não é enganosa (e "brusca" ainda envolveria uma escala de milhões de anos). Inúmeras teorias tentam dar conta do motivo para a aparição de uma gama tão diferente de animais nesse período, embora essas teorias costumem invocar fatores que podem atuar em conjunto. As condições ambientais haviam mudado e mais oxigênio estava disponível. A química dos oceanos começava a se tornar mais estimulante para a vida. Mas, além disso, talvez em virtude do oxigênio, porém ultrapassando qualquer efeito meramente químico, um novo regime despontou na própria evolução.

Antes, durante o Ediacarano, na fase do Mar Branco, vimos como os animais começaram a rastejar por superfícies e a se enterrar um pouco no pântano subterrâneo. Vimos também a aparição dos saprófagos, que se alimentam de animais mortos. Surgem os contornos de um caminho evolutivo que começa com o movimento vagaroso em direção ao alimento, seguido de um movimento não tão vagaroso assim, já que concorrentes podem chegar lá primeiro. A partir daí, o consumo de animais mortos leva à predação. Isso desencadeia uma "corrida armamentista". A partir do instante em que animais estão farejando e seguindo você com a intenção de comê-lo, é vantajoso aprimorar os sentidos e a capacidade de locomoção. A evolução dos olhos pode ter desempenhado um papel especial nesse processo, mas ele logo passou a abranger muitas facetas da percepção sensorial e do comportamento.

Um painel fóssil bem completo desse processo poderia incluir vestígios dos ediacaranos mais bem-sucedidos sendo abatidos pelos recém-chegados. Mas na verdade não há registros fósseis de uma substituição ativa, uma vez que os ediacaranos já tinham desaparecido, até onde se sabe, quando surgiram os animais cambrianos. Eles parecem ter simplesmente saído de cena[3] antes de serem substituídos por um novo elenco.

Os artrópodes, ao que tudo indica, tomaram a dianteira. Hoje, esse grupo inclui um vasto contingente de insetos — eles chegaram mais tarde e trataremos deles no devido tempo. Suas primeiras formas não raro se assemelham a crustáceos, embora os mais ilustres, os trilobitos, possam ser parentes mais próximos das aranhas. Os artrópodes desse período parecem ter inventado uma nova maneira de ser um animal, com um esqueleto que estrutura e organiza ações complexas. Eles também inventaram garras e, para acompanhar, olhos que formam imagens.

O camarão-palhaço exemplifica esse novo tipo de animal; é a própria essência do artrópode, sintetizando sua forma de existir. Em meio a todos aqueles braços irrequietos, levei certo tempo até enxergar o que havia ali. Basicamente, há duas garras grandes na ponta de braços compridos — exceto no indivíduo que eu estava visitando, que havia perdido um deles. Há dois pares de garras ou pinças menores, com ferramentas na ponta que são capazes de agarrar. Ou seja, quatro garras adicionais. Depois há pernas, extensões variadas que lembram pentes dobráveis, e outros membros menores. Olhando fotos, constata-se que o kit de ferramentas usual compreende algo como seis garras, quatro pernas, seis antenas e outras duas parafernálias que lembram pentes. A soma é de dezoito membros ou protrusões, pelo menos. Um corpo de canivete suíço.

Não é fácil manter o controle de um corpo desses. Durante os eventos que acabo de descrever, em dado momento a garra comprida do camarão começou a segurar uma de suas próprias pernas e logo em seguida desistiu, deixando-a livre e solta. Ele empregou vários de seus apêndices, principalmente as garras menores, para vasculhar o entorno e recolher pedacinhos de alimento. Essas ações estão muito além do lento desabrochar do coral-mole ou do bombeamento de água silencioso realizado pela esponja.

Essa aparência de caixa de ferramentas aberta é bastante típica dos artrópodes. Se estamos construindo um caranguejo-eremita, *por que não* acrescentar umas coisas parecidas com espátulas em cima do rosto? Por que não? Esse é o método de evolução do artrópode: quando em dúvida, acrescente umas pernas. Acrescente umas espátulas na cabeça. Meu camarão-palhaço pertence a uma espécie que costuma ter duas garras, mas alguns crustáceos possuem naturalmente uma garra pequena e outra enorme, descomunal, como se o animal a tivesse comprado de madrugada na internet.

A evolução dos artrópodes foi exuberante por meio bilhão de anos. O maior artrópode já encontrado é um *anomalocaris* gigante.[4] Esse grupo, que aparece pela primeira vez no Cambriano, apresentava formas de um nadador predatório. O maior deles, contudo, com dois metros ou mais de comprimento, era um pacífico comedor de plâncton, um pouco como as baleias dotadas de barbatanas.

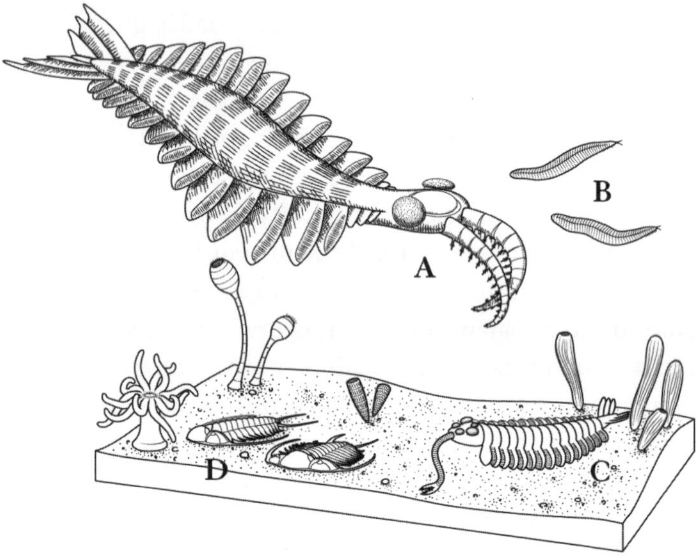

Um cenário cambriano. Entre os animais estão **A:** *Anomalocaris* (do tipo predador, não o gigante manso citado acima, que surgiu depois); **B:** *Pikaea*, que veremos melhor no capítulo 7; **C:** *Opabinia*, outro predador parente dos artrópodes; e **D:** *Cheirurus*, um trilobito.

Não há tantos artrópodes nadando hoje em dia — faz muito tempo que seus competidores em águas abertas se tornaram numerosos e formidáveis. Os nadadores de agora são formas menores, às vezes lindas e delicadas. Quando mergulhei no estreito de Lembeh, na Indonésia, vi camarões-da-anêmona nadadores, do gênero *Periclimenes* (batizado, acredito, em homenagem a um neto metamórfico de Poseidon, o deus grego dos mares, embora muitas espécies estejam sendo transferidas para o gênero *Ancyclomenes*, termo derivado da palavra grega para "curvado", e que parece o nome de um antibiótico). Esses camarões são limpadores de outros animais, mas vivem no meio das anêmonas em busca de proteção. São pequeninos, quase transparentes, com algumas pinceladas e listras de cores vivas. Enxameando suas anêmonas, pareciam uma turma de anjos felizes.

Nesses animais, que têm olhos eficazes e garras dotadas de uma engenharia fina, presenciamos um envolvimento com os objetos exteriores, tanto no aspecto sensorial quanto no ativo. Eles podem enxergar objetos e manipulá-los. Embora o camarão-palhaço que visitei tivesse perdido um dos braços, ele era o único animal naquele cenário que possuía algo parecido com braços e garras. À sua volta havia moluscos e vermes, e também o tubarão, e nenhum deles apresenta algum tipo de capacidade de manipulação. (Não havia polvos por perto naquele dia.) O artrópode podia agir sobre os objetos de maneiras que ninguém ali perto era capaz de igualar — um verdadeiro maestro. Assim eram as coisas no Cambriano, e, ao contrário do tubarão adormecido, nenhum animal daquele período possuía dentes. Na terra das criaturas sem membros, o camarão de um braço só é rei.

O capítulo 3 se deteve sobre a história primitiva das ações animais. Agora, sob o olhar atento do camarão, contemplaremos alguns episódios da história da percepção.

A percepção sensorial, assim como a ação, não foi inventada pelos animais; algum tipo de percepção está presente em toda a vida celular conhecida. Organismos unicelulares podem rastrear toques, substâncias químicas, luz e até mesmo o campo magnético da Terra. Nos animais, porém, a percepção passou por uma transição — por várias, na verdade.

No capítulo anterior observamos ações que envolvem a coordenação de muitas partes organizadas no espaço. O mesmo tipo de mudança ocorreu com a percepção sensorial.[5] Os animais desenvolveram superfícies, disposições e telas que são sensíveis, que podem captar uma impressão ou imagem. A retina de um dos seus olhos, por exemplo, é uma camada de células organizadas sobre a qual a luz incide formando um padrão. O padrão ou imagem não é *visto* pelo cérebro, mas sua distribuição espacial — que pedacinhos estão ao lado de quais outros — tem efeitos mais adiante, nos neurônios conectados a ele. Os sensores da nossa pele que detectam o toque são semelhantes, registrando a forma de uma impressão ou a textura de um objeto.

Anteriormente, levantei a ideia de que a evolução da ação "correu um pouco à frente" da evolução da percepção sensorial. Tratava-se de uma especulação. Não sabemos que tipo de sequenciamentos ocorreram entre a evolução de novos tipos de percepção sensorial e novos tipos de ação. E ao chegarmos ao Cambriano, as duas avançaram rápido. De todo modo, assim como se tornaram um novo tipo de objeto após a evolução da ação multicelular, os animais passaram por outra renovação após a evolução da percepção multicelular, estimulando partes de seus corpos a se tornarem mapas ou reflexos de fragmentos do seu entorno.

Os olhos são um caso paradigmático, e eles se tornaram sofisticados no começo do período Cambriano. Na maior parte dos casos, os olhos dos artrópodes são "compostos", com várias partes pequenas, cada uma equipada com sua lente própria. Cada um de nossos olhos, em contrapartida, possui uma única lente e retina — é o design de "câmera". Algumas aranhas constituem um caso especial dentro dos artrópodes, apresentando olhos mais parecidos com os nossos (e algumas também possuem uma teleobjetiva embutida). Mas os olhos mais elaborados entre os artrópodes, e por certos critérios os mais elaborados de qualquer animal que existe, são os da tamarutaca.

As tamarutacas, ou estomatópodes, estão entre os artrópodes mais ativos dos tempos atuais. Não são muito grandes, mas, em certa medida, remetem aos anos de domínio artrópode no Cambriano. Acompanhei uma delas durante algum tempo, também no estreito de Lembeh, na Indonésia. Tinha cerca de quinze centímetros, lembrava uma lagosta compacta e, no mais puro estilo artrópode, possuía uma cabeça adornada com tacos de golfe e luzes de boate.

Ela deu no pé, correndo pelo leito oceânico. Fui atrás dela, não rápido demais, mas sem hesitar. Ela continuou se movendo e, de vez em quando, parava de repente e se virava para me olhar. Eu a imaginava dizendo "QUE FOI? QUE FOI?" cada vez que agia assim — uma interrogação contrariada. (Uma interpretação mais exata talvez pudesse ser "checando... checando...") Normalmente, se esperaria que um animal fizesse isso virando o corpo e a cabeça para trás, mas os olhos da tamarutaca são duas esferas na ponta de hastes, capazes de girar à vontade e de maneira independente. Ela realizava essa inspeção contrariada sem precisar se virar para trás.

Tamarutacas conseguem olhar para um objeto com diferentes partes do mesmo olho, portanto podem ver em profundidade só com esse único olho. Seus olhos possuem cerca de uma dúzia de receptores de cores diferentes, enquanto os nossos têm apenas três. Esses animais também são equipados com um armamento sofisticado. As armas que usam para golpear são basicamente martelos e lanças, organizadas com um sistema de "molas, trincos e alavancas" (estou citando um estudo com coautoria de Roy Caldwell,[6] um biólogo de Berkeley e encantador de estomatópodes que fez mais do que ninguém para revelar o que esses animais são capazes de fazer). Quando um martelo é disparado por esse aparato, por um instante seu movimento atinge velocidades extraordinárias, capazes de vaporizar a água.

Um camarão-palhaço tem uma conduta mais pacífica. Nos encontros que tive com eles, sempre que saíam para me ver, minha primeira impressão era de que sua reação era de curiosidade. Mais tarde, entendi a biologia por trás disso. Esses camarões, como aqueles pequeninhos que vi na Indonésia,[7] são limpadores de animais maiores que eles. Comem parasitas de corpos alheios — de peixes, enguias e tartarugas. O camarão que me dava boas-vindas nas primeiras páginas deste capítulo provavelmente estava se aproximando para avaliar se eu era um candidato a uma limpeza, um cliente.

Estão em jogo, agora, tanto a ação quanto a percepção sensorial em escala multicelular. Não se trata somente de uma sofisticação em cada um dos aspectos, um par de avanços complementares. A combinação muda a forma das relações existentes entre essas duas capacidades mais antigas, a ação e a percepção.

Um exemplo ideal para introduzir esse tema são as antenas do camarão-palhaço. Elas são longas, medindo várias vezes o comprimento do próprio corpo. São ativas, capazes de balançar em todas as direções, e também sensíveis. Se estico meu dedo e uma das antenas encosta nele, na maioria das vezes o animal reage de imediato. Mas esses animais estão constantemente passeando embaixo de saliências apertadas. Suas antenas devem roçar em algo quase o tempo todo, em consequência das ações do próprio animal. O mesmo toque pode ter causas diferentes, entre elas as ações do animal. O camarão parece capaz de reconhecer quais toques são resultado da sua própria movimentação e quais se devem às ações de um *outro*, como eu.

Desconheço estudos a respeito do uso das antenas propriamente ditas,[8] nem a respeito de como o camarão-palhaço gerencia as relações entre acontecimentos causados por si mesmo e pelos outros, nesse caso específico. No entanto, foi demonstrado que animais que se enquadram genericamente nesse mesmo tipo — lagostins e moscas — possuem sistemas que modulam a interpretação de informações sensoriais mantendo um registro do que o animal está fazendo no momento.[9] Essa habilidade é um atributo geral dos animais — não de todos, mas de uma imensa maioria, incluindo alguns com sistemas nervosos mais simples que o dos artrópodes. É uma forma de coordenação entre as partes do animal que percebem e as partes que agem. Você calcula quais são as mudanças sensoriais que esperaria encontrar em consequência do que está fazendo naquele instante (se está se movendo ou permanecendo no lugar, e assim por diante) e fica atento a mudanças sensoriais que não se encaixam nessa previsão. As mudanças que "não se encaixam" são indícios de algo ocorrendo fora de você, como alguém esticando um dedo para alisar as suas antenas.

Se um animal não fizer algo parecido com isso, seus próprios movimentos confundirão a sua tentativa de entender o que se passa. Se um animal o fizer, ele está percebendo o mundo de uma maneira que rastreia a divisão entre *ele* e o *outro*, entre o próprio animal e todo o resto. Em alguns casos, esse rastreamento pode ser realizado de modo muito simples por um sistema nervoso, mas, não importa como seja realizado, podemos afirmar que agora o animal está fazendo coisas no sentido de associar certos eventos ao que ocorre lá fora e outros eventos ao que ele mesmo provoca. Ele está lidando com o mundo de um jeito novo, sensível à distinção entre o mundo exterior e o self.

Muitas publicações descrevem isso como uma forma de o animal lidar com um problema que enfrenta. Acabei de fazer o mesmo. O neurocientista Björn Merker preparou este terreno com um estudo influente.[10] Mover-se por aí é bom, diz Merker, mas se mover implica em custos ou "prejuízos", e um dos custos é que o mundo se torna mais confuso. Mas há outro jeito de encarar essa situação. O fato de as suas ações afetarem os seus sentidos não é apenas um problema; é também uma oportunidade. Por meio da ação, você pode investigar o mundo e desencadear novos estímulos. Você pode cutucar, interferir e fazer com que o mundo responda às suas perguntas. As antenas do camarão evidenciam isso. A ação carrega até os sentidos uma combinação de dificuldades e insights que podem ser simples ou complexos, na medida do que você é capaz de fazer e de perceber.

Esse tipo de percepção sensorial que delimita a relação entre o ser e o outro é um aspecto importante do modo de vida dos animais. Ele dá origem a uma nova forma de estar no mundo. Acarreta o estabelecimento de um ponto de vista, de uma perspectiva, em um sentido novo.

Até agora discorri de modo genérico sobre a "percepção sensorial", mas esse fenômeno se manifesta de modo diverso nos vários sentidos. Na visão e no toque, as suas ações exercem efeito forte e imediato naquilo que você percebe. Um leve movimento de cabeça transforma todo o campo de visão, e isso seria bastante confuso caso você não pudesse registrar que moveu a cabeça. A audição, porém, é algo bem diferente:[11] os efeitos das suas ações sobre aquilo que você escuta são sem dúvida reais, mas na maioria das vezes mais sutis. Caso você mova a cabeça enquanto escuta, haverá consequências, mas o mundo auditivo não sofre uma alteração drástica. Pequenos movimentos exercem efeitos menos marcantes naquilo que é ouvido. Já o olfato e o paladar, os sentidos químicos, são também diferentes — talvez estejam situados entre os dois polos.

Com todas as incertezas presentes no registro fóssil, não está claro o momento em que despontaram essas novas formas de perceber o mundo. Nada disso parece ter surgido de uma hora para outra. O Cambriano deve ter desempenhado um papel especial, uma vez que olhos e novas formas de movimento datam desse período. Alguns trilobitos cambrianos também possuíam antenas. O camarão-palhaço é, mais uma vez, um caso exemplar nesses quesitos. Esses camarões são objetos muito tridimensionais, com suas antenas e pinças manipuladoras na extremidade de longos braços. Ocupam muito espaço; seus corpos possuem muita *presença* no espaço. O camarão é a origem e o centro de uma intensa atividade de investigação e manipulação dos objetos no seu arredor. Creio que a experiência de um camarão deve ser repleta de informação espacial, incluindo uma distinção entre o que ele é e o que ele *não é* — lembrem-se do momento, descrito há pouco, em que o camarão agarra e solta a própria perna.

Animais limpadores, por sinal, tendem a se destacar nesse cenário. Os limpadores são capazes de um envolvimento bem afinado com o seu entorno, uma vez que precisam lidar com o mais complexo dos fatores ambientais, ou seja, outros agentes. O "teste do espelho" é um teste usado para estabelecer se um animal consegue se reconhecer como *ele mesmo* num espelho, verificando, por exemplo, se ele é capaz de ajeitar ou limpar um local do seu corpo que só pode ser visto no espelho. Pouquíssimos animais são bem-sucedidos nessa prova. Até hoje, o único animal que foi capaz de passar numa versão do teste,[12] sem ser mamífero nem pássaro (e mesmo entre eles poucos são aprovados), foi um peixe limpador.

Um caranguejo curioso

Os crustáceos costumam ser animais ativos e com sentidos apurados, e também um tanto longevos. Já foram vistos e tratados como pequenos robôs, impressão que é reforçada por suas carapaças rígidas. Mas há muito mais acontecendo dentro desses animais do que normalmente se supõe.

Estudos especialmente importantes a esse respeito foram realizados por Robert Elwood,[13] da Queen's University de Belfast, junto com seus colaboradores. Caranguejos-eremitas são caranguejos que coletam e moram dentro de conchas deixadas por moluscos. Andam por aí abrigados na concha como se ela fosse uma armadura ou uma casa portátil. Elwood e seus colaboradores reuniram evidências robustas de que esses animais sentem algo parecido com a dor. O importante não é que eles recuam ou reagem ao que aparentam ser ocorrências desagradáveis, mas sim que as suas reações sugerem que não se trata meramente de um reflexo, e que algo semelhante a dor está sendo experimentado.

A dor aparecerá com frequência neste livro de agora em diante, portanto vou introduzir alguns termos que serão usados. O termo "nocicepção" se refere à detecção de um dano, seguida de uma resposta a ele. A nocicepção é muito comum nos animais, mas muitas vezes tende a ser interpretada como algo mais próximo de um reflexo. Por isso, os biólogos tendem a considerar a nocicepção insuficiente para caracterizar a dor, e procuram indícios de algo mais, algo que pareça ligado a um *sentimento* da dor. Todos esses indícios, nos animais que não podem nos relatar o que sentem, são controversos em certa medida. Alguns indícios consistem em proteger e tratar de ferimentos, procurar substâncias químicas que aplacam a dor (em muitos casos, são as mesmas drogas que funcionam conosco) e certos tipos de aprendizado a partir das boas e más consequências das ações. Elwood e seu grupo demonstraram haver uma espécie de atenção para tratar das feridas nos camarões, por exemplo. Quando uma antena era colocada em contato com vinagre ou água sanitária, os animais cuidavam dela e a esfregavam na parede do aquário.

Existe outro tipo de experimento que envolve a busca por compensações. Nesse caso, a ideia é que se algo causa desconforto ao animal, e este possui uma inteligência razoável, ele poderá balancear o desconforto daquela sensação com vários outros benefícios e custos que se aplicam à mesma situação. Isso seria muito diferente de uma resposta reflexa. Caranguejos-eremitas realizam compensações desse tipo. Os testes de Elwood empregam pequenos choques elétricos. Esses choques podem induzir o caranguejo-eremita a abandonar a sua concha. Isso, por si só, não significaria muita coisa. Mas foi verificado também que, caso o caranguejo disponha de uma concha melhor, ele se mostrará mais relutante em abandoná-la — ele tolerará mais choques antes de sair. Se houver o cheiro de um predador nas imediações, o animal também fica menos inclinado a abandonar a concha. Como antes, ele estará disposto a tolerar um choque que normalmente o induziria a sair. Tudo isso sugere que, para o caranguejo-eremita, há um leque de eventos e possibilidades que são vistos como bons ou ruins, e a dor de um pequeno choque, por mais que seja ruim, é levada em conta numa decisão ao lado de outras considerações. A decisão resultante leva todos os fatores (ou vários deles) em conta. Alguns resultados desse estudo também impressionam pelo modo como sugerem a presença de sensações. Em certos casos, caranguejos que tinham levado choques e abandonado a concha em seguida a inspecionavam com cuidado, aparentemente tentando localizar a origem do problema.

Esse estudo com crustáceos foi, até onde sei, o primeiro realizado com um animal invertebrado a gerar evidências razoavelmente sólidas da experiência da dor. O estudo não é definitivo, como o próprio Elwood admite. É possível questionar os testes empregados. A resposta de Elwood é que ele está usando testes que considera capazes de gerar boas evidências da presença de dor quando aplicados em animais vertebrados que nos são mais familiares. Alguém poderia dizer: "Se um camarão passa no teste, isso significa que o teste não presta". É uma resposta válida e não há argumento definitivo que a refute. Mas ela possui um caráter obviamente *ad hoc* — parece ser uma mera tentativa de evitar mudar de opinião —, a não ser que mais justificativas sejam apresentadas. Esse estudo fornece um argumento concreto para que se possa considerar esses animais capazes de sentir algo semelhante a dor.

Um argumento comum contrário à hipótese de os crustáceos sentirem dor, usado também em relação a vários outros animais, é bastante frágil. Consiste em dizer que crustáceos não possuem as áreas do cérebro ligadas à dor nos humanos. Mas, como rebate Elwood, os crustáceos tampouco possuem cérebros com áreas visuais que sejam remotamente parecidas com as nossas,[14] embora esteja evidente que enxergam. Às vezes a evolução constrói uma variedade de estruturas capazes de dar conta de uma mesma função. Isso se aplica claramente à visão, e é provável também no caso da dor.

A preocupação com o bem-estar dos crustáceos na maioria dos países é praticamente nula; nada que se possa causar a eles é questionado, e fervê-los ainda vivos faz parte da rotina. É possível que os caranguejos-eremitas sejam um pouco diferentes de outros crustáceos — eles parecem ter uma vida um tanto complicada —, mas as evidências de uma capacidade para sentir dor não estão restritas a eles. Os crustáceos têm capacidades que as pessoas não suspeitavam.

Tempos atrás, eu estava embaixo d'água, fotografando algo que não se mexia — uma ascídia posicionada sob uma saliência de rocha, envolta por uma esponja que tinha a forma de uma esfera quase perfeita. Parecia uma lua roxa suspensa no espaço escuro. Fiquei algum tempo ali, fuçando na câmera em silêncio, e de repente ouvi um barulho estridente de algo se movendo. Uma grande fêmea de caranguejo-eremita[15] despencou da laje de pedra e aterrissou bem na minha frente. A combinação de casa e caranguejo era do tamanho aproximado de uma laranja. Como nada estava acontecendo momentos antes, me veio a forte suspeita de que a fêmea de caranguejo estava me espionando de cima da laje e perdera o equilíbrio, o que a fez despencar com cambalhotas acrobáticas até parar na minha frente. Ela pulou imediatamente e correu para debaixo de uma saliência.

Com uma certa hesitação — não costumo fazer esse tipo de coisa — eu a recolhi com cuidado e a coloquei numa área desprotegida. Ela voltou como um foguete para debaixo da pedra.*

* Esta é a primeira das várias vezes no livro em que a melhor maneira de descrever o que está acontecendo com um animal é tratá-lo como "macho" ou "fêmea", em situações nas quais é difícil distinguir os sexos e em que não tenho certeza do sexo do indivíduo em questão. (Apareceram também alguns hermafroditas no final do capítulo 3, mas não foi necessário fazer diferenciações naqueles casos.) As histórias soam diferentes quando se designa um sexo ou outro aos indivíduos. Nesses casos, designarei um sexo definido aos animais quando há indícios para me orientar, mesmo que sejam pouco confiáveis, e descreverei tais indícios no texto ou nas notas de fim. Se faltarem evidências, designarei um sexo arbitrário, baseado em um capricho qualquer. Neste primeiro caso, não disponho de nenhum indício concreto, mas um dos primeiros estudos sobre as associações entre caranguejos-eremitas e anêmonas detectou que, nos indivíduos observados, eram quase exclusivamente as fêmeas que escolhiam anêmonas para colocar nas conchas, em vez de esperar que uma anêmona se instalasse por conta própria. O estudo é citado nas notas de fim. [N.A.]

Quando a peguei, uma massa de fiozinhos de um laranja vivo, como fogos de artifício em miniatura, saiu dela. São um meio de defesa, filamentos urticantes chamados *acôncios*, emitidos não pelo caranguejo-eremita, e sim por anêmonas. Além de adotar conchas, alguns caranguejos-eremitas escolhem anêmonas com suas garras e as distribuem com cuidado no lado externo. Usam os filamentos urticantes das anêmonas para se proteger de predadores, em especial dos polvos. Alguns caranguejos-eremitas expostos ao cheiro do polvo são induzidos a recolher anêmonas, caso estejam desguarnecidos, e os indivíduos mais dominantes às vezes removem anêmonas das conchas de outros caranguejos e as instalam na sua própria.

Essa fêmea de caranguejo-eremita, de todo modo, se escafedeu de volta para debaixo da rocha, entrando o mais fundo que sua concha permitia. Seus olhos, posicionados na extremidade de longas hastes, me encaravam.

O estudo de Elwood é importante não somente em relação aos crustáceos propriamente ditos. Algum tempo atrás, eu tinha acabado de retornar de um mergulho subaquático em que estive cercado por esses crustáceos cheios de interesse, quando de repente me ocorreu que, a partir do momento em que nos acostumamos a ver caranguejos e camarões como animais dotados de experiência, há implicações para outros animais, sobretudo os insetos.

No caso dos caranguejos e camarões, temos animais cujas indicações de experiência são reconhecíveis ou até mesmo gritantes. Eles atuam no mesmo ritmo e escala que nós, e exibem intenções parecidas com as nossas. Os crustáceos pertencem ao mesmo grande grupo de artrópodes em que estão os insetos — estes são, provavelmente, um desdobramento evolutivo que teve origem em um grande grupo "pancrustáceo". Na superfície, estamos cercados por insetos e os matamos cotidianamente e em vasto número sem hesitar. Já tive a tendência de pensar nos insetos como robôs sem sentimentos, como faz a maioria das pessoas. Mas é possível modificar essa concepção por intermédio de seus parentes, os afáveis crustáceos. Os crustáceos projetam uma nova luz sobre os insetos. Será que a experiência também faz parte de sua vida?

Não se trata de uma conclusão automática. A vida na superfície levou os insetos por outro caminho. Mas quando pensei nisso pela primeira vez, parado em pé na praia, fiquei um pouco abalado. Precisamos considerar os insetos como sérios candidatos à experiência subjetiva a partir do momento em que colocamos os crustáceos e sua história no devido lugar. Os insetos são fisicamente menores que os crustáceos, na maioria dos casos, e não agem de modo tão reconhecível quanto eles. Mas o cérebro dos insetos não é mais simples que o dos crustáceos — pelo contrário, o cérebro de muitos deles é bem mais complexo. Os caranguejos nos mostram, de maneira visível e palpável, o que animais desse tipo são capazes de fazer e o que pode estar se passando dentro deles.

Um outro caminho

Estamos desbravando o caminho rumo a um entendimento de um *modo de ser animal* que é distinto de outros tipos de vida. Esse modo de ser foi ocasionado pela formação do corpo e da ação animal, junto com novos tipos de percepção sensorial que acompanham, e são alimentados, por essas ações. Embora exista aqui um padrão a ser discernido, é importante não simplificar demais as coisas. Ao lado dos estágios da evolução animal que estivemos vendo nos últimos dois capítulos,[16] outro caminho estava sendo explorado por outros tipos de animais e também pelas plantas.

Imagine um animal pequeno que poderia se beneficiar, no sentido evolutivo, de um aumento de tamanho. Há duas maneiras de fazer isso. Uma delas é preservar a forma e tentar construir esse corpo numa escala maior. Isso acarreta novas exigências na circulação dos materiais e na coordenação. Outra abordagem é repetir a forma que você já possui, e então repeti-la novamente. Acrescente uma réplica a seu corpo, uma réplica que permanece ligada a você. Depois acrescente outra. Isso, na biologia, é a estrutura de corpo *modular*.

Esse processo cria uma colônia integrada, um mosaico de unidades que se repetem. O resultado lembra um pouco a situação das células que se dividem várias vezes para formar um corpo como o nosso, mas agora as unidades que se repetem são animais inteiros, ou outras unidades similares. É assim que funciona nos corais e, em grande medida, também nas plantas. Quando você olha para um organismo modular, não costuma ser muito claro o que conta como um único indivíduo — seriam as ramificações visíveis do coral ou os pólipos individuais que o constituem? É comum que as unidades menores tenham um grau razoável de autonomia. Muitas vezes elas podem se reproduzir individualmente, por exemplo, mesmo que dependam da unidade maior para se manter vivas.

Em muitos casos, organismos modulares produzem formas ramificadas que lembram árvores.[17] Uma vez que você envereda por esse caminho, o seu estilo de vida no que toca ao comportamento tende a permanecer simples ou simplificar-se ainda mais. Os corais, que apesar dos movimentos de pegar permanecem fixos, são um exemplo. Outros, em certo sentido, são mais extremos.

Briozoários, as criaturas em forma de arbusto que abrigavam nudibrânquios[18] no capítulo anterior, representam uma guinada robusta em direção a um formato de planta, após terem percorrido por um longo período a mesma trilha evolutiva das formigas, polvos e outros animais do tipo. Os briozoários (um nome que significa "animal-musgo") são parentes muito próximos dos moluscos. Possuem uma forma bilaterada com divisão esquerda-direita e um sistema nervoso. Mas eles adotaram uma forma de vida diferente com um movimento bastante orquestrado. Muitos formam colônias bem parecidas com arbustos e musgos subaquáticos.

Em organismos como esses, especialmente nos que apresentam ramificações, o corpo resultante exibe uma forma que é previsível somente até certo ponto. Um carvalho possui uma forma reconhecível, mas não tem uma quantidade fixa de galhos, ao contrário de humanos que possuem, com raras exceções, uma quantidade geralmente fixa de membros.

Humanos, camarões e polvos são organismos *unitários*. Possuímos formas definidas que se repetem através de gerações e não são construídas a partir de unidades com autossuficiência parcial. A forma corporal unitária é importante para a evolução da ação: quando o corpo tem uma forma consolidada, as rotinas e os padrões de ação podem evoluir gradualmente. O sistema nervoso consegue refinar, de geração em geração, os mesmos movimentos coordenados.

Organismos modulares, por outro lado, tendem a ser estáticos. Alguns conseguem nadar um pouco — um nado errático. Mas quando animais marinhos que são normalmente modulares arriscam movimentos, eles tendem a optar por uma forma mais unitária. Anêmonas nadadoras, que às vezes são capazes de nadar muito bem, são um único grande pólipo. Animais modulares não conseguem gerar ações complexas no seu conjunto, e nesse sentido são como as plantas.

As plantas estão longe de ser inertes, como veremos num capítulo mais adiante. São capazes de perceber e reagir. Na maior parte do tempo, porém, elas empregam essas habilidades de modo muito diferente dos animais. As plantas as empregam na própria formação do corpo. O formato de uma planta reflete a história do que a planta percebeu — onde ela encontrou luz solar, e assim por diante. Como o corpo é menos integrado, a forma pode ser mais variável, adaptando-se livremente às circunstâncias.

Recentemente, fui observar uma colônia de briozoários embaixo d'água. Tom Davis, o mergulhador que fez o estudo de time-lapse com os corais-moles, estava me mostrando o local de mergulho e chamou a minha atenção para a colônia. Nos caules da colônia havia nudibrânquios minúsculos, nenhum medindo mais que dois milímetros. O briozoário era um emaranhado de fios translúcidos, como um macarrão de vidro — aquela espécie é chamada de "briozoário-espaguete". Não se parecia nem um pouco com um animal, ou mesmo com um agrupamento deles, e estava mais para uma porção de espaguete que não se mexia.

Tirei uma porção de fotos para garantir que veria os animais que Tom estava me indicando. Depois, no computador, encontrei as lesmas minúsculas e também examinei as ramificações do briozoário, pensando sobre como ele era tão semelhante a um arbusto, com seus galhos e nós. Esses galhos, lembremos, eram pequenos animais com seu próprio sistema nervoso, ligados uns aos outros de forma permanente. Me perguntei o que se passava no interior deles. Foi então que reparei numa pequena e inesperada listra vermelha. Ao aumentar o zoom, percebi que a listra era uma pata em forma de garra. A pata estava na extremidade do que, à primeira vista, parecia ser somente mais um galho do arbusto, mas aquele "galho" estava grudado a outro por meio de algo que não devia estar ali: uma articulação. Com a garra e a articulação, eu sabia que não estava mais vendo um pedaço de uma colônia de briozoários, e sim um artrópode.

Suas pernas e seu corpo segmentado eram muito finos e, à primeira vista, quase indiferenciáveis dos galhos arbóreos do briozoário. Logo consegui distinguir a cabeça e a disposição do corpo todo. Ele era esquálido, quase transparente, com garras pontudas como agulhas. Encontrei um segundo igual a ele, depois um terceiro. Como se revelou após uma revisão de outras fotos, essas criaturas estavam em constante movimento. Elas levam o nome de "camarão-esqueleto". Um grupo de ferozes esqueletos vítreos estava transitando em meio aos galhos do briozoário. Tanto os galhos esbranquiçados e imóveis quanto os escaladores dotados de garras eram animais que possuíam músculos e nervos, cada um na sua diferente trilha evolutiva.

Algumas semanas depois, retornei à procura dos esqueletos. Era muito difícil vê-los. Quase sempre os encontrava somente mais tarde, no computador, mas nas vezes em que os vi embaixo d'água, eles estavam *em toda parte*. Agachados, pendurados de cabeça para baixo, interagindo com suas pequenas garras, galgando posições na cena que eu estava fotografando, eles estavam ali no fundo do palco, quase invisíveis. Desde então, quando vejo fotos que tirei de outras coisas, muitas vezes encontro uma pequena horda de camarões-esqueleto ao fundo. Eles são como bandos de fantasminhas de gerações que já morreram, assombrando o seu pequeno naco de oceano.

O decorador

Com isso, percorremos um pedaço considerável do caminho que fez surgir a vida animal. O caminho tem início quando alguns eucariontes unicelulares, não muito diferentes dos outros, inauguram um rumo que levará, mais tarde, à integração de incontáveis células e a um novo tipo de unidade viva. A partir da origem dos sistemas nervosos e dos músculos, é criada a ação em escala multicelular. Depois surgem os primeiros animais bilaterados, e então uma série de ramificações. Tudo isso acontece antes do Cambriano e antecede, em grande parte, os primeiros fósseis de animais. No Cambriano se inaugura uma corrida armamentista da ação e da percepção. Nesse período aparece um novo modo de existência que tem como pioneiros os artrópodes, com ações estruturadas por corpos talhados e padronizados, equipados com membros articulados.

Aqui temos outra figura de uma parte da árvore da vida, incluindo outros estágios e animais que já foram abordados.

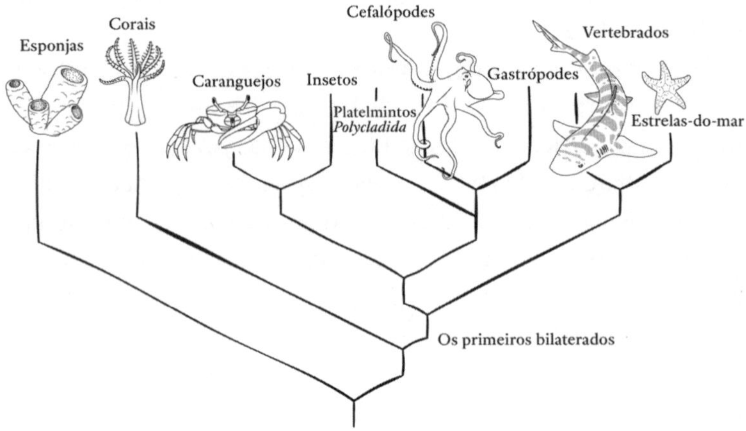

Como antes, o tempo sobe verticalmente na página, e uma quantidade imensa de animais não aparece. Quando desenhamos a figura desse jeito, a importância dos primeiros bilaterados fica evidente. Não sabemos que aparência tinham esses animais, embora se considere que os platelmintos possam nos dar uma vaga ideia. Como mostra a figura, uma bifurcação profunda partiu de algum daqueles animais. Até então, a nossa história era a mesma das formigas, caranguejos e polvos. A partir dele, as linhas evoluíram de maneira independente.

Um dia, quando eu estava mergulhando na mesma tubulação submarina que abriu este capítulo, acabei prestando atenção numa esponja — uma massa vermelho-escura com extensões moles e achatadas. Parecia uma coleção de dedos saída de um livro de Dr. Seuss. A esponja estava completamente imóvel, como elas sempre aparentam estar para nós humanos a olho nu. De repente um movimento irrompeu. No mesmo instante, percebi que havia ali um caranguejo-decorador.

O caranguejo-decorador é outro artrópode. Ele se veste de esponja — incentiva a esponja a crescer na superfície do seu corpo, muitas vezes produzindo ganchos especializados no corpo para fixar o material acoplado. Faz isso de maneira bem mais completa que o caranguejo-eremita, que usa anêmonas. O eremita entra numa concha de molusco e depois instala algumas anêmonas no lado de fora. O caranguejo-decorador usa seu corpo, sua própria concha, como espaço de organização para outras formas de vida. Em muitos casos, seu arboreto corporal abriga não somente esponjas, mas também corais e outros cnidários. Em todos os casos, são formas de vida estáticas — e não comestíveis, de quase todos os pontos de vista. O caranguejo está se protegendo. A decoração proporciona uma combinação de camuflagem e desencorajamento diante de muitos caçadores, especialmente polvos.

Muito daquilo que parecia ser uma esponja tinha começado a se mover. Uma garra apareceu. Esses caranguejos cobertos por esponjas se movem bem mais devagar que outros caranguejos. Seus movimentos são pesados e lentos, dificultados pelo tecido de esponja imóvel que cobre seus corpos e articulações. Sua cabeça estava levemente erguida. Ele estava ali incorporando dois resultados muito diversos da evolução animal.

Adeus

Cerca de duas semanas após minha visita ao camarão de um braço só que regia o tubarão adormecido, voltei para verificar se ele continuava por lá. Saí nadando e, no meio do caminho, topei com uma fêmea de polvo um tanto agressiva, que me afugentou para longe da sua toca. Quando me aproximei da saliência de rocha onde havia encontrado o camarão, temi que algum polvo, talvez aquele mesmo, o tivesse devorado naquelas semanas em que estive ausente. Mas ali estava ele, um camarão de um braço só, pendurado no teto da saliência. Não havia sinal do tubarão.

O camarão estava menos ativo, menos interessado em mim do que na outra vez, mas acabou descendo do seu posto para me ver e agitar os braços. Parecia um pouco desalinhado, pois algumas algas tinham se acumulado nas suas pernas e no corpo. Mas fiquei contente em vê-lo.

Durante aquele período, li mais a respeito desses camarões.[19] Aprendi que vivem muito tempo e que são territoriais e monogâmicos — formam parcerias para a vida toda. No ambiente do aquário, registros indicam que chegam a viver cinco anos. Os camarões-palhaço também conseguem reconhecer uns aos outros como indivíduos. Em um antigo estudo dos anos 1970, casais foram separados por uma ou duas noites e reunidos outra vez, e então comparados com camarões que foram separados do seu par e reunidos com outro indivíduo, um desconhecido. Os desconhecidos tinham tamanho e aparência similar ao par afastado (até onde os humanos podiam distinguir), e eram do mesmo sexo. Os camarões notavam a diferença. Os desconhecidos entre si, uma vez reunidos, cortejavam e brigavam mais. Os casais tendiam a retomar seu comportamento habitual.

Esse estudo relatou que, em seus ecossistemas, os casais formados tendem a se manter ao alcance das antenas o dia inteiro, mas pelo jeito se afastam (especialmente os machos) alguns metros à noite e retornam para perto antes do amanhecer. Parecem passar a maior parte de sua vida em apenas um metro quadrado de território.

Lembrei de quando vi um casal de camarões naquele mesmo local, meses antes. Os dois eram muito ativos e não lhes faltava nenhum braço. Gravei um vídeo naquela ocasião, e nele vi o casal agitando intensamente as antenas, frente a frente. Uma profusão de toques e cutucadas sem organização aparente. Estariam trocando sinais? Cuidando um do outro? O estudo de 1977 conclui que a detecção de substâncias químicas é a base mais provável para o reconhecimento individual na espécie. Mas não posso deixar de pensar nas interações afobadas envolvendo vários apêndices, frente a frente, como as que verifiquei naquele par.

As fêmeas são maiores que os machos, mas fora isso é difícil distinguir os sexos. Não fui capaz de determinar o sexo do meu camarão solteiro de um braço só. Fiquei um pouco triste ao ver aquele animal que certamente tinha perdido um companheiro ou companheira, tivesse ou não feito parte daquele primeiro par que eu avistara antes. Além do braço que lhe faltava, ele possuía um corpo que exibia sinais de desgaste subaquático, manchas de outras formas de vida que se acumulavam nele. Isso me leva a pensar que aquelas interações frente a frente podem ter a ver com cuidado mútuo.

Duas semanas depois, voltei lá, por mais implausível que soe pegar três horas de estrada até o litoral para visitar um camarão. A água não estava boa dessa vez. O lugar como um todo parecia mais fechado que o normal, e mais escuro. As ascídias tossiam e espirravam.[20] Cheguei à saliência que servia de lar ao camarão e de fato havia ali um camarão da mesma espécie e tamanho, no mesmíssimo lugar, sozinho. Este não tinha os dois braços. Era provavelmente o mesmo, depois de ter perdido o outro braço comprido.

Logo me perguntei como ele conseguia se alimentar sem os dois braços compridos. Mas ele tinha começado com uma porção de membros, e pelo menos a maioria das quatro garras menores seguiam firmes. Ele parecia estar se saindo bem em pegar coisas e enfiar comida na boca com aquelas sub-garras. Era verdade, porém, que fazia isso com um pouco menos de energia que antes. Parecia cansado, absorto em si mesmo, e provavelmente no fim de seus dias.

5. A origem dos sujeitos

Sujeitos, agentes, *selves*

O quanto já avançamos? A história da evolução que contamos até o momento nos levou da vida primitiva até os primeiros animais, e em seguida ao advento da ação, dos sistemas nervosos e da visão. No momento, estacionamos no Cambriano. Estamos ali observando como os artrópodes são criaturas particularmente ativas, mas enquanto isso, ao fundo, ocorre o despertar de animais que ocuparão o centro do palco em capítulos posteriores: vertebrados, mas também cefalópodes, os inimitáveis moluscos que desafiarão o nosso raciocínio a respeito de todas essas questões.

O quanto já avançamos nas questões filosóficas, no projeto de tentar compreender a evolução da mente e a relação entre o mental e o físico? Avançamos um tanto; algumas ideias propostas nas páginas anteriores já nos ajudam a "transpor o abismo". Outras virão mais tarde, mas este é um bom momento para fazer um balanço — um bom momento para traçar conexões entre a história que já foi contada e o aspecto das coisas do ponto de vista filosófico. Para isso, precisaremos expandir e contrair o alcance ao mesmo tempo: expandir para demonstrar que houve algum progresso e contrair para combater equívocos que tornam o problema mais espinhoso do que realmente é.

O que a evolução constituiu, na história contada nos capítulos anteriores, não foram somente alguns novos organismos, maiores e mais complexos que seus antecessores, mas também um tipo novo de existência, um tipo novo de self. Esses organismos estão integrados de outra maneira e são capazes de novos tipos de envolvimento com o seu ambiente.

Um elemento central da evolução animal foi a invenção de novos tipos de ação, o movimento coordenado de milhões de células, que se tornou possível com o aparecimento de músculos e sistemas nervosos. Tipos novos de percepção sensorial surgiram para guiar essas ações. Com essas inovações trabalhando juntas, chegamos a seres que reagem ao ambiente como um domínio exterior a eles, percebendo e agindo com base num senso tácito do self (lembremos o camarão que desistiu de atacar a própria perna com uma garra geniosa).

Dois conceitos que apresentei antes foram *subjetividade* e *agência*. Esses conceitos selecionam diferentes aspectos de um todo que é conhecido em nossa vida cotidiana. Esse todo é uma pessoa que percebe o que ocorre a seu redor e depois age. A subjetividade envolve sensações e aparências; a agência consiste em fazer e tomar iniciativa. Todas as coisas vivas (ou todas as coisas vivas compostas de células) exibem algo parecido com subjetividade e agência, mas, no caso dos animais, essas características assumem outra forma.

Nos debates filosóficos em torno da mente e do corpo, a subjetividade é vista como o problema principal — "experiência subjetiva" é um dos nomes para aquilo que é difícil de explicar. Entender a agência parece ser mais fácil. Mas, como vimos, a dimensão da vida que envolve percepções e sensações está entrelaçada com a ação de diversas maneiras. A filósofa Susan Hurley propôs uma boa imagem[1] para pensar essas relações. Hurley disse que há um entendimento padrão que não está totalmente correto. Nesse entendimento, uma pessoa é "vista como um sujeito e um agente que ficam, por assim dizer, de costas um para o outro". A pessoa se torna um objeto dividido ou separado em camadas, flanqueado pelo mundo em cada um dos lados. O mundo afeta a pessoa através dos sentidos — esse é o lado do sujeito. A pessoa também resolve o que fazer para reagir, e age — esse é o lado do agente. Os lados se tornam subpartes de uma pessoa, quase como se fossem duas pessoas. Mas os papéis são menos separados do que isso, afirmou Hurley, e a imagem de um lado de costas para o outro é enganosa. Somos sujeitos-e-agentes unificados.

Eis outra maneira de descrever o que surgiu, o que era novo. À medida que a evolução avançou, os animais se tornaram um novo tipo de ponto de interseção, ou nexo, nas redes de cadeias causais do mundo. Quando um animal recolhe informações de vários tipos através dos sentidos, ele se torna um ponto de convergência dessas cadeias. Quando é o iniciador da ação, ele se torna um ponto a partir do qual as cadeias causais *di*vergem, espalhando-se em outras direções e em muitos casos retornando para afetar os sentidos do animal. Um animal também é um lugar em que o presente se cruza com o passado; a maneira como você lida com o presente será afetada pelo que você encontrou anteriormente, bem como pela qualidade dos resultados das ações de outrora. A informação que chega sobre o aqui e o agora interage com os registros daquilo que já ocorreu.

Essas características e esse posicionamento no mundo são resultados comuns, embora não invariáveis, do modo de vida animal. Animais desse tipo possuem um ponto de vista e agem a partir dele. Parte do que se abriga sob o guarda-chuva da "experiência subjetiva" são consequências esperadas e compreensíveis da evolução animal. Em resumo, a evolução da agência animal traz consigo a origem dos sujeitos.

Qualia e outros enigmas

No primeiro capítulo, eu disse que um dos meus objetivos é remover a impressão de arbitrariedade que existe no debate sobre a experiência animal. Uma pessoa pode ver um paramécio e dizer que ele possui sentimentos; outra negará o privilégio não somente ao paramécio, mas também aos peixes. Quero nos ajudar a superar essa situação. Parte do que falta no debate é informação sobre criaturas específicas, sobre o que são capazes de fazer e o que se passa dentro delas. Isso envolve questões científicas detalhadas. Mas alguma medida dessa dificuldade também vem do fato de que nos sentimos sem amarras ao pensar nessas coisas. Essa falta de amarras está relacionada a um problema muito antigo presente em argumentos tradicionais contra o materialismo.

No século XVII, René Descartes imaginou que pudesse ser uma alma sem corpo[2] e, a partir daí, desenvolveu o seguinte argumento: como podemos estar certos de que *possuímos* um corpo físico? Pode ser apenas uma ilusão. Por outro lado, não podemos duvidar de que possuímos uma mente (pelo menos nesse instante), portanto a mente e o corpo não podem ser a mesma coisa. Se o corpo é opcional para a nossa existência, não podemos *ser* o nosso corpo e nada mais.

Uma abordagem mais recente inverteu o exercício de raciocínio feito por Descartes. Pense na possibilidade de um corpo sem alma ou mente. Mais especificamente, imagine uma cópia física exata de uma pessoa qualquer. Se o materialismo é verdadeiro, a cópia com certeza terá experiência. Mas isso, ao que parece, também é opcional. Uma cópia física sua pode não ser nada além de um "zumbi", como disse David Chalmers,[3] algo totalmente inconsciente. Se isso for realmente possível, tudo indica que o corpo e a mente não podem ser a mesma coisa; a mente precisa ser acrescida. A mente pode ser algo que cérebros, corpos e processos físicos são seguramente capazes de constituir, mas não pode simplesmente *ser* eles.

O corpo e a mente parecem ser portanto separáveis, concordo com isso. Mas essa aparência de possível separação resulta de uma peculiaridade do nosso poder de imaginação. Apesar de ser um crítico do materialismo, Thomas Nagel diagnosticou essa peculiaridade[4] e mostrou em que sentido ela pode ser enganosa. A imaginação humana tem muitas variedades, incluindo a imaginação "perceptiva", que consiste em imaginar que estamos vendo ou ouvindo alguma coisa, e a imaginação "empática", que consiste em imaginar que *somos* alguma coisa. A imaginação empática só pode ser aplicada às mentes; você só pode imaginar ser outra coisa quando (você acredita que) ela também possui uma mente, ou pelo menos experiências. A imaginação perceptiva, por sua vez, se aplica melhor aos corpos — a objetos que podem ser vistos, ouvidos ou tocados. Em exercícios de raciocínio, as coisas que imaginamos perceptivamente ou empaticamente podem ser combinadas, separadas e reorganizadas à vontade. Por meio de uma combinação, podemos imaginar uma alma sem corpo ("apagamos" o lado perceptivo); por meio de outra, podemos imaginar um corpo sem alma (o lado empático é apagado). O fato de sermos capazes disso não revela nada sobre o que pode ser realmente separado, o que é distinto de verdade.

O próprio Nagel defendeu que o mental é provavelmente inexplicável em termos materialistas, mas negou que pudéssemos provar a falsidade do materialismo com exercícios de raciocínio desse tipo, e estava certo nisso.

Uma sensação semelhante de ausência de amarras se manifesta em outros lugares, de formas mais brandas. Você pode ver um paramécio e lhe conceder vida interior através de um ato imaginativo como os descritos por Nagel. Você também pode ver um peixe e imaginar que está tudo escuro lá dentro. Esses exercícios de imaginação são pouco informativos quando impostos livremente dessa maneira. A imaginação tem o seu papel, e em muitas passagens deste livro procuro imaginar caminhos para o interior da vida de diferentes animais. Mas um dos objetivos aqui é encontrar conceitos de ligação que possam trazer mais rigor a esses esforços de imaginação, conferindo-lhes um potencial maior de nos mostrar algo verdadeiro sobre a vida dos animais.

Anteriormente, eu disse que parte do que se abriga sob o guarda-chuva da "experiência subjetiva" são consequências da evolução animal — da evolução da percepção e da ação, da formação de um ponto de vista, e assim por diante. Mas alguns filósofos dirão que nada disso nos faz avançar muito rumo à compreensão da experiência propriamente dita, porque deixa intocado o problema mais difícil nessa área. Trata-se do problema de conseguir explicar as *qualidades intrínsecas* da experiência — a vermelhidão do vermelho, o som característico de um clarinete. Enxergar o verde da floresta à nossa frente envolve uma sensação — uma "sensação bruta", como se diz — que é singular e muito difícil de explicar em termos biológicos. O termo que se tornou o padrão — e ganhou fama — ao nos referirmos a essas características da experiência é *qualia*. Como os *qualia* se encaixam no mundo, e que papel eles poderiam ter desempenhado no processo evolutivo?

Alguns críticos, como o filósofo Daniel Dennett,[5] tentam demonstrar que toda a ideia dos *qualia* é um engano, uma ilusão. Essa crítica não passa de loucura na opinião de outros, para quem nada pode ser mais inegável que as cores e os sons que percebemos. Acredito que alguns problemas relacionados aos *qualia* são reais; eles não podem ser retirados de cena sem mais nem menos. Mas quero tentar colocá-los em seu devido lugar e fazê-los parecer menos nocivos de um ponto de vista biológico.

Quando uma pessoa com a visão normal olha para um tomate e percebe a sua cor, os eventos biológicos que nela transcorrem apresentarão peculiaridades e características físicas próprias; eles terão uma natureza "intrínseca". Isso dará à experiência uma sensação específica para aquela pessoa, a pessoa que é esse padrão de atividades biológicas. Um dos desafios centrais nessa área é esclarecer por que processos cerebrais desse e daquele tipo são exatamente os que proporcionam à pessoa a sensação do vermelho, e não outra sensação qualquer. Isso é de fato um desafio — um desafio científico. Mas certas visões a respeito do que devemos esperar da narrativa científica nesse caso, algumas exigências dirigidas aos materialistas, se tornam insensatas. Uma descrição científica não pode englobar ou *conter* uma experiência que está sendo descrita; ter conhecimento de uma experiência é diferente de *tê-la*, mesmo que conhecê-la possa ajudar a imaginá-la. Algumas críticas ao materialismo parecem esperar que uma descrição em terceira pessoa[6] de um humano ou outro animal faça algo que, por princípio, ela não pode fazer; querem que ela dê conta da primeira pessoa como num passe de mágica.

Quando as pessoas encontram problemas nos *qualia*, elas às vezes definem o impasse da seguinte forma: os materialistas deveriam ser capazes de descrever uma série de processos físicos, de um ponto de vista em terceira pessoa, que seriam capazes de forjar os *qualia*. Os vermelhos, os verdes e o som dos címbalos devem de algum modo *surgir* no sistema que está sendo descrito. Isso é um tremendo erro. Os *qualia* não são algo adicional que carece de explicação, como se de algum modo fossem gerados pelo funcionamento do sistema físico. Em vez disso, eles fazem parte do que consiste em *ser* o sistema descrito. A experiência é o ponto de vista em primeira pessoa de um sistema de vida complexo de um determinado tipo, e não algo que é gerado pelo funcionamento desse sistema.

Os *qualia* tendem a confrontar os limites razoáveis também num outro sentido. Os exemplos nos quais se fixam os filósofos acabam se tornando um modelo para a experiência como um todo. Se você se fixar na vermelhidão do vermelho por tempo demais, pode acabar vendo a própria experiência como uma procissão dessas cores e sons. Podemos chamar isso de "experiências de Rothko", em referência às pinturas de campo de cor do artista norte-americano Mark Rothko. Essa definição não busca ser somente visualmente vívida, mas também sintomática. Acredito que as pinturas de Rothko causam a sensação que causam devido à sua relação anômala com os hábitos corriqueiros da visão. A visão humana normalmente envolve uma série de esforços de inspeção, e a experiência visual acontece diante de um cenário em que o sujeito procura distinguir a distribuição espacial em que está inserido. Um campo de cor, por outro lado, não parece estar dentro nem fora de nós. É certo que podemos ter uma experiência dessas, mas não é assim que a visão funciona na maior parte do tempo. Creio que essa característica incorpórea explica, em parte, a popularidade e a atração exercida pelas pinturas de Rothko.

Para dar um passo além, trarei mais algumas ideias de Susan Hurley, que se dedicou a essas relações com afinco particular antes da sua morte prematura, aos 52 anos. Hurley trouxe à filosofia uma distinção, aplicada à psicologia e à neurobiologia da visão, entre os sistemas "o quê" e os sistemas "onde" dentro do nosso cérebro.[7] Sistemas "o quê" lidam com cores e formas; sistemas "onde", com arranjos espaciais. Esses dois tipos de informação percorrem vias diferentes no cérebro, numa certa medida, embora a distinção seja somente uma aproximação útil. A forma, por exemplo, remete a *o quê*, mas também envolve arranjos espaciais entre as partes (*onde*). No uso corriqueiro da visão, as duas coisas são completamente misturadas.

Esses dois aspectos da visão se relacionam de modo diferente com a ação e a resposta. Em circunstâncias normais, o seu senso de onde as coisas estão é modificado constantemente pelo seu próprio movimento, e muitas vezes conta com a verificação cruzada do tato. Esse aspecto da visão está integralmente relacionado ao seu senso de *você contra o mundo*. Você é um objeto que muda de localização em meio a outras coisas que também se movem. As cores são um dos recursos que você usa para fazer esse rastreamento, valendo-se dos contrastes e das formas que elas delimitam, mas as cores propriamente ditas não costumam ter a mesma relação com a ação. Normalmente, você não consegue cruzar as cores com o tato, e no caso de um campo de cor, onde estão presentes apenas formas muito vagas, o sistema "onde" do seu cérebro não consegue se agarrar a muita coisa. Hurley achava que o tipo de processamento oferecido pelo sistema "onde" é "essencial para se ter uma perspectiva unificada ou um ponto de vista enquanto percebedor e agente, um senso de ser um self presente no mundo e, portanto, para se ter uma mente".[8] Experiências de campo de cor, nas quais esse lado "onde?" da visão não pode se agarrar a nada, são experiências reais — não estou negando isso —, mas estão longe de ser paradigmáticas como alguns pensam.

Como as reflexões das pessoas nessa área evoluíram até dar ao problema os seus contornos atuais? Como os *qualia* se tornaram tão centrais?

Os ancestrais dos *qualia* nasceram e cresceram nos séculos XVII, XVIII e XIX. Eram as "ideias simples" e as "impressões" da filosofia empírica daquele tempo,[9] principalmente como aparecem nas obras de John Locke, George Berkeley, David Hume e John Stuart Mill. Ideias simples e impressões eram sensações puras, como borrões de cor e sons breves. Acreditava-se que elas povoavam a mente como um aglomerado de átomos mentais. De acordo com algumas filosofias, nada existia além delas, e mesmo quando não era esse o caso, elas dominavam as visões acerca da percepção e da experiência. Essas sensações puras tinham um duplo papel na filosofia. Faziam parte de uma tentativa de descrever o que as mentes continham e como funcionavam, e também foram cruciais nos esforços de procurar novos fundamentos para o conhecimento, varrendo os dogmas para longe no decorrer do processo. Quando reconstruímos todo o conhecimento com base numa busca de padrões nas sensações, acabamos nos livrando de grandes volumes de entulho intelectual obscuro.

Essa concepção da mente vigorou por muito tempo, com pequenas alterações, na filosofia de língua inglesa. No início do século XX, os chamados "dados sensoriais" tiveram um papel duplo semelhante. A filosofia atual não trabalha mais com "ideias simples" ou "dados sensoriais", mas seu molde resistiu nos *qualia*.

Mais ou menos desde o fim do século XVIII, agitou-se uma revolta contra as visões da mente e do conhecimento baseadas em sensações. Elas foram criticadas por sua concepção de uma mente inteiramente passiva. Não foi o único defeito encontrado, mas a passividade costumava ser o elemento principal da objeção. O projeto "idealista" alemão na filosofia[10] rejeitava visões passivas e atomistas da experiência e tendia a buscar o outro extremo, asseverando a primazia de uma consciência autodeterminada e autônoma. Essa área tem sido o palco de uma sucessão de visões exageradas dos dois lados.

Nos debates mais recentes sobre a percepção sensorial e a ação, vemos surgir oposições igualmente ferrenhas. Uma abordagem chamada *enação* tenta, pelo menos em certas versões, explicar a própria percepção como uma forma de ação:[11] "ver é uma maneira de agir", e experiências são "coisas que fazemos". Essas teorias se apoiam no feedback entre ação e percepção — aquilo que fazemos afeta o que percebemos — e por meio disso tentam mover todo o lado da percepção sensorial para o lado da ação. Dito dessa maneira, essa teoria dá uma forte impressão de estar indo longe demais, e é exatamente o que penso a respeito. O objetivo dessas abordagens é se distanciar o máximo possível de visões nas quais a mente que percebe não é nada além de uma tela de projeção ou um receptáculo vazio para os *qualia*, mas elas vão tão longe que o lado receptivo da mente — que é real — acaba sendo totalmente negado.

Um dos aspectos perenes da filosofia é a sua capacidade de gerar teorias extremamente exageradas. Como observou o filósofo norte-americano John Dewey,[12] com ironia, um estudante de filosofia se espanta no começo com as diferenças enormes entre as posições rivais (tudo se transforma; não, a transformação é mera ilusão) e depois começa, ele mesmo, a mover pelo tabuleiro essas peças que derrubam umas às outras. Trata-se de uma patologia da área, embora isso também seja, muitas vezes, a via para o surgimento de novas ideias — uma visão ferrenha e estilizada se contrapondo a outra. Na área específica em que se busca compreender a experiência, por algum motivo parece difícil até mesmo aceitar algum *tráfego* entre os sistemas vivos e o mundo, com a percepção sensorial e a ação coexistindo num processo de duas vias. A atenção filosófica parece restrita a alternâncias bruscas entre um lado e outro.

Além dos sentidos

Os temas deste capítulo são a experiência e a subjetividade, mas até o momento temos tratado principalmente da experiência *sensorial*. Critiquei a maneira de pensar dos filósofos a respeito da percepção sensorial, mas outro problema encontrado em boa parte do trabalho recente na filosofia é que a percepção sensorial não é vista somente como uma parte importante da experiência, mas tratada quase como se bastasse para explicá-la. Também precisamos ir além disso se quisermos entender melhor como a experiência se encaixa no mundo.

Os filósofos que acreditam que toda experiência é sensorial aceitam, no entanto, que alguns sentimentos vêm de dentro de nós. Usam a "percepção" de modo a abranger ao mesmo tempo a detecção de processos internos (como a fome e a febre) e do que é externo. Possuímos sentidos voltados tanto para dentro quanto para fora. Vejamos dois exemplos das teorias a que me refiro, provenientes de filósofos de gerações diferentes. Jesse Prinz, com quem trabalhei em Nova York, é categórico: "Toda consciência é perceptiva". Fred Dretske, um dos filósofos que mais me influenciaram quando eu era estudante, e com quem trabalhei em Stanford no fim da sua carreira, pensava na mesma linha, embora com alguma ressalva: talvez nem toda a consciência funcione assim, mas suas manifestações "mais claras e convincentes" podem ser encontradas nas "experiências e crenças sensoriais".[13]

Isso soa mesmo provável para você — que as manifestações "mais claras e convincentes" da consciência são as experiências e crenças sensoriais? É certo que as emoções, as vontades, os estados de ânimo e os anseios são igualmente claros e convincentes. A meu ver, eles são um pouco *mais* claros, enquanto manifestações da experiência consciente, do que as crenças.

Talvez as emoções e os estados de ânimo sejam percepções da atividade hormonal e de outros estados do corpo. O projeto em questão consiste em tratar todos os tipos de experiência como se percebessem, monitorassem ou registrassem algo. A sua experiência de estar de mau humor, de acordo com essa visão, ocorre porque você está detectando algo dentro de você. Uma alternativa tão óbvia quanto negligenciada a essa visão é a ideia de que o estado de ânimo não é o modo como algum fato ou condição *se apresenta*; ele é tão somente *como as coisas estão* com você naquele momento.

Vejamos outro exemplo. Pensemos no nível de energia, e na fadiga em especial. O melhor exemplo não é a fadiga física, dos músculos exauridos, e sim a fadiga mental. Imagine que você está cuidando da vida e, de repente, o seu nível de energia muda, instaurando a fadiga. Tudo vai ficando arrastado e embotado. É algo que você sente; faz parte da sua experiência. Parece provável que isso seja a forma como algum estado do corpo se apresenta, como um ponteiro de gasolina indicando a "reserva"? A alternativa, também nesse caso, é que a sua experiência apenas passa a incluir esse modo de ser arrastado, como se ficasse saturada dele. Pode-se sentir a diferença quando processos de pensamento estão lentos e trabalhosos, e quando estão ágeis e eficazes. O nível de energia é um aspecto da sua atividade vital e pode ser sentido.

Pense ainda nos *surtos de entusiasmo*. Eles também nos afastam da visão de que a experiência consiste apenas em detecção e percepção. Eles nos incentivam a ver a experiência como um aspecto da atividade vital como um todo. A experiência não serve apenas para nos *dizer* algo. Ela permite que a vida seja mais sentida.

O quanto mais? A citação abaixo é do filósofo John Searle.

> Imagine que você está acordando de um sono sem sonhos, num quarto completamente escuro. Até agora você não possui nenhum fluxo de pensamento coerente e quase nenhum estímulo sensorial. Exceto pela pressão do seu corpo em cima da cama e pela sensação das cobertas sobre o seu corpo, você não recebe nenhum estímulo sensorial externo. Mesmo assim, deve haver uma diferença no seu cérebro entre o estado de mínima vigília em que se

encontra agora e o estado inconsciente no qual se encontrava logo antes [...]. Esse estado de vigília é a consciência básica ou de fundo.[14]

Nessa passagem, Searle sem dúvida parece estar descrevendo algo real. Seu significado, todavia, é menos claro. Uma maneira de levar adiante esse raciocínio é concluir que a consciência não requer nada acontecendo *nela*; trata-se apenas de um estado de ser. Isso difere muito da maior parte das teorias da psicologia e da filosofia atuais — a maioria delas aborda a consciência mais como um canal por meio do qual a informação se apresenta à mente. Se for assim, precisa haver alguma informação que se apresente. Uma pessoa dessas poderia responder a Searle que na situação da pessoa acordando sempre estarão lá os rudimentos de um monólogo interior, o registro de uma leve fome ou algo nessa linha. Por outro lado, no âmbito da neurociência, contrastando com a filosofia e a psicologia,[15] algumas figuras proeminentes, incluindo Rodolfo Llinás, esboçaram teorias da consciência que são parecidas com a teoria do "estado de ser" que Searle expressa aqui — teorias em que a consciência passa a maior parte do tempo refletindo informações que chegam através dos sentidos, mas sem depender delas.

Talvez exista outra maneira de descrever o que acontece quando você acorda e recupera uma tênue consciência dentro de um quarto escuro. Você volta a se sentir *presente*.

A ideia de um senso de presença tem um papel incerto[16] nas margens das discussões mais recentes acerca da experiência. Às vezes ele não passa de um termo evocativo aplicado a esperanças vagas. Define-se a presença como a sensação de ser real e estar presente numa cena. É bem difícil dar solidez a essa ideia, mas uma boa maneira de verificar que tipo de contribuição ela pode trazer é buscar contrastes — visões que são inteiramente diferentes. Algumas páginas antes, falei sobre a ideia de que toda experiência é uma maneira de perceber as coisas, registrar o que se passa. Algumas pessoas que aceitam essa ideia também acreditam numa tese conhecida como *transparência*.[17] De acordo com essa ideia, nunca estamos conscientes do nosso self ou da nossa experiência, mas somente do que está diante de nós. A experiência é transparente e vemos o mundo (incluindo os nossos corpos) *através* dela. Ideias semelhantes são propostas às vezes por pessoas que escrevem sobre meditação,[18] alegando que a meditação revela a ausência inesperada do self. Se a tese da transparência está correta, a experiência consciente sempre aponta para alguma outra coisa, e a consciência propriamente dita não passa desse apontamento ou representação.

"Transparência" é um exemplo de uma tendência de autoapagamento encontrada em muitas teorias sobre a experiência. A ideia da presença vai de encontro a essa abordagem, à noção do sujeito como mero veículo ou repositório. O self não é o assunto, o foco, da maior parte da nossa experiência cotidiana, mas ele tampouco desparece. Pelo menos para alguns de nós, a sensação de estar presente numa cena é uma parte importante da experiência.

Mas o que é essa sensação, afinal? Uma vez que a presença é aceita, torna-se tentador considerá-la uma consequência automática[19] de apenas ser um organismo vivo localizado no mundo. Podemos, de maneira primordial, sentir certas coisas a respeito do que *somos* em termos biológicos. Se assim for, um tipo básico de experiência vem "de graça" em tudo que vive.

Trata-se de uma ideia tentadora, mas provavelmente simples demais. Não há somente isso por trás da sensação de presença; ela parece depender de uma série de processamentos complexos que ocorrem sem interrupção dentro de nós, quase sempre nos bastidores. Isso inclui o monitoramento constante do corpo e de como os eventos dentro dele se relacionam com o que acontece a seu redor. Essa atividade nos bastidores se torna mais evidente quando as coisas vão mal.

A sensação de presença está ligada a uma noção de domínio do corpo, e essa noção está sujeita a uma ampla gama de patologias e imprevistos. Um caso com o qual podemos começar é o da "ilusão da mão de borracha". Se você vê uma mão falsa sendo acariciada com um pincel enquanto a sua mão verdadeira, que está fora de vista, é acariciada da mesma maneira e em perfeita sincronia, você pode ter a ilusão de que a mão falsa lhe pertence e que está experimentando por meio do tato as carícias que enxerga. E a ilusão da mão de borracha é só a ponta do iceberg.[20] Existe uma grande variedade de ilusões, às vezes causadas por danos cerebrais, mas também induzíveis até certo ponto por meio de experimentos, nas quais a pessoa sente que não ocupa o mesmo lugar que o próprio corpo. Podemos encontrar todo tipo de distorção possível. Um dos casos é a "experiência de estar fora do corpo" completa, e também há outros em que vemos e ocupamos parcialmente um corpo que está sendo projetado como uma imagem em nosso campo de visão. Na psiquiatria, uma perturbação do senso de presença, tal como a "sensação de irrealidade", pode ser um sintoma importante de um problema que assoma.

Se o senso de presença sempre deriva de um processamento complexo que ocorre nos bastidores, ele é algo mais do que uma consequência automática de estar vivo num corpo. Alguém poderia retrucar que o senso de presença pode existir tanto em formas simples e primordiais quanto em formas mais complexas, que dependem de monitoramento interno e coisas similares. Um sentimento de existência viva que é simples e inevitável pode assumir formas variadas em animais que possuem corpos e sistemas nervosos diferentes. A ideia é tentadora, mas ainda não vejo razão suficiente para acreditar nela.

Sentimos que a presença é primordial, mas este não é um guia confiável para sabermos o que realmente se passa.

Ao que parece, a presença não é essencial para a experiência consciente. Uma "sensação de irrealidade" — que é, de acordo com o que as pessoas relatam, diferente da presença — continua sendo uma sensação. Mas estamos cada vez mais perto, aqui, de uma peça importante para "preencher a lacuna" entre o biológico e o experiencial. O senso de *estar em algum lugar* contribui muito para o que nos parece ser especial e característico na experiência; ele é um componente importante da própria subjetividade. À medida que vamos aprendendo mais sobre as atividades do nosso cérebro e corpo que nos propiciam esse senso de estar em algum lugar, damos passos rumo à inserção da experiência no mundo biológico.

Imagine que alguém nos ofereça uma descrição biológica do funcionamento da visão, por exemplo. Essa história é contada levando em conta a luz, os olhos, as rotas até o cérebro, e assim por diante. Muitas vezes podemos ficar com a impressão de que a história está deixando algo de fora e não dá conta da sensação de ver. Creio que um dos motivos para que histórias desse tipo pareçam incompletas é que a experiência da visão normalmente inclui, ou vem acompanhada, de uma sensação de presença. Essa sensação de presença — sutil, fugidia, ocorrendo quase inteiramente no segundo plano — explica, em parte, por que a sensação da visão é como é.

As pessoas, sejam elas filósofas, cientistas ou qualquer uma inclinada a refletir sobre essas coisas, podem considerar tipos específicos de experiência como indicativas ou reveladoras a respeito da natureza da consciência ou da subjetividade. Impressões informais como essas não são confiáveis, mas é difícil não sentir às vezes que somos guiados por elas. Para mim, as experiências indicativas são aquelas em que se estabelece certo equilíbrio entre a sensação da minha própria presença e uma absorção do que está acontecendo ao meu redor. Esse estado mental não é autocentrado, introspectivo ou absorto em si mesmo. Tampouco consiste em ceder a uma transparência até que reste somente a cena em si. Em vez disso, ele envolve um equilíbrio entre a minha presença e a presença das coisas ao meu redor. Esse "equilíbrio" surge em certos contextos da meditação. Há uma cena e também a sensação de fazer parte dela. Essa sensação exerce um papel corretivo bastante útil, levando em conta como as teorias nessa área, em especial na filosofia, tendem a inflar em excesso o self autônomo ou a apagá-lo por completo. Há essa tendência perene de amplificar um lado e suprimir o outro. Em vez disso, podemos nos esquivar dos erros da transparência sem excluir o mundo que existe lá fora.

Falei antes que este capítulo precisaria, ao mesmo tempo, expandir e contrair o alcance — expandir para atravessar a lacuna entre o mental e o físico, e contrair para abrir distância de equívocos que fazem o problema parecer mais difícil do que é. Primeiro expandimos um pouco o alcance. A evolução fez dos animais não apenas ajuntamentos de células complexos, mas centros de agência e subjetividade. A formação dessas unidades é parte da origem da experiência. Há uma porção de ideias e enfoques diferentes dentro dessa área, e não tenho certeza de qual peso devemos dar a cada um. Um deles é simplesmente a aglutinação dessas novas unidades e a formação, nos animais, de um estado geral de atividade viva que é modulado pela percepção sensorial. Outro está na maneira como a ação e a percepção se combinam para gerar um senso implícito — ou explícito — de um self destacado dos outros. No caso da experiência visual humana, a favorita dos filósofos, tudo isso se reúne no acompanhamento do *que* nos confronta, *onde* as coisas estão, no nosso senso de self-e-mundo e no domínio sobre o corpo, entre outras coisas. Se levarmos tudo isso em conta, não é mistério nenhum que haja uma sensação ligada à visão[21] e que ela não seja um mero recolhimento de informações, como acontece numa câmera. E embora os filósofos tenham gastado boa parte da sua energia pensando apenas no lado sensorial da experiência, especialmente naqueles preenchimentos de cor como os de Rothko, há outras coisas na vida que contribuem para as sensações. Que coisas são essas — quantos processos tidos muitas vezes como "subconscientes" exercem uma influência sutil sobre a experiência?

No momento, falta muito para completarmos a história, mas temos um começo.

Mergulho noturno

Tom Davis, o mergulhador dos corais-moles que encontramos no capítulo 3, e eu éramos as únicas pessoas que, cerca de uma hora depois de o sol se pôr, caminharam da margem da estrada até as águas calmas da baía. Atravessamos a parte rasa vislumbrando os primeiros mistérios daquele lugar — lampejos de vermelho, movimentos desconhecidos em meio às algas. À medida que entrávamos em águas mais profundas, eu me impressionava com a solidão do mar noturno. Ao desligar as lanternas de mergulho por um momento, você é instantaneamente esmagado pela escuridão total. Em terra, os animais noturnos costumam dispor de certa quantidade de luz. Numa noite escura dentro do mar, basta descer uns dez metros para que toda a luz desapareça. Os animais que ali vivem estão imersos em cheiros, sabores e toques.

Tom estava monitorando peixes raros — visitantes tropicais que vêm à baía e se abrigam em saliências rochosas durante a noite. Encontrou alguns, mas as saliências também estavam repletas de peixes diurnos mais comuns, grandes bodiões e *morwongs* dormindo bem juntos. Era difícil enxergar os pequenos visitantes no meio dos peixes locais empilhados em seus beliches.

Perto do final do capítulo anterior, descrevi um pequeno diorama com um caranguejo-decorador. Durante o dia, os caranguejos-decoradores que vemos costumam estar cobertos quase sempre por esponjas. À noite, além das esponjas, encontramos decoradores trajando corais-moles. É como se fossem membros de uma sociedade secreta, uma ordem crustácea oculta, discernível pelas vestimentas e vista somente à noite. Um decorador desse tipo veio marchando por cima do recife. Cerca de metade das mãozinhas de coral estava bem aberta, e a outra metade estava fechada.

Enquanto os peixes grandes dormiam embaixo das saliências e o decorador fazia sua marcha, um par de caranguejos-eremitas abrigados em conchas interagia frente a frente. Um tinha coberto a sua concha com várias anêmonas; no outro havia poucas. As anêmonas, que agora tinham mobilidade graças aos caranguejos ambulantes, encontravam surpresas. Seus tentáculos estavam esticados e às vezes encostavam na concha do outro caranguejo e reagiam, se retraindo. Não cheguei a ver as duas anêmonas encostarem uma na outra do alto de suas carruagens puxadas por caranguejos, mas isso deve ter acontecido em algum momento. Uma profusão de criaturas atuando na vastidão escura.

6. Polvo

Baderna

Não muito tempo atrás, fui dar outro mergulho num dos locais habitados pelos corais-moles que descrevi no capítulo 3, aproveitando o período de águas calmas durante a estagnação da maré. Normalmente, essa pausa proporciona certo grau de tranquilidade. Alguns animais bem estranhos passeiam por ali, apenas tocando a sua vida — excêntricos coexistindo em paz. Dessa vez, havia uma fêmea de polvo na área; cheguei a tempo de vê-la parada e batendo em retirada. Era um polvo de tamanho médio, com um corpo um pouco maior que uma laranja. Não era grande para a sua espécie, mas era extremamente ativa.

Comecei a segui-la. Não tenho certeza que ela era "ela". É difícil definir o sexo dos polvos, mas os machos costumam se mover procurando dar alguma proteção a um tentáculo específico. Na maioria das espécies, é o terceiro braço direito. Os oitos tentáculos do polvo estão distribuídos em círculo ao redor da boca, e se você olhar o animal pela frente, eles estão dispostos de modo que dois deles ocupam o centro — os primeiros tentáculos, esquerdo e direito. Afastando-se do centro estão os segundos tentáculos esquerdo e direito, e assim por diante, até o quarto par. O lado inferior do terceiro tentáculo direito dos machos possui um duto especial com função no acasalamento, e os machos tentam não expor esse braço tanto quanto os demais.

O terceiro tentáculo direito do polvo em questão estava se movendo para tudo quanto era lado junto com os demais, portanto a tratarei como "ela". Ela ficou dando repetidos abraços de urso com os oito tentáculos em torno de algum pedaço de coral ou de esponja, resultando na fuga de criaturas das mais variadas. Era interessante reparar em quem estava e quem não estava assustado. Entre os mais assustados estavam polvos pequenos que até então permaneciam bem escondidos, e agora se afastavam atentos ou fugiam para longe com um jato d'água. Os caranguejos-decoradores, com seus trajes de esponja capazes de proteger e confundir,[1] pareciam se sentir completamente seguros. Nas várias ocasiões em que um tentáculo do polvo encostou no manto de um caranguejo-decorador, o polvo seguiu seu rumo sem reagir.

Para a minha surpresa, os cavalos-marinhos também pareciam se sentir seguros. Quando o polvo fazia suas investidas, cavalos-marinhos afloravam como pássaros de porcelana, pássaros que voavam devagar, agitando barbatanas e crinas. Também nesse caso, às vezes um polvo encostava num cavalo-marinho e nenhum dos dois parecia dar muita bola à interação.

Os linguados que estavam enterrados na areia pareciam, sem dúvida nenhuma, assustados. Eles saíam em disparada. Mas os animais que mais pareciam nervosos eram os caranguejos de outros tipos, aqueles que não estavam protegidos por casacos de esponjas ou corais. Eles saíam muito rápido e às vezes a fêmea de polvo os perseguia resolutamente. Um dos caranguejos veio nadando bem na minha direção e o polvo veio em seu encalço usando o jato d'água. O caranguejo se enfiou em algum lugar do meu equipamento, e o polvo fêmea também, por um momento. Ela conseguiu se livrar, e acho que o caranguejo escapou, pois a caçada prosseguiu.

Um elefante numa loja de porcelanas; um polvo num jardim de corais-moles. De uma hora para outra, ela parou, começou a se enterrar e encaixou seu corpo embaixo de um amontoado de conchas e outros detritos. Não sei se ela capturou alguma coisa durante a caçada de quase uma hora de duração, mas ela com certeza fez uma baderna pelo caminho.

Não era um polvo particularmente grande, como eu disse, mas ela superava em tamanho quase tudo que estava à sua volta naquele dia. E a fêmea de polvo era bem mais agressiva e ativa, capaz de dispersar os outros animais que ia encontrando pelo caminho. Numa escala modesta, a cena remetia à época em que os cefalópodes reinavam nos mares.

Quando os cefalópodes reinavam

Polvos são moluscos, parte do mesmo grande grupo de animais que inclui as lesmas, as ostras e os mariscos. Pertencem a um grupo específico de moluscos, os cefalópodes, ao lado dos chocos, lulas e algumas outras curiosidades.

Os moluscos talvez tenham surgido no Ediacarano, e certamente existiam do Cambriano em diante. O corpo do molusco propriamente dito é mole, desprovido de ossos ou de um esqueleto externo. Do Cambriano em diante, porém, muitos moluscos desenvolveram uma defesa nada desprezível, uma concha rígida e mineralizada.

Não parece ser um corpo com tendência a sofisticar suas atividades e evoluir comportamentos complexos. No entanto, logo após o Cambriano, alguns dos primeiros cefalópodes se ergueram do leito oceânico[2] e se aventuraram nas águas abertas — ou provavelmente, em certos casos, passaram a rastejar pairando sobre a superfície. Suas conchas viabilizaram a flutuação, e um feixe de tentáculos ao redor da boca lhes forneceu uma nova ferramenta comportamental.

No Ordoviciano, período seguinte ao Cambriano, alguns desses cefalópodes aumentaram de tamanho — chegaram a até cinco metros e meio, contando com uma cabeça, um conjunto de tentáculos e uma longa concha em formato cônico.

Eram os maiores predadores do seu tempo, excedendo os artrópodes nesse quesito. Esses cefalópodes ativos e dotados de conchas floresceram nos mares por várias centenas de milhões de anos, mas agora estão quase todos extintos. Restou apenas um pequeno representante daquele experimento, o náutilo, que ainda pode ser encontrado no Pacífico, subindo e afundando em seu tranquilo ritmo diário.

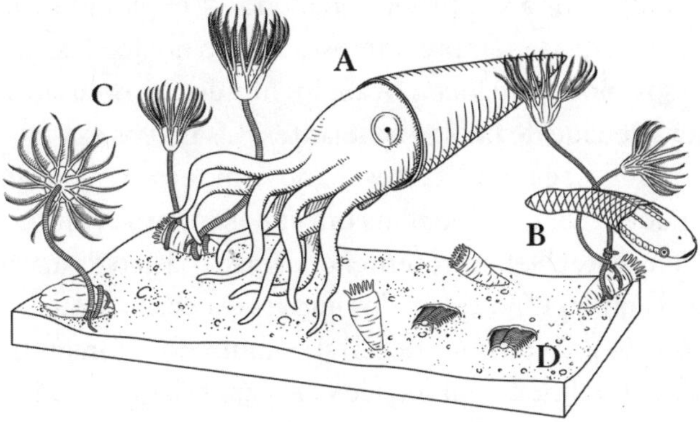

Uma cena do Ordoviciano. Entre os animais estão **A:** um grande cefalópode de concha reta, *Orthoceras*; **B:** um *Astrapid*, um peixe com armadura que será visto no capítulo 7; **C:** um lírio-do-mar, parente das estrelas-do-mar (*Glyptocrinus*); e **D:** trilobitas.

À medida que as formas gigantes dotadas de conchas começaram a desaparecer, na época dos dinossauros, outro grupo de cefalópodes foi desenvolvendo outra abordagem que permitia uma vida mais ambiciosa que a do molusco típico. Os *coleoídeos* são um grupo de cefalópodes que se distanciaram dos outros no auge das formas grandes com conchas. Ao longo da era seguinte, o Mesozoico, eles protagonizaram uma daquelas mudanças que acabam tendo consequências surpreendentes mais adiante: eles internalizaram a concha rígida, abandonando sua função de defesa, mas preservando uma versão adequada à flutuação. Esse grupo de animais se dividiu várias vezes e em alguns casos começou a abandonar a concha de uma vez por todas. Apenas um grupo chegou ao final desse processo e terminou sem concha externa ou interna, e quase sem qualquer parte rígida. O resultado, alcançado cerca de 100 milhões de anos atrás,[3] foi o polvo.

Os polvos possuem o maior sistema nervoso dos invertebrados e exibem comportamentos de grande complexidade. São complexos à sua própria maneira — exploradores, manipuladores, quase sempre interessados em novidades. Possuem diversos modos de locomoção, incluindo a propulsão a jato e uma variedade de passos rastejantes. Os polvos são tão ativos e complexos, e tão distantes de nós em termos genealógicos, que podem ser considerados um experimento evolutivo especialmente notável. Apresentei o formato básico da árvore dos animais no capítulo 4. Um dos lugares especiais daquela árvore é ocupado pelo último ancestral comum dos animais bilaterados (bilateralmente simétricos). A partir daquele animal desconhecido, que pode ter existido há cerca de 600 milhões de anos, surgiram dois brotos genealógicos que acabaram se tornando ramos imensos do mundo animal. Um desses ramos é o nosso. O outro inclui moluscos, artrópodes e a maioria dos outros invertebrados familiares. De todos os animais que surgiram a partir dessas ramificações antigas, somente três grupos geraram espécies com sistemas nervosos grandes e comportamentos complexos: a extensão dos moluscos que chamamos de cefalópodes, os artrópodes e os vertebrados. O polvo baderneiro, os caranguejos em disparada e o humano que os acompanha paramentado com o equipamento de mergulho.

Continua aberto o debate sobre a medida de complexidade que já estava presente no ancestral comum a todos esses animais. Por muitos anos, as pessoas tiveram em mente algo semelhante a um platelminto. Mas pesquisas recentes revelaram a possibilidade de que o animal possa ter sido mais complexo do que se pensava. Alguns biólogos que estudam de perto os insetos[4] sugeriram que a presença de semelhanças sutis na nossa estrutura e na dos artrópodes demonstram que um pequeno "cérebro executivo" já estava presente lá atrás, nos primeiros bilaterados — essa posição, defendida por Nick Strausfeld e Gabriella Wolff, pode representar uma mudança de visão. Um cérebro executivo, no entendimento deles, não é nada de extravagante — seria uma concentração muito pequena de dispositivos de controle na parte frontal do animal —, porém é mais do que se costuma supor que pudesse estar presente. No entanto, como reconhece Strausfeld, se havia um cérebro executivo naquele estágio primordial, os moluscos abriram mão dele. Os moluscos se abrigavam em suas conchas e tinham pouca necessidade de um sistema nervoso voltado para uma vida ativa. Os cefalópodes reconstruíram um cérebro complexo bem mais adiante, e o fizeram baseados num design diferente. Esse cérebro faz uso de ferramentas químicas muito parecidas com as de outros cérebros. Em 2018, a droga MDMA, ou ecstasy, foi ministrada a polvos[5] para averiguar qual seria a sua reação. Contrariando as expectativas (pelo menos as minhas), eles pareciam se tornar mais amistosos e gregários, um pouco como acontece com seus colegas humanos. Contudo, ainda que os principais componentes do kit de química dos polvos sejam os mesmos de outros animais, o design de seu cérebro continua sendo profundamente distinto.

A distância e a independência desse percurso evolutivo até um cérebro grande é uma das razões que tornam os polvos tão interessantes para mim. Os polvos também nos incentivam a refletir sobre diferentes maneiras de ser um animal e sobre os diversos tipos de experiência que podem estar associados a diferentes corpos de animais.

Pensemos no contraste entre o polvo e o camarão-palhaço que visitei no capítulo 4. Os artrópodes e os cefalópodes foram os primeiros grandes predadores dos oceanos, alternando sua dominância em diferentes períodos. Comparemos seus parentes dos dias de hoje. O modo de ser do artrópode, especialmente no caso dos insetos, crustáceos e assemelhados, é muito baseado nas partes rígidas do corpo, partes que dão forma e estrutura às ações do animal. Um corpo desses tem à disposição um grande repertório de comportamentos eficientes, mas o corpo também permanece, em certo sentido, um tanto fechado ou restrito. É um corpo de molas e espátulas, de garras, pernas e porretes. Numa passagem anterior, comparei esse corpo a um canivete suíço; é uma boa analogia porque, embora o canivete suíço possa ser usado para fazer várias coisas, ele também está sujeito a restrições por causa de sua qualidade fixa e especializada. Da mesma forma, o corpo do artrópode está cheio de partes rígidas que fazem somente aquilo que fazem e nada mais. O polvo, em contrapartida, pode apanhar e manipular praticamente qualquer coisa — assim como pode duplicar a extensão dos tentáculos ou se achatar como uma panqueca. Seu corpo e suas ações se pautam por essa abertura.

Linhas de controle

O corpo dos cefalópodes, flexível e musculoso, possui um grande potencial para a ação, mas isso acarreta exigências especiais. No tentáculo do polvo, os "graus de liberdade" são quase incalculáveis. É difícil organizar um corpo assim de modo a garantir que as ações funcionem, mas *se* você conseguir, será capaz de muita coisa.

Talvez por causa disso, os polvos têm um modelo de corpo muito diferente do nosso. O sistema nervoso do polvo é descentralizado; aproximadamente dois terços dos neurônios não estão no cérebro (que ocupa, ele mesmo, uma região pouco definida), e sim nos tentáculos, especialmente nos superiores.

Eles atuam não somente como sensores voltados para o exterior e como sistemas retransmissores que alimentam o cérebro central; ao que tudo indica, o controle de certos movimentos é delegado aos próprios tentáculos.

Podemos ver nisso tanto a resposta a uma dificuldade quanto uma oportunidade. Décadas atrás, Roger Hanlon e John Messenger propuseram[6] que o sistema nervoso grande e descentralizado do polvo talvez exista em razão da dificuldade de controlar o corpo. Mas isso é também uma oportunidade. Uma vez que você tem oito tentáculos em torno da boca que são livres para se movimentar, por que não equipá-los com um conjunto de sensores e permitir que ajam por conta própria até certo ponto?

Em muitas situações, os polvos aparentemente se comportam como um todo integrado, mas há muito tempo não se compreende bem qual é a relação entre o cérebro central controlador e os neurônios distribuídos nos tentáculos. Nos primórdios das pesquisas sobre o tema, suspeitava-se que o controle central dos tentáculos era bastante limitado e que o polvo talvez nem pudesse saber onde eles estavam em determinado momento. A suspeita vinha da dificuldade que os animais demonstravam diante de certas tarefas artificiais realizadas em laboratório, e também do fato de que as conexões entre os tentáculos e o cérebro, dentro do sistema nervoso, eram tênues.

De lá para cá, o laboratório que investigou essas questões mais de perto foi o de Benny Hochner,[7] em Jerusalém. Um experimento engenhoso realizado por eles mostrou que o polvo consegue usar a visão para fazer um tentáculo percorrer um caminho novo, saindo da água e entrando nela outra vez, para alcançar um alimento. Isso parece demonstrar um controle central considerável. O relatório do experimento, de autoria de Tamar Gutnick e seus colaboradores, também observa que, nos casos em que o polvo obtém um bom desempenho na tarefa, parece ocorrer certa exploração local à medida que o tentáculo avança — embora se trate somente de uma impressão que as pessoas têm ao observá-los. O mesmo laboratório divulgou estudos neurobiológicos que sugerem que os polvos não possuem um mapa do corpo dentro do cérebro, como nós. Isso indica que, caso o polvo disponha de uma noção de como seu corpo está organizado em determinado momento, ele a obtém de maneira muito diferente da nossa.

A descentralização dos controladores do corpo não é encontrada somente em polvos. Versões dela estão presentes em diversos animais, incluindo nós, e há motivos para que sejam esperadas até certo ponto. As características animais que são responsáveis pela percepção sensorial e pela ação, aquelas cuja história estou mapeando neste livro, são complexas e exigem muitos componentes. Formações organizadas de células são necessárias à visão, outras formações de células são necessárias para produzir movimento, e sistemas nervosos com ainda mais células são necessários para coordenar tudo. A partir do momento em que você dispõe desse maquinário todo, novas opções evolutivas se apresentam. Você pode separar algumas vias neurais, criar linhas de controle locais. Apresenta-se a escolha, do ponto de vista evolutivo, de criar fluxos separados que controlam as ações ou integrar tudo num único fluxo. Você também pode ter um pouco de cada; pode ter vias separadas na sua maior parte, com alguma comunicação cruzada entre elas.

Isso é importante para os assuntos deste livro, por várias razões. Estive usando a ideia de "ponto de vista" como parte do que nos permite elucidar a ideia de subjetividade. *Ponto* de vista sempre foi uma metáfora, mas o termo traz à mente algo bastante integrado. Na verdade, muitos animais são apenas parcialmente integrados. Quando você separa os fluxos, tende a ganhar algumas coisas — muitas vezes é a velocidade — e perder outras. Se os fluxos sensoriais estão separados entre si, você perderá a capacidade de combinar diferentes tipos de informação que podem ser úteis quando avaliados em conjunto, assim como as várias premissas de um argumento ou as várias peças de um quebra-cabeça. Se você permitir que diversas partes suas desempenhem suas próprias ações, corre o risco de que suas partes ativas queiram fazer coisas contraditórias. No caso mais extremo, corre o risco de se fragmentar completamente em subagentes que enxergam os próprios cenários e tomam as próprias decisões. Sem dúvida, essa parece ser uma péssima ideia, mas não devemos presumir que tudo se encaixa no modelo de um diretor comandando uma multidão de subordinados.

Um caso importante, e que nos diz respeito mais diretamente, é a *lateralização*[8] no cérebro de animais como nós. Somos, como já foi dito, animais bilateralmente simétricos, com lados esquerdo e direito. Isso significa que muitas partes de nosso corpo vêm em pares, incluindo as pernas, os pulmões e uma boa parte do cérebro, embora não todo. Os dois lados das partes superiores do cérebro estão ligados por um canal denso de fibras. Nos vertebrados há também um notável cruzamento invertido de linhas. Eventos vistos no campo visual direito são processados pelo lado esquerdo do cérebro, e vice-versa. Nos invertebrados que são bilateralmente simétricos, as partes do cérebro muitas vezes existem em pares, mas sem esse cruzamento invertido. No polvo, por exemplo, há um grande "lobo óptico" atrás de cada olho que lida com o olho do seu próprio lado.

Esse emparelhamento de partes nos cérebros de animais resultou em divisões de trabalho surpreendentes entre os dois lados. Por exemplo, muitos animais vertebrados dão preferência ao olho esquerdo para lidar com interações sociais com outros da mesma espécie, e preferência ao olho direito para lidar com comida. Lembrando que se o *olho* esquerdo for preferido para as interações sociais, isso significa que o lado direito do *cérebro* estará envolvido, e assim por diante. Nos chocos, que são cefalópodes como os polvos, o olho direito é favorecido na alimentação[9] e o esquerdo no enfrentamento de predadores. Como os cefalópodes não possuem conexões cruzadas, olho esquerdo quer dizer cérebro esquerdo. Eles realizam uma divisão de tarefas similar, embora seus cérebros tenham uma organização diferente.

A encarnação humana radical disso, que não decorre de um acontecimento natural (quase nunca, pelo menos) e sim do resultado de um procedimento cirúrgico, são os pacientes de calosotomia, ou cirurgia de divisão do cérebro. Algumas pessoas que sofrem de epilepsia severa têm a ponte entre as duas metades do cérebro cortada para evitar que os ataques se alastrem de um lado para o outro, uma vez que um ataque epilético em metade do cérebro é melhor do que no cérebro inteiro. As pessoas que se submetem a esse procedimento parecem, em certas circunstâncias, possuir duas mentes dentro de um só crânio. Em outras circunstâncias, seu comportamento é bastante normal. Discutirei melhor os cérebros divididos mais tarde; eles fornecem pistas que podem nos ajudar a esclarecer os mistérios da experiência do polvo. Antes disso, dediquemos algum tempo à observação de polvos.

Observação de polvos

Há um lugar em que as perplexidades e os encantos do comportamento dos polvos[10] ficam especialmente evidentes, um par de destinos de pesquisa na Austrália, nos quais tenho observado esses animais há cerca de uma década. O primeiro local foi descoberto por acaso em 2008 por Matt Lawrence, enquanto realizava mergulhos exploratórios numa grande baía.

Essa baía não é o mesmo local das cenas que descrevi nos primeiros capítulos; aquela é Nelson Bay. Os locais onde estão esses polvos ficam a seis horas de estrada em direção ao sul, no mesmo litoral. Mergulhando com cilindro nas imediações de uma planície arenosa habitada por vieiras, Matt encontrou uma pequena área em que estavam empilhadas milhares de conchas de vieira vazias e onde moravam cerca de uma dúzia de polvos. Batizamos o local de "Polvópolis".

Os polvos sempre passaram a impressão de serem animais muito solitários, e provavelmente é o caso de muitas espécies, mas esse local revelou que os polvos podem, em certas circunstâncias, viver bem próximos uns dos outros. O maior número de animais que já avistamos juntos no local foi dezesseis. Os habitantes são de ambos os sexos e variam de tamanho. Em certo sentido, são também "de todas as idades", mas os polvos têm uma longevidade surpreendentemente curta[11] de apenas um ou dois anos. Muitas gerações se sucederam no período em que estivemos ali observando. Os polvos locais que podem ser chamados de grandes têm o tamanho aproximado de uma bola de futebol e tentáculos de um metro ou mais. Outros não ficam maiores que uma caixa de fósforos, e as idades dos maiores e dos menores só podem apresentar uma diferença máxima de um ano ou um pouco mais.

A origem de Polvópolis é desconhecida, mas temos algumas ideias. O local oferece alimento inesgotável para um polvo, mas também é frequentado por muitos predadores — tubarões, focas, golfinhos e cardumes de peixes agressivos. A areia é fina e lodosa, o que torna difícil construir uma toca que ofereça proteção suficiente. O local exemplifica o dilema da vida dos polvos, que consiste em ser ao mesmo tempo presa e predador. Nesse cenário, imaginamos que, algum tempo atrás, um único objeto feito pelo homem deve ter caído de um barco. Esse objeto, com cerca de trinta centímetros e provavelmente feito de metal, está soterrado a essa altura. Mas o lugar pode ter se cristalizado em torno dele. Um polvo, ou quem sabe dois, poderia construir uma boa toca encostada no objeto e alimentar-se das vieiras trazidas até ela. O polvo, ou polvos, comiam as vieiras e deixavam as conchas. À medida que foram se acumulando, as conchas passaram a fornecer um material de construção melhor que a areia lodosa, e assim mais polvos puderam construir ali as suas tocas e viver protegidos. Esses polvos trouxeram mais vieiras e deixaram sobrar mais conchas, e logo se instaurou um processo de "feedback positivo" em que cada polvo que chegava buscando comida criava oportunidades de vida melhores para os outros.

Tenha ou não começado exatamente assim, está claro que os polvos trazem vieiras para comer e deixam as conchas, e que as conchas permitem a construção de tocas de boa qualidade para si e para os outros. Em alguns casos, essas tocas são escavações verticais como minas, com mais de cinquenta centímetros de profundidade, com os lados revestidos de conchas. São seguras e confiáveis.

Ou pelo menos as tocas são seguras contra animais que não sejam polvos; uma das características desse lugar é a frequência dos conflitos territoriais e expulsões. Um polvo pode invadir uma toca e arrancar outro para fora. Os dois lutam e o perdedor vai embora com seu jato d'água. O vencedor às vezes ocupa a toca, mas às vezes apenas retorna para o lugar de onde veio.

Esse lugar é importante para os esforços de compreender esses animais, porque nele os polvos precisaram encontrar soluções para lidar uns com os outros, ocupando-se da presença contínua de seus semelhantes. O que há de mais complicado no ambiente de um animal tende a ser os outros animais, especialmente outros da mesma espécie. Os polvos não costumam se envolver uns com os outros, ao que parece, mas em Polvópolis eles vivem realmente entre seus semelhantes. Nossos polvos precisam encarar essa complexidade. Eles o fazem com certa medida de agressividade, mas na maior parte das vezes essa hostilidade é branda. Eles também demonstram uma série de comportamentos que parecem orientados a monitorar onde os outros indivíduos estão e o que eles querem, especialmente, talvez, no que diz respeito ao sexo. Um polvo pode chegar ao local andando sobre os tentáculos ou nadando devagar com seu jato, e durante sua passagem os outros animais reagem com tentáculos erguidos, tapas e toques. Alguns desses contatos dão a impressão de ser, ou logo se tornam, uma espécie de luta de boxe com rajadas de tentáculos investigativos. Mas muitas outras interações não se parecem em nada com isso. Muitas vezes tentáculos se estendem de um lado ou de ambos, e há somente um toque breve no momento em que o animal passa. Depois, o animal que está observando o outro passar se acomoda outra vez no seu canto ou toca.

Há vezes em que essas interações de fato desencadeiam brigas, mas a minha impressão (muito informal — ainda não está baseada em números) é que a maioria das brigas para valer começam de outra maneira. As brigas grandes acontecem quando um polvo vindo de fora avança ou se esgueira para dentro do local, um outro vai a seu encontro e então eles se engalfinham com tentáculos para tudo que é lado.

Já observamos incontáveis brigas no local, mas em todas que testemunhei não houve nenhuma morte ou mesmo um ferimento grave. Cheguei à conclusão de que é muito difícil que um polvo machuque o outro com as armas à sua disposição, a não ser que a diferença de tamanho entre eles seja muito grande. Sem dúvida, mortes já foram observadas em lutas entre polvos em outros lugares, ao que tudo indica por estrangulamento. Suspeito que tais casos tenham envolvido diferenças de tamanho significativas. Caso contrário, se os animais têm tamanhos parecidos, muitos dos conflitos entre os polvos lembram (como disse Miranda Moroway depois de assistir a um dos meus vídeos) uma enorme guerra de travesseiros travada pelos próprios travesseiros.

Em alguns casos, os machos parecem excluir ativamente outros machos e, pelo que se pode observar, basta um toque para que decidam quais indivíduos não querem excluir. Um toque pode indicar o sexo, mas o método é falível — às vezes parece que nossos polvos se enganam quanto ao sexo de outro indivíduo. Há casos de machos que passaram despercebidos bem debaixo do nariz de outros e se acomodaram ao lado de fêmeas, e algumas tentativas de acasalamento se desmancharam, suspeito, porque o sexo de um dos animais foi confundido no início. Tudo isso acontece, muitas vezes, no meio de todo o empurra-empurra e disputa territorial.

Não temos certeza se parte do comportamento que observamos aqui é realmente nova ou, pelo menos, incomum na espécie. Pode se tratar de uma situação em que animais de uma espécie com tendências solitárias acabaram vivendo numa densidade fora do comum e estão aprendendo, individualmente, a conviver. Por outro lado, pode ser que haja mais socialização na vida dos polvos,[12] dessa espécie e de outras, do que se julgava até então.

Esse cenário de Polvópolis, com todas as suas incertezas, se preserva há alguns anos e eu o descrevi no meu livro anterior, *Outras mentes*. Em 2017, um acontecimento contribuiu muito para pensar todas essas questões. Dois outros mergulhadores, Marty Hing e Kylie Brown, estavam explorando a mesma região de Polvópolis[13] e descobriram um segundo lugar onde há uma quantidade semelhante de polvos envolvidos em atividades parecidas. No entanto, nesse segundo lugar, agora batizado de "Octlântida", não há indícios da participação de um objeto feito pelo homem na origem de tudo; é um lugar completamente "natural".

Em outro local com oferta abundante de alimento, muito perigo e poucas opções para construção de tocas, algumas rochas isoladas que despontam do leito oceânico parecem ter desencadeado um processo de feedback. Polvos trazem vieiras e deixam as conchas. Em alguns casos, as tocas nesse lugar usam as rochas como apoio, e em outros são construídas diretamente no fundo coberto de conchas. Polvópolis não foi um evento isolado, dependente de um ato humano acidental. Octlântida nos mostra que tudo aquilo pode acontecer de novo. Os números em Octlântida são parecidos com os números em Polvópolis; a maior população que vi por lá era de catorze indivíduos, espalhados em três sub-regiões do lugar, mas todas dentro de uma área bem pequena.

Os dois lugares suscitam uma variedade maior de comportamentos do que a observada normalmente nos polvos — mais interações, mais atividade. Não realizamos experimentos nesses locais; somente acompanhamos enquanto os polvos fazem o que bem entendem. Mas os anos de observação — em parte organizada e planejada, em parte um tanto informal — nos forneceram uma noção crescente da sua gama de comportamentos. Enquanto os observo, sempre me questiono sobre aquelas relações entre o controle central e os tentáculos cerebrais.

Muito do que se vê é comportamento coordenado envolvendo o corpo inteiro. Os animais alternam entre diferentes tipos de movimento. Na propulsão a jato, os tentáculos se reúnem e o animal se transforma num míssil esbelto. Quando rasteja, os tentáculos vão para todos os lados ao mesmo tempo. Alguns comportamentos ocorrem reunidos no que aparentam ser poses sociais. Animais agressivos costumam se esticar bem alto com os tentáculos abertos e o manto (a parte grande e traseira do corpo) apontado para cima. Essa postura é combinada com cores intensas e escuras — os polvos conseguem trocar a cor do corpo todo em menos de um segundo. A combinação faz com que o animal aparente ter o maior tamanho possível e é realmente sinistra. Chamamos essa postura de "pose de Nosferatu".

Um dos comportamentos mais intrigantes são os arremessos.[14] Os polvos às vezes coletam algum material com os tentáculos e então o carregam ou o soltam, ou às vezes o arremessam de modo determinado, quando não espetacular. Primeiro, os tentáculos são usados para coletar conchas, algas e sedimentos (às vezes apenas um tipo de carga, às vezes vários ao mesmo tempo). Segurando os materiais, o animal posiciona o sistema de propulsão a jato embaixo da teia de tentáculos, solta os materiais e libera um jato d'água para lançar tudo ao longe. A distância desses arremessos de detritos pode alcançar várias vezes o comprimento do corpo do animal. Muitas vezes, os materiais arremessados atingem outro polvo.

Meu colaborador David Scheel foi a primeira pessoa a notar uma possível função social nesse comportamento. Será que os polvos estão mirando os arremessos nos outros? Seria outra manifestação das agressões brandas que são muito observadas no lugar? É muito difícil saber, pois para isso precisamos desvendar o que o polvo *pretende* fazer. Isso já é difícil o bastante no caso de animais muito parecidos conosco, que dirá com os polvos. David e eu investimos muito tempo tentando criar maneiras de interpretar as intenções dos polvos, uma atividade repleta de enigmas tanto científicos quanto filosóficos. Eis a minha posição atual sobre o assunto.

A maioria dos arremessos de detritos provavelmente faz parte das atividades de construção e limpeza das tocas. Os polvos passam muito tempo limpando a sujeira que se acumula em suas tocas, e os arremessos têm um papel nisso. Se um polvo faz isso enquanto presta um pouco de atenção em outro polvo que está por perto, como é comum ocorrer, é de esperar que alguns arremessos atinjam um alvo. As fêmeas parecem fazer mais arremessos que os machos — isso é intrigante, mas as fêmeas também tendem a ser melhores que os machos na construção e manutenção das tocas. Isso faz sentido, pois em algum momento elas precisarão cuidar de seus ovos.

No entanto, acredito que alguns arremessos também possuem uma função social. É bem comum ver fêmeas arremessando contra machos que as importunam. Uma dessas ocasiões está num vídeo que mostra um polvo fêmea arremessando detritos repetidas vezes contra um macho específico, durante algumas horas. Cerca de metade dos arremessos o atinge, e outros só erram o alvo porque o macho se agacha ou encontra cobertura. Perto do fim, o macho que está sendo atingido parece ter se acostumado aos ataques; ele começa a se agachar antecipadamente enquanto a fêmea responsável pelos arremessos começa a estocar munição, e as últimas saraivadas passam (na maior parte) por cima de sua cabeça.

Arremessos com função social fazem sentido se vistos como a modificação de dois outros comportamentos mais comuns. Um deles é usar o jato para limpar os detritos na abertura da toca, e o outro é mirar o jato em polvos e outros animais. Se você estiver fazendo companhia a um polvo que está perto da toca enquanto mergulha e começar a importuná-lo — talvez interferindo, ou talvez apenas permanecendo tempo demais no espaço dele —, muitas vezes sentirá um jato de água veloz sendo disparado na sua direção. A partir desses dois comportamentos já estabelecidos, podemos imaginar o roteiro em que um polvo arremessa detritos sem pensar muito, atinge outro polvo por acidente e confere os resultados. Não raro, os resultados são consideráveis; se o arremesso for dos bons, um macho inoportuno pode ficar perplexo e recuar. As fêmeas também arremessam e atingem outras fêmeas que estão perto, talvez numa manifestação daquela agressão de baixa intensidade que já foi mencionada. Não tenho certeza de nada disso; quando o assunto são polvos, é sempre difícil saber o que está acontecendo.

Os arremessos são interessantes tanto pela possível função social quanto pelo fato de serem comportamentos coordenados e centralmente organizados. Como na propulsão a jato, eles requerem um arranjo de tentáculos específico para reter os materiais. Os comportamentos de construção que observamos nos nossos locais também trazem elementos interessantes para a questão dos tentáculos e do cérebro. Polvópolis como um todo não é uma cidade construída intencionalmente, embora as tocas individuais em que os animais moram o sejam, e algumas delas são mantidas com muito cuidado por seus donos. Supomos que os polvos são alheios ao fato de que trazer vieiras para comer no local cria oportunidades para que mais polvos vivam em segurança. Individualmente, eles são ótimos engenheiros, mas até onde sabemos não há construção cooperativa, nem mesmo entre pares.

Testemunhei um uso interessante de um objeto encontrado ao acaso. Já fazia um bom tempo que um polvo pequeno encarava, do interior da toca, uma das nossas câmeras de monitoramento, quando de repente ele saiu do alcance da lente e retornou com um pedaço de esponja morta. Ele posicionou o pedaço no alto da toca, como se fosse algo entre um telhado e um capacete, se agachou embaixo dele e ficou espiando. A esponja era o melhor material possível para essa finalidade. Tinha o tamanho certo, era rígida e leve. Não posso ter certeza de que o pequeno polvo estava incomodado com a presença da câmera e queria criar uma barreira contra a sua presença, mas certamente parecia.

Todos esses comportamentos — ágeis, coordenando o corpo inteiro e guiados pela visão — sugerem que há uma dose considerável de controle de cima para baixo. Esses polvos também enxergam muito bem; não sofrem de miopia crônica, como já foi dito. Reparei em casos nos quais polvos viram outros polvos se aproximarem a uma distância considerável e tiveram reações muito diferentes das que têm quando o animal que se aproxima é uma arraia ou algum outro intruso. Com frequência, polvos que observam algo atentamente também balançam a cabeça para cima e para baixo, e um pouco para os lados. Isso, como observou Jennifer Mather,[15] parece ser uma tentativa de aprimorar a percepção de um objeto distante, sua profundidade na cena, com ajustes no ângulo de visão. Quase todas as vezes, polvos enxergam objetos somente com um olho, devido ao formato da sua cabeça, e sem essa manobra seria difícil obter uma noção de profundidade. Essa é uma busca ativa por informação na visão, e algo que também requer o processamento de relações sutis entre o que chamamos de *reaferência* (mudanças sensoriais causadas pelas suas próprias ações) e *exaferência* (mudanças sensoriais causadas por algo externo a você).

Os polvos exibem todos esses comportamentos bem organizados, mas também há um outro lado em suas ações: a exploração incessante feita pelos tentáculos. Um polvo rastejante que não está com pressa costuma deixar que os tentáculos andem um pouco sozinhos em todas as direções. Quando um polvo está quieto em seu lugar, alguns tentáculos costumam se afastar, lembrando pequenas enguias com pontas delicadas e inquisidoras. Vejo isso mais em outros lugares — incluindo Nelson Bay, palco da baderna narrada no início deste capítulo — do que em Polvópolis e Octlântida. A razão disso, suspeito, é que nesses outros lugares os polvos costumam estar sozinhos, livres da preocupação de lidar com outros polvos. Isso os deixa mais relaxados. Acho que os polvos permanecem em um estado de atenção elevada em Polvópolis e Octlântida, por causa da complexidade social do seu entorno e das permanentes questões ligadas ao sexo.

Diante disso, uma possibilidade que surge é a de que o corpo do polvo esteja sujeito a uma espécie de controle misto. O corpo pode ser parcialmente controlado e conduzido pelo cérebro central, mas possui partes que efetuam sua própria exploração constante, reagindo ao ambiente de maneira individual. Certas ações da coordenação central podem ser delegadas às tendências exploratórias dos tentáculos. Observar os polvos pode resultar numa série de ajustes de concepção entre ver o animal como uma totalidade, na qual cada tentáculo é uma ferramenta, e ver um tentáculo se mover como se fosse guiado pela própria percepção.

Um famoso paciente neurológico, com o apropriado nome de Ian Waterman,[16] perdeu toda a propriocepção — ou seja, todo o senso interno da organização do próprio corpo, como a posição das pernas e dos braços, por exemplo — devido a uma infecção que teve aos dezenove anos. Ele precisou aprender a usar a visão para poder monitorar seu corpo. Isso era extremamente inquietante, e foi difícil recuperar a capacidade de se mover e agir com coerência, mas ele conseguiu. Algumas pessoas fizeram comparações com os polvos — como me disse Fred Keijzer, talvez o polvo seja um "Waterman natural". Essas interpretações se baseiam em estudos que sugerem que os polvos não possuem um mapa interno de seus corpos. Se os polvos são como Waterman, porém, eles encaram a sua situação com muita desenvoltura. O que seria um tanto previsível, é claro, se este fosse o seu estado natural desde sempre. Mas se for verdade que o polvo só consegue organizar seus tentáculos em movimentos complexos caso enxergue onde está, essa seria uma constatação surpreendente. Os polvos demonstram ser capazes de uma coesão imediata quando precisam agir rápido.

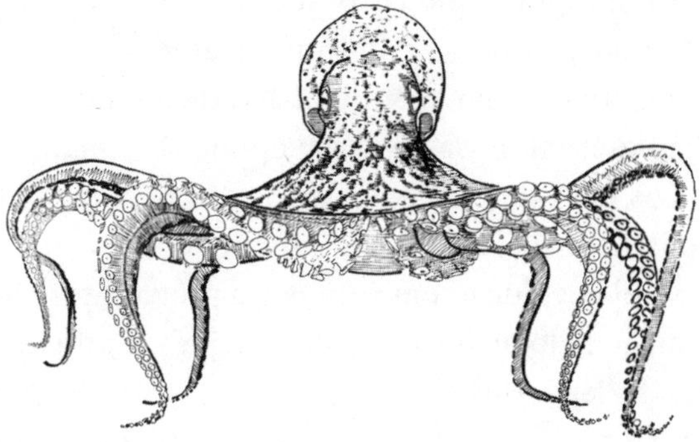

Tornou-se comum dizer que os polvos são "inteligentes", e em alguns sentidos eles o são. Mas não é esse o primeiro termo que me vem à cabeça. Os polvos são animais de comportamento complexo, e também acho que são animais sensíveis; acho que possuem uma experiência de vida rica. A palavra "inteligente", contudo, aponta para um jeito de ser específico. Sugere que interpretemos seu comportamento complexo de uma maneira um tanto intelectualizada. Os polvos são animais exploradores que direcionam a complexidade de seu corpo a qualquer coisa que os confronte. Eles se ocupam das coisas, tentam de tudo e abordam os problemas de vários ângulos — fisicamente, e não mentalmente. Os polvos possuem um aparato sensorial extraordinário e uma receptividade corporal anárquica diante da novidade, mas eles não são, de modo geral, animais meditativos ou "espertos".

Há neles algo desse lado "esperto" — certos incidentes famosos, nos quais polvos escaparam misteriosamente de aquários, podem ter envolvido algo semelhante a um planejamento, e seu emprego de objetos como conchas e cascas de coco como meios de proteção mostra que são capazes de usar ferramentas. Esse uso de ferramentas parece ter um caráter improvisado e oportunista em alguns casos, incluindo o do polvo em Polvópolis que recolheu uma esponja para se esconder da nossa câmera. Tais comportamentos indicam que a exploração física está acompanhada de alguma espécie de exploração mental. Essa aparência pode ser enganosa — talvez todos os usos de conchas, cascas de coco, esponjas e coisas semelhantes sejam comportamentos bem estabelecidos, moldados pela evolução em resposta a predadores. Mas é justamente aí, ao lado de outro contexto, que eu procuraria qualquer sinal de "esperteza".

O outro contexto é mais social. Os polvos demonstram um conhecimento surpreendente do que outros agentes, incluindo pessoas, estão pensando em fazer. É comum que eles resolvam escapar bem no momento em que você não está olhando. O mesmo vale para os chocos. Bret Grasse, que cuida de polvos e outros cefalópodes[17] no Laboratório de Biologia Marinha de Woods Hole, em Massachusetts, talvez seja a pessoa que passou mais tempo perto desses animais. Bret tem muitas vezes a impressão de que eles estão bastante ligados no que ele está fazendo. Às vezes os animais espirram água nele, mas esperam até que ele não esteja olhando. Uma vez, Bret foi esguichado, se virou e viu uma turma de chocos inocentes reunidos no fundo do aquário. Depois, usou a câmera do celular para observá-los enquanto lhes dava as costas. Vários subiram à superfície e esguicharam nele outra vez.

Outra coisa que gosto nos polvos — que não tem nada a ver com inteligência, é apenas algo bom — é o fato de que indivíduos da mesma espécie diferem muito, mesmo com respeito a comportamentos bastante básicos. Eles exibem grandes diferenças de estilo pessoal, na falta de termo melhor. Perto do lugar onde vi a fêmea baderneira, mas em outra ocasião, topei com um polvo grande recolhido em sua toca. Não tentei incomodá-lo, mas ele escapuliu enquanto eu o observava e saímos para um passeio na região. Ele expulsou um polvo da toca e acasalou com outro. Enquanto fazia isso, ele se movia o tempo todo de um jeito incomum que tinha algo de estilizado, produzindo formas achatadas como lâminas com os tentáculos, ondulando-os acima da cabeça e para trás sem motivo aparente, ou usando um deles para formar um círculo. Eu nunca tinha visto um polvo usar os tentáculos daquela maneira, e não parecia haver propósito específico nos movimentos. Parecia somente uma excentricidade, um jeitinho dele, como os vários jeitinhos pessoais que vemos na construção das tocas. Ele fazia tudo com floreios exagerados.

Polvo e tubarão

Artrópodes e cefalópodes foram os primeiros grandes predadores dos mares, alternadamente pilhando por onde passavam através de diferentes períodos. Os polvos, em específico, nunca chegaram a dominar os ambientes em que viveram. Evoluíram muitos anos depois da primeira era dourada dos cefalópodes, e desde o começo estiveram acompanhados de competidores formidáveis — peixes — que nunca se ausentaram de suas vidas. Os polvos nunca tiveram o campo inteiro à sua disposição, como parecia ser o caso da baderneira descrita na abertura deste capítulo.

No final de um mergulho diurno em Nelson Bay com os corais-moles, me dirigindo à margem com o estoque de ar quase no fim, vi um polvo grande e imponente esparramado numa área plana repleta de rochas e algas. Tirei algumas fotos e então reparei que alguns de seus tentáculos estavam ativos por baixo do corpo. Pensei que podia ser um acasalamento, mas depois de observar mais um pouco descobri que, embora de fato houvesse outro polvo ao lado e embaixo desse, encaixado numa fenda, a cena não era um acasalamento, mas um lento cabo de guerra. Os polvos estavam disputando um peixe de tamanho considerável. Era uma lenta disputa de forças, uma competição que se alongou por mais de dez minutos. Em outros aspectos, a cena lembrava um par acasalando, com a fêmea acomodada no fundo da toca e o macho posicionado na entrada — é uma configuração comum. Parece improvável que você e seu par pudessem passar dez minutos inteiros disputando um único peixe? Não para os polvos. Suspeito, com base em vários detalhes, que o polvo que avistei primeiro em cima da toca era macho e o outro era fêmea, mas nesse caso contarei a história com Polvo 1 e Polvo 2, sem definir o sexo.

O Polvo 1 acabou ficando com o peixe, que sumiu debaixo do seu corpo. Ele se deslocou até um ponto adjacente e ficou ali parado. O Polvo 2 permaneceu na toca.

Um pouco depois, um tubarão-tapete passou patrulhando. Esses tubarões possuem corpos possantes e largos, e uma camuflagem que lembra a de um antigo bombardeiro, em tons de verde-oliva, marrom e cinza. Eles costumam ficar rentes ao fundo do oceano, muitas vezes à espreita para emboscar presas desatentas, mas também podem ficar passeando sem rumo. Não costumam oferecer perigo aos humanos, a não ser que você os incomode, e nesse caso podem dar uma bela mordida - bela e perigosa, pois tendem a morder e não soltar. Esse indivíduo estava longe de ser adulto, pois tinha apenas cerca de um metro. Os maiores alcançam o triplo desse tamanho.

O Polvo 1 pareceu ficar um pouco agitado e recuou, atento. Ele manteve distância enquanto o tubarão zanzava por perto. Não consegui ver o Polvo 2, pois ele estava no fundo da toca. Num ataque repentino, o tubarão se meteu de cabeça na fenda, tentando pegar o segundo polvo. Com o corpo e a cauda quase na vertical, se debatendo violentamente, ele começou a forçar o corpo para dentro da toca. Apesar da intensidade do ataque, ele aparentemente fracassou. Momentos depois, o tubarão diminuiu a agitação e parou, e então recuou apenas um pouco, permanecendo bem perto.

O Polvo 1 não tinha se afastado mais nem se escondido — na verdade, ele se aproximou um pouco enquanto tudo isso ocorria. Fui ver o que tinha acontecido com o Polvo 2 e vi que estava ferido e quase não se mexia. O Polvo 2, para a minha surpresa, não tinha expelido tinta no tubarão. Simplesmente ficou encolhido e não saiu do lugar. Logo o tubarão fez mais um ataque do mesmo tipo, mas fracassou de novo.

Então, o tubarão desistiu e voltou sua atenção ao Polvo 1. Outra vez para minha surpresa, o Polvo 1 pareceu demorar a reagir. Apenas recuou sem pressa. O tubarão deu um bote e ficou claro por que o polvo não tinha demonstrado muita preocupação. Usando o jato para se mover, ele manteve a distância com facilidade. O polvo parecia saber que poderia escapar, pois já não havia o elemento surpresa.

Agora a situação ganhava contornos de um impasse. O tubarão foi para trás de uma rocha. A posição que escolheu era interessante, pois os polvos provavelmente não podiam vê-lo. A cabeça do tubarão estava apontada na direção dos polvos, por trás da rocha. Observando de cima, me perguntei se não seria uma tentativa sofisticada de emboscada, na qual o tubarão tinha conhecimento de quem podia enxergar quem. No entanto, se a tentativa era essa, nenhum dos dois polvos foi atraído. O tubarão desistiu da posição e retornou para o meio das algas.

O Polvo 2 não tinha feito nenhum movimento. Parecia ter sofrido um ferimento grave, mas com certeza estava vivo e ainda respirava. Como os polvos vinham fazendo havia milênios, apesar de dividir os mares com tubarões, ele sobreviveu.

Os dez anos que passei acompanhando e observando os polvos — principalmente em Polvópolis e Octlântida, onde se vê uma grande variedade de comportamentos — me fizeram não ter dúvidas de que eles têm uma experiência de vida, de que são conscientes num sentido amplo da palavra. Essa visão não é apenas uma resposta à sua evidente complexidade e àqueles olhos ativos à frente de grandes cérebros. Mesmo as teorias dessa área que atribuem boa parte do comportamento animal a processos *in*conscientes teriam motivos para colocá-los no lado do "sim" dessa divisão. Os polvos demonstram um envolvimento interessado com a novidade, incluindo comportamentos novos por parte dos humanos, e muito do que fazem não tem nada de rotineiro. Eles parecem mudar de ânimo — ficam estressados, instigados, brincalhões. Em Polvópolis, vimos um macho grande tentar ficar de olho simultaneamente em vários outros polvos, às vezes parecendo hesitar sobre quais perseguir ou ignorar. Sobram indícios de que o polvo é um invertebrado consciente. É o caso mais claro de todos, talvez equiparável apenas aos caranguejos-eremitas de Elwood. Isso nos diz algo sobre a história da consciência, se levarmos em conta o formato da árvore genealógica. Ou a consciência possui pelo menos duas ou três origens distintas — uma para nós, uma para os polvos e uma para os caranguejos (e talvez outras mais) — ou, caso tenha havido uma única origem, ela ocorreu em tempos muito remotos e assumiu uma forma muito simples.

O polvo também suscita enigmas. No capítulo anterior, afirmei que parte da explicação para a evolução da experiência está na origem de um novo tipo de self, um self amarrado de tal forma a gerar um ponto de vista, tornando-o um sujeito. Isso pode ser descrito em grande medida como um tipo de integração do animal. Nos últimos tempos, a integração tem sido um tema muito presente no pensamento sobre materialismo e consciência. Às vezes, é vista como *aquilo* capaz de explicar como um sistema físico pode ter experiências. No polvo, todavia, vemos um animal que é muito complexo, mas não tão integrado. O polvo ainda é, em muitos sentidos, um todo, um centro da ação e da percepção, mas é um todo organizado de forma incomum. Todas essas questões são dificultadas pela incerteza que permanece a respeito do que os animais podem fazer e de como se arranjam internamente, mas vamos supor válida, para fins de exploração, uma visão que foi esboçada no começo deste capítulo. De acordo com essa visão, o comportamento dos polvos nasce de uma combinação de controle central e periférico. Como poderia ser essa experiência por dentro?

Uma primeira opção nos diz que a estrutura incomum do polvo não faz muita diferença. Embora uma visão aprofundada do animal revele uma estrutura menos integrada, talvez isso não seja muito significativo para o todo. Na maior parte do tempo, os polvos se comportam de maneira bastante unificada. Todavia, isso não resolve a questão, pois a unidade do comportamento pode se constituir por muitas vias diferentes. Pensemos nas colônias de formigas-correição, abelhas e outros grupos sociais com organização coesa — às vezes denominados *superorganismos*. Em alguns sentidos, eles também agem como um todo, mas abaixo da unidade colonial existe um agrupamento de agentes individuais capazes de perceber e agir por conta própria. Essas colônias nos lembram que o trabalho em equipe, realizado por um conjunto de indivíduos distintos, pode ter um papel poderoso no surgimento de comportamentos unificados.

Assim, devemos ao menos considerar a possibilidade de que um polvo seja um ser com mais de um self. Há um self primário ou mais complexo — o cérebro central — acima de oito menores. Esses menores podem não ser sencientes nem conscientes, mas a composição geral da situação seria: 1+8.

No entanto, outra possibilidade, uma terceira opção, não é 1 nem 1+8, e sim 1+1. As redes de células nervosas nos tentáculos do polvo não estão conectadas apenas ao cérebro central, mas também entre si, "horizontalmente", na base dos tentáculos. Algumas pessoas aventaram a possibilidade de que os sistemas nervosos dos tentáculos estão suficientemente conectados entre si para que formem juntos uma grande rede que configura um segundo cérebro, ainda maior que o cérebro central, se incluirmos todos os neurônios dos tentáculos. O biólogo e roboticista Frank Grasso escreveu um artigo intitulado "O polvo com dois cérebros",[18] no qual discute essa ideia com cautela. Sidney Carls-Diamante, numa discussão filosófica, investigou o que isso poderia significar para a experiência do animal. Talvez o polvo possua dois fluxos de consciência, um para cada cérebro.

Carls-Diamante discute essa ideia ao lado da opção 1+8, tratando-as como duas possibilidades. A exploração mais sólida da possibilidade 1+1 que conheço[19] está num romance de ficção científica, *Children of Ruin* [Filhos da ruína], de Adrian Tchaikovsky. O livro imagina polvos que evoluíram até se tornarem animais tecnicamente mais inteligentes (com auxílio da intervenção humana). Ao descrever cada polvo, Tchaikovsky recorre a uma divisão em três partes, a *Coroa*, o *Alcance* e o *Disfarce*. A Coroa é o cérebro central. O Alcance é a rede neural dentro e através de todos os tentáculos. O Disfarce — que não chega a ser um agente, apenas uma parte do animal — é a pele que muda de cor. Ele descreve o comportamento e a experiência do polvo como uma interação, quase um diálogo, entre a Coroa e o Alcance, que possuem habilidades e estilos diversos. É difícil afirmar se o Alcance deve ser entendido como um sujeito com experiência própria no livro, mas é algo próximo a isso.

Há outras possibilidades que surgem além dessas três — talvez a organização incomum dos polvos os remova por completo do terreno da experiência. Deixarei essa possibilidade de lado, pois as evidências de que o polvo possui *algum* tipo de experiência são muito boas. O que estou chamando de "1" em 1+8 também pode ser, na verdade, dois, os lados esquerdo e direito. Porém, a visão que defenderei com cautela aqui é uma mistura ou combinação das primeiras duas opções, 1 e 1+8. Há uma forma de reuni-las sem incorrer em um paradoxo.

A ideia que pretendo explorar é uma alternância entre uma situação mais unificada e outra menos unificada. Dizer que o animal alterna entre ser um e nove sujeitos com experiência própria talvez seja ir longe demais, mas uma versão menos extrema dessa tese pode estar correta. A tese me foi sugerida — sem os detalhes seguintes, mas em termos gerais — por Jordan Taylor, na época um estudante, quando dei uma palestra na Universidade da Pensilvânia. Eu estava comparando as visões 1 e 1+8, tratando-as como excludentes, e Taylor perguntou: por que não supor que o animal é capaz de alternar entre as duas? Explorarei essa opção fazendo uma incursão em outro caso, mais famoso e dramático: o fenômeno do cérebro dividido em humanos.

Apresentei antes as linhas gerais desse tipo de caso. Temos pacientes cuja ponte entre os dois hemisférios cerebrais foi cortada[20] para tratar a epilepsia. Quase sempre eles se comportam normalmente, mas em certas circunstâncias experimentais podem aparentar possuir duas mentes no mesmo corpo. Isso ocorre quando informações diferentes são enviadas para cada campo de visão, esquerdo e direito, uma vez que estão ligados a metades distintas do cérebro. (Usarei "metades do cérebro" para ser sucinto, embora somente a parte superior do cérebro tenha sido dividida — um detalhe que se tornará importante mais adiante.) As conexões apresentam o caráter cruzado que descrevi anteriormente: o campo visual esquerdo está ligado ao lado direito do cérebro e vice-versa. Nos experimentos, quando mostramos coisas diferentes para cada lado do cérebro e perguntamos à pessoa o que ela está vendo, ocorrem reações das mais estranhas. A fala é normalmente controlada pelo lado esquerdo, portanto a pessoa só falará sobre aquilo que está no seu campo visual direito. Mas, ao controlar a mão esquerda, o lado direito do cérebro às vezes pode fornecer as suas próprias respostas, apontando ou desenhando, por exemplo.

O enigma trazido por esses casos consiste não só em pensar se faz sentido ter duas mentes em um só corpo, mas no fato de que o resultado disso é um comportamento que, pelo menos na maior parte do tempo, é normal. Fora de contextos experimentais, pacientes de cérebro dividido não costumam parecer "divididos". Eles costumam tocar sua vida como pessoas comuns (nem sempre — há exceções). O que precisa de explicação é essa combinação entre a aparente unidade predominante com a aparente divisão em contextos especiais.

O debate em torno desses casos formulou quatro diferentes opções (cada uma acompanhada de muitas variações). De acordo com a primeira, pode ser que exista somente um agente consciente, uma mente. Ele pode estar no lado esquerdo do cérebro. O problema dessa visão é que o lado direito do cérebro pode ser muito inteligente em certas condições experimentais. A segunda opção é que as duas metades do cérebro sejam conscientes — há duas mentes. Essa visão se defronta com o problema de que os pacientes se comportam normalmente na maioria dos contextos. Nesse caso, o comportamento unificado resulta de uma coordenação sutil entre os dois agentes.

Uma terceira possibilidade é que exista uma alternância. Pode ser uma alternância entre lado esquerdo e lado direito conscientes, mas a opção que pretendo analisar é de uma alternância entre possuir uma e duas mentes. Talvez as circunstâncias especiais dos experimentos criem mentes duplas, mas durante o resto do tempo exista apenas uma. Chamarei isso de *alternância rápida*. Por fim, há a opção de *unidade parcial*. Talvez não exista um *número* de mentes presentes em cada um desses casos. Há mente presente nos corpos, mas estamos fazendo a pergunta errada querendo saber se são duas ou somente uma; as experiências nem sempre se organizam de maneira tão rigorosa.

Acredito que alguma versão da opção da alternância rápida possa estar correta.[21] Estou longe de ter certeza disso; cérebros divididos suscitam muitos enigmas, e os casos individuais diferem entre si. Mas levar adiante a solução da alternância rápida também nos ajudará a investigar os enigmas da experiência dos polvos.

Para argumentar a favor da alternância rápida, primeiro defenderei a visão de que em certas situações há, de fato, duas mentes em um só corpo. Remeto aqui ao trabalho da filósofa Elizabeth Schechter.[22] O melhor argumento a favor das duas mentes é baseado em casos de comunicação improvisada entre as duas metades do cérebro, uma comunicação que ocorre no lado de fora, no mundo público. Por exemplo, numa série de casos documentados, o lado direito do cérebro do paciente, que não pode falar, tentou enviar mensagens ao lado esquerdo escrevendo com um dedo da mão esquerda sobre o dorso da mão direita. Se o lado direito sabe a resposta para algo que o esquerdo não sabe, ele pode tentar enviar uma mensagem dessa maneira. Às vezes, isso representava uma tentativa de subverter o objetivo do teste, que consistia em exibir imagens ao lado direito e checar o que o lado esquerdo seria capaz de dizer a respeito delas. O pesquisador percebia que o dedo estava escrevendo e dizia "Não escreva!".

Trata-se de um comportamento inteligente, em nada parecido com um reflexo. Ele nos fornece uma boa evidência da presença de uma mente no hemisfério direito, tentando fazer informações chegarem ao outro lado. Às vezes, há duas mentes. E isso, como crê Schechter, talvez seja permanente. Mas não é a única possibilidade.

Outra possibilidade, lembrando, é que as duas metades do cérebro trabalhem juntas na maior parte do tempo[23] para gerar um único sujeito da experiência, e que esse sujeito se divida em dois ocasionalmente. Pode parecer dualista pensar que uma mente inteira consiga se formar e então se desmanchar como consequência de mudanças físicas relativamente modestas, tais como submeter alguém a um experimento psicológico. Mas se uma mente é um padrão de atividade, então por que razão ela não poderia aparecer e sumir muito rapidamente, se transformar, assumir uma dinâmica seguida de outra? Uma pergunta mais difícil, dentro dessa visão, é como o padrão de atividade que compõe a mente única, aquela que está presente na maior parte do tempo, pode existir em primeiro lugar, se as duas metades da parte de cima do cérebro estão fisicamente separadas.

As discussões iniciais sobre a alternância rápida não se aprofundaram muito nessa última questão. Até que Susan Hurley, cujas ideias tiveram um papel no capítulo 5 deste livro,[24] propôs uma visão que explicaria a unidade de uma mente dentro de um cérebro que perdeu as conexões típicas entre os dois lados. Hurley não estava defendendo uma visão de alternância rápida, mas procurando entender como uma mente única podia existir em casos de cérebro dividido. Ela disse que algumas das conexões físicas que unificam o cérebro de um sujeito consciente podem não ser cadeias que se propagam no interior do crânio, de um neurônio a outro, mas cadeias que se prolongam para o mundo exterior e retornam a ele em ciclos. Pode haver o envolvimento de um feedback consistente e rápido entre as ações da pessoa e o que ela percebe. A base física para uma consciência unificada pode existir, nas palavras evocativas de Hurley, como uma "singularidade dinâmica" dentro de um "campo de fluxos causais" que se prolonga em certa medida para fora do corpo propriamente dito. Outro filósofo, Adrian Downey, demonstrou recentemente que a visão de Hurley se encaixa sem dificuldade com a alternância rápida entre uma e duas mentes nos casos de cérebros divididos.[25]

Vamos supor, em princípio, que algo nessa linha seja possível. Devemos levar a hipótese a sério? Para mostrar que devemos, trago a vocês outro procedimento médico.

O teste de Wada, que leva o nome de seu inventor,[26] o médico nipo-canadense Juhn Atsushi Wada, pode ser realizado em qualquer pessoa (embora seja invasivo e de forma alguma rotineiro). O objetivo é verificar que lado do cérebro de uma pessoa controla a linguagem. O método consiste em colocar os lados do cérebro para dormir com um anestésico, um de cada vez, deixando o outro lado acordado. Em cada etapa, o paciente tem seu uso da linguagem testado para checar suas capacidades com metade do cérebro adormecido. Na maioria dos casos, o paciente não consegue falar quando o lado esquerdo está dormindo. Mas ele segue consciente, ou pelo menos é o que parece, durante os dois estágios:

> Durante o teste ele me mostrava alguma coisa, me pedia para identificá-la e dizer se já tinha sido mostrada antes... Para o lado direito do cérebro, não notei nenhuma diferença. Para lado esquerdo — uau! Quando ele me mostrava um objeto, eu olhava e tinha aquela sensação que se tem

> ao não conseguir lembrar de uma palavra, como se ela estivesse na ponta da língua. Mas era assim com todas as palavras — era incrível! Eu não tinha palavras.

Aparentemente, cada metade do cérebro consegue permanecer consciente sozinha enquanto a outra dorme. (Os golfinhos dormem com um hemisfério de cada vez; aplicam em si mesmos um procedimento de Wada natural.) Fiquei sabendo do teste de Wada e de suas possíveis implicações através do filósofo James Blackmon. Ele acredita que o teste revela algo muito surpreendente. No entendimento de Blackmon, se uma metade do cérebro pode permanecer consciente enquanto a outra dorme, tudo indica que as duas metades já deviam estar conscientes por contra própria antes do teste. Cada metade evidentemente está equipada com o necessário para ter consciência, e podemos supor que uma metade não pode se modificar muito quando uma outra coisa, separada dela, é colocada para dormir. A metade que não adormeceu está apenas prosseguindo como sempre esteve. Blackmon, portanto, acredita que as duas metades só podiam estar conscientes desde sempre. A consciência de um humano normal e completamente desperto é uma espécie de mistura ou fusão entre as duas consciências das metades, ou quem sabe uma mistura de muitas consciências ainda menores.

Outra possibilidade para explicar a situação do teste de Wada, porém, seria uma espécie de alternância rápida. É verdade que colocar o lado esquerdo (por exemplo) para dormir não afeta muito o lado direito do cérebro em si, mas altera o padrão geral de atividade do cérebro-mais-corpo. Acredito que, quando um procedimento de Wada é realizado, a metade que permanece acordada se torna *o tipo de coisa certa* para abrigar a experiência consciente. Antes do procedimento, somente o cérebro *inteiro* abrigará o tipo de padrão adequado de atividade.

Durante o teste de Wada, o lado esquerdo perde a conexão com um lado direito operante, e em consequência disso a base física para a mente se "contrai". Um padrão de atividade que antes abrangia o cérebro todo passa a estar confinado em apenas uma metade. Essa metade passa a estar consciente, mas antes disso não era, por si só, um sistema consciente.

Nesse ponto, preciso reconhecer uma complicação. Seguindo a descrição de Blackmon, escrevo como se metades inteiras do cérebro fossem colocadas para dormir de uma só vez, mas há uma parte "inferior" do cérebro que não foi separada nos experimentos de cérebro dividido nem teve metades adormecidas durante um teste de Wada. Da mesma forma, o hábito de falar de casos de *cérebro* dividido surgiu numa época em que se acreditava que a parte de cima do cérebro, o córtex, era responsável pela quase totalidade do pensamento e da experiência. Hoje, o papel da parte inferior do cérebro — que não é dividida nesses procedimentos — é levado mais a sério. A experiência consciente corriqueira dos humanos pode surgir de uma operação conjunta dessas duas regiões do cérebro. Quando a metade esquerda ou direita do cérebro superior, o córtex, é adormecida durante um teste de Wada, o que permanece ativo e é associado com a experiência consciente em cada estágio é a outra metade do córtex e também toda a parte inferior do cérebro. Isso ainda indicaria o que estou chamando de "alternância rápida", mas a alternância seria entre duas unidades que possuem algumas partes em comum.

Se isso está correto, o que o teste de Wada mostra é que a base física da experiência é um padrão de atividade que pode surgir e desaparecer rapidamente. Uma vez que aceitamos esse tipo de alternância, torna-se mais razoável dizer que nos casos de cérebro dividido pode haver uma alternância rápida entre um self e dois, e que isso pode ocorrer como resultado de um experimento que separa os fluxos de informação em um lado ou outro.

Não é só isso que acontece nos casos de cérebro dividido; creio que ainda há uma outra peça do quebra-cabeça. Quando duas mentes estão presentes, elas não estão completamente separadas. Parece haver também certo grau de unidade parcial.

"Unidade parcial", para lembrar, é a ideia de que os casos de cérebro dividido não implicam uma contagem rígida de mentes, limitada a uma ou duas.[27] Em alguns sentidos, existe uma separação, com experiências e memórias divididas em duas partições, mas outros pensamentos e experiências podem pertencer aos dois lados. Muitos médicos e pesquisadores que trabalham com pacientes de cérebros divididos acreditam que essa situação costuma ocorrer, pois acham que estados de ânimo e emoções podem ser compartilhadas pelos dois lados, supostamente através da parte inferior do cérebro, que não é afetada pela divisão. Um determinado estado de ânimo — estar estressado, por exemplo — pode fazer parte da mente 1 e também da mente 2, e isso significa que no fundo não se pode falar em duas mentes distintas. Não se trata, portanto, de duas mentes estressadas da mesma maneira, mas de um único estado de estresse que pertence a ambas. Os pesquisadores acreditam nisso porque, quando mostramos um estímulo a um dos lados do cérebro, o outro lado, que não foi exposto ao estímulo, também pode ter o seu estado de ânimo afetado, mesmo que seja incapaz de compreender o que acontece com o seu ânimo.

Com isso, temos uma visão geral dos humanos com cérebros divididos. Há uma alternância rápida entre uma mente e duas; a mente única, quando presente, é parcialmente unificada por cadeias causais com alcance fora do corpo; e quando a mente única se divide, há unidade parcial com coisas como estados de ânimo e emoções, o que significa que as "duas" mentes não são completamente distintas. Adotei as duas opções mais controversas, alternância rápida e unidade parcial, e as coloquei juntas. Nenhuma das duas é tão difícil de imaginar quanto as pessoas costumam supor.

Casos de cérebro dividido são cheios de complexidades,[28] e essa interpretação pode estar errada. Pelo menos em alguns casos, pode ser que exista uma situação permanente de duas mentes distintas em vez de uma alternância (embora eu ache que as "duas" deverão incluir em alguma medida aquela situação misturada com unidade parcial e estados de ânimo compartilhados). Também vamos rever essas questões num capítulo posterior, quando aparecerá mais uma peça do quebra-cabeça. Mas acredito que levar adiante essa interpretação dos enigmas do cérebro dividido nos ajuda a pensar a respeito da experiência, da subjetividade e dos cérebros em geral. Para dar um exemplo, vamos retornar aos polvos. Não estamos mais falando dos resultados de uma cirurgia ou de circunstâncias especiais, mas da vida corriqueira desses animais. Talvez possa haver um pouco dessa mesma combinação de características nesse caso, de forma menos acentuada — uma forma que não envolve o surgimento abrupto de um self consciente. O que tenho em mente é o seguinte.

Às vezes, um polvo é um único agente unificado. Quando está arremessando detritos, se deslocando com o jato e coisas assim, o animal está unificado e sua experiência reflete isso. Em outros momentos, porém, os tentáculos têm liberdade para passear e explorar, e talvez o polvo central não seja "dono" desses movimentos localmente guiados.

Quando estão vagando, os tentáculos são como agentes muito simples. Eles percebem coisas e respondem com ações. Podemos dizer que eles possuem experiência própria? Creio que dizer isso seria ir longe demais. Eles provavelmente são complexos o bastante para ter experiência — têm neurônios suficientes. Uma abelha inteira possui apenas 1 milhão de neurônios, e um tentáculo de polvo tem dezenas de milhões. O mais provável, contudo, é que um tentáculo nunca se torne um self do tipo necessário, levando em conta as suas conexões com as redes de neurônios dos outros tentáculos e com o centro. Está em cena, no fim das contas, tanto a visão 1+1 quanto a 1+8; isso reflete o fato de que as redes neurais em cada tentáculo não são fechadas em si, mesmo quando (ao que parece) o tentáculo está livre para passear e fazer o que bem entender. Pode ser que nem a rede multitentacular como um todo nem os tentáculos individuais possuam o tipo de integridade necessária para que se tornem sujeitos genuínos. Mas os tentáculos têm *um pouco*, um traço, do que venho descrevendo como sendo a base da subjetividade. Se fosse o caso de haver centelhas de experiência nos tentáculos individuais, ou em uma parte deles, a situação seria também, provavelmente, de unidade parcial. Estresse, nível de energia, excitação e assemelhados podem existir de maneira unificada por todo o animal, mesmo quando os tentáculos estão percebendo e reagindo por conta própria. É preciso dizer, também, que embora eu esteja desenvolvendo o assunto como se os oito tentáculos fossem equivalentes, o primeiro e o segundo pares de tentáculos costumam ser mais ativos que os demais.

De todo modo, os tentáculos perdem autonomia quando o polvo "se reagrega" e impõe o controle central. A partir daí, essas propriedades dos tentáculos, sejam quais forem, ficam submersas. As grandes alterações na subjetividade que estivemos abordando nos casos humanos (Wada, cérebros divididos) ocorrem porque algo foi feito à pessoa. No caso do polvo, se há alterações como essas que unificam e separam o animal, elas surgem de modo diferente. O polvo se reagrega, talvez em resposta a uma situação que exige ação focada, exercendo controle sobre aquilo que estava livre para atuar sozinho.

Se aceitarmos isso, em que sentido essa reagregação difere do que acontece em casos humanos corriqueiros, quando uma pessoa presta atenção em algo que vinha fazendo sem se dar conta, como respirar, mastigar e caminhar? Em que sentido isso é diferente de tocar uma melodia num instrumento musical sem prestar atenção e de repente pensar no que está fazendo? Na realidade, creio que há diferença. No caso do polvo, quando o centro não está exercendo controle, os tentáculos se ocupam de atividades que demonstram alguma agência e são localmente controladas por aquilo que eles percebem. Os movimentos do próprio tentáculo também terão consequências para aquilo que o tentáculo perceberá no passo seguinte. Os casos humanos lembram mais o uso de um piloto automático central que é ocasionalmente suspenso.

Compare com uma situação na qual a sua mão está agindo a esmo, sem que você preste atenção, e de repente encosta em algo de interesse. A informação chega ao cérebro central e, ao menos que se trate de um reflexo ou algum outro caso especial, a mão não tomará nenhuma atitude até que o cérebro a dirija. No polvo, não podemos estar certos do que está acontecendo, mas o quadro de que dispomos sugere que no momento em que um tentáculo encosta em alguma coisa, a informação chega ao cérebro central, mas o tentáculo também produz a sua própria resposta local e controlada. O animal como um todo sabe que tocou em algo e pode ver, e talvez sentir, o que está sendo feito. Contudo, quem está determinando a resposta nessas situações é o próprio tentáculo. Portanto, quando o polvo exerce atenção e controle, seu alcance é mais abrangente do que no nosso caso. No polvo, trata-se de reagregar processos parcialmente independentes que ocorrem em diversas partes do corpo, dentro de uma situação em que as partes vão procurar exercer uma espécie de agência própria caso não sofram interferência. Assim, a vida corriqueira dos polvos talvez inclua uma versão amenizada dos conflitos do cérebro dividido em humanos; pode ser que inclua uma alternância entre a centralização do animal como um todo e uma centelha de autonomia nos tentáculos, ou em parte deles. Essa centelha submerge ou some quando o polvo usa a atenção para dirigir uma ação coordenada. Antes, demonstrei preocupação com o fato de que a integração parece ser importante para a subjetividade e a experiência, pois os polvos não são muito integrados. Agora podemos vê-los *tornando-se* mais, e também menos, integrados em tempo real.

O polvo coloca pressão em muitas partes do esquema que estou desenvolvendo. Talvez sua organização 1+8 nos force, um dia, a repensar toda a ideia da subjetividade e da sua relação com a integração nos animais. Mesmo com tanta coisa pendente, a discussão em torno dos cérebros divididos, do teste de Wada e do polvo afeta de várias formas o nosso entendimento de como o mental pode existir no físico. Em primeiro lugar, a alternância rápida não é uma ideia tão extravagante assim. Se uma mente é um padrão de atividade, ela pode aparecer e sumir, se transformar, ou se expandir e se contrair muito rápido. É fácil expressar uma espécie de reconhecimento oficial dessa afirmação, mas no teste de Wada vemos algumas de suas consequências. A ideia de uma unidade parcial também foi muito questionada, mas ela também pode fazer parte do repertório para pensarmos sobre os animais. Muitos animais apresentam fluxos sensoriais separados uns dos outros em certa medida, mas outros estados, como ânimos, saciedade e estresse podem ser compartilhados pelo todo.

Se deixarmos de lado a pergunta, assumidamente irresistível, sobre a existência de múltiplos *selves* pequeninos nos polvos, e presumirmos que o animal sempre conserva um centro único de experiência, as consequências impostas pelo corpo do polvo a essa experiência ainda podem se revelar um tanto exóticas. Um polvo pode permanecer por longos períodos descansando imóvel como um gato, talvez quase adormecido. Em contrapartida, às vezes eles se mostram extremamente ativos: zarpando com jatos d'água, arremessando, construindo. E em outros momentos vemos algo intermediário, e esses são momentos particularmente intrigantes para pensar o self dotado de experiência. Se um polvo está vagando sem rumo sobre um terreno sem obstáculos, seus tentáculos se movimentarão como se obedecessem a um comando centralizado, mas em combinação com desvios exploratórios e firulas errantes. Às vezes, um polvo pode estar parado no lugar enquanto dois ou três tentáculos exploram ao mesmo tempo a seu redor, em direções variadas. Embora o polvo oriente muitas de suas ações por meio da visão, ele também é muito sensível de outras maneiras. As ventosas em cada tentáculo estão repletas de sensores químicos. Quando o tentáculo de um polvo encosta no seu dedo, ele está sentindo o *gosto*; o polvo nota uma diferença imensa entre um toque humano com luvas finas ou com a pele nua. Toda a pele do animal também parece ser sensível à luz. Seria exagero dizer que o polvo consegue *enxergar* com a pele — sua pele não é capaz de formar e processar uma imagem —, mas não apenas a intensidade da luz como também alterações, sombras e talvez tonalidades talvez sejam detectadas com o corpo inteiro.

Juntando tudo, chegamos a uma situação de experiência que é muito diferente da nossa. Supondo que a informação sensorial da pele e das ventosas alcança o cérebro central e também as redes neurais locais, o polvo se torna um animal que possui uma superfície sensorial muito expandida e, ao mesmo tempo, do ponto de vista do cérebro central, um tanto imprevisível. À medida que vagueiam, os tentáculos mudam a forma do corpo e também entram em contato com objetos, superfícies e substâncias químicas que produzem eventos sensoriais. Isso pode ocorrer em vários tentáculos ao mesmo tempo. O polvo *ocupa uma perspectiva*, mas ela é versátil e às vezes, talvez, caótica. Quando tento imaginar isso, me vejo numa posição um tanto alucinógena,[29] e assim é a vida cotidiana de um polvo.

No fundo estrelado

Um dia, no meio do inverno, desci por um cabo de mergulho até Polvópolis com Matt Lawrence, que tinha descoberto o lugar dez anos antes.

Era um dia de sol na superfície, mas à medida que descíamos a luz ia enfraquecendo e ficando turva. Logo estávamos acima da planície que cerca o local dos polvos. Quando chegamos a Polvópolis, avistamos quatro tubarões rondando o lugar, todos com o nariz apontado para dentro, como se fechassem um perímetro. Era o mesmo tipo de tubarão que foi descrito em "Polvo e tubarão", mas todos eram bem maiores. Um deles tinha pelo menos dois metros e meio, talvez mais. Alguns polvos estavam ali perto, mas estavam fazendo de tudo para não serem percebidos, portanto Matt e eu saímos para explorar o leito oceânico.

Uma areia cinzenta e fina cobre o fundo daquela área da baía, com algas de diversos tipos exibindo tonalidades de verde-oliva e verde-escuro. Íamos nos afastando quando reparei na grande quantidade de estrelas-do-mar, muito maior que o usual. Olhando mais de perto, pude ver que eram estrelas-de-penas. As estrelas-de-penas não costumam ser chamadas de "estrelas-do-mar", pois esse nome está reservado a seus parentes de braços mais grossos. Mas ambas são *equinodermos*, com o mesmo desenho em forma de estrela. Estrelas-de-penas, como o nome indica, possuem braços finos como plumas delicadas.

Os equinodermos estão em dois grupos principais. O dos *crinoides*, que incluem as estrelas-de-penas, é um deles, e as estrelas-do-mar e os ouriços mais conhecidos estão no outro. Os crinoides abrigam os equinodermos de menor e maior mobilidade. Alguns se mantêm fixos ao leito oceânico com um caule — os lírios-do-mar. Outros são nadadores ativos.

Esses que estavam perto do lugar dos polvos eram pequenos, com braços de apenas alguns centímetros. A maioria era branca, em alguns casos um branco prateado, e uns poucos eram roxos. Não estavam absolutamente em toda parte, mas não se podia avançar mais que alguns metros sem que um deles aparecesse em meio à luz turva. Estávamos nadando num campo estrelado.

Em nossa jornada através das histórias dos animais, isso marca o ponto em que damos mais um passo significativo, atravessando de um galho a outro na árvore da vida. Entre os animais, há um grande ramo de espécies bilateralmente simétricas para o qual viemos após nos despedirmos dos corais, com sua forma baseada em disco. Esse ramo feito de animais bilaterados possui, por sua vez, dois sub-ramos principais. Artrópodes como os caranguejos e moluscos como os polvos e lesmas pertencem a um lado — são os *protostômios*. O outro lado é o dos *deuterostômios*. Esse é o nosso lado, o lado dos vertebrados. Com exceção das visitas inoportunas dos tubarões e de algumas participações menores de peixes e ascídias, ainda não nos aventuramos no lado dos deuterostômios neste livro. De agora em diante, passaremos a maior parte do tempo nele. O animal que nos recebe logo na chegada, porém, pode surpreender: a estrela-do-mar.

Os equinodermos existem pelo menos desde o Cambriano.[30] Reconstituições de suas primeiras formas os estabelecem como rastejantes e achatados, assim como os corpos reais e imaginados de vários outros bilaterados ancestrais. Eles evoluíram em direção a formas irregulares e depois espiraladas, para então descobrirem esse formato de estrela que parece remeter aos corais-moles do capítulo 3.

Algumas estrelas-do-mar são capazes de rastejar a uma velocidade considerável, e já me espantei vendo grandes pepinos-do-mar, com os corpos voltados para cima, enchendo suas bocas de comida numa deglutição frenética. Mas muitos equinodermos se acostumaram a um ritmo de vida mais lento e a corpos semelhantes a flores.

Nadamos no meio de um campo repleto desses animais. Nem tudo que se via abaixo era sideral. Quando nos aproximamos de um local que costuma ser um posto avançado dos polvos, uma grande foca apareceu. Ela chegou muito rápido até perto de nós, parou, olhou em volta e escapuliu. Demonstrou uma agilidade impressionante, se contorcendo e irrompendo através do espaço.

A foca se aproximou tanto que pensei que fosse me dar uma cabeçada. Mas em seguida ela mudou outra vez de direção e disparou rumo à superfície e à luz, nos deixando lá embaixo, no meio das estrelas.

Dois grandes nudibrânquios, *Armina major*, diante de alguns dos corais-moles que abrem o capítulo 3. Nelson Bay, Austrália.

Esponjas tubulares formando um coro no estreito de Lembeh, Indonésia. Não são esponjas-de-vidro, mas demospôngias, um grupo mais comum.

Um platelminto policládido, *Cycloporus venetus*, se movendo da direita para a esquerda sobre uma esponja. Um artrópode minúsculo, quase invisível, anda atrás dele.

Phyllodesmium poindimiei, um nudibrânquio aeólido, em Nelson Bay.

Um camarão-anêmona transparente, *Ancylomenes holthuisi*, em cima de uma anêmona no estreito de Lembeh.

Um camarão-palhaço, *Stenopus hispidus*, também em Lembeh, exibindo seu arsenal de apêndices.

O polvo mais escuro nas fotos acima é descrito no final da seção intitulada "Observação de polvos". A espécie é *Octopus tetricus*, vista aqui em Nelson Bay.

Um choco gigante, *Sepia apama*, em Cabbage Tree Bay, Austrália.

Este é o polvo que faz a baderna no começo do capítulo 6, visto aqui dando um abraço predatório num coral-mole.

Um tubarão-gato e um peixe-falcão descansando em cima de uma grande esponja em Fly Point, em Nelson Bay. O tubarão é da mesma espécie, *Brachaelurus waddi*, que está dormindo na seção intitulada "Maestro".

Um cavalo-marinho-branco, *Hippocampus whitei*, também em Nelson Bay.

Nesta página e na seguinte: tubarões-baleia, *Rhincodon typus*, no recife Ningaloo, Austrália.

7. Olhete

Força

Quando estava terminando um mergulho num destino chamado Pipeline, em Nelson Bay, já me dirigindo à margem, fiz uma parada no último local profundo antes da parte rasa. Antes que eu pudesse me dar conta, minha cabeça virou para os lados e me vi dentro de uma nuvem retumbante de mísseis. Com laterais metalizadas e caudas finas em forma de foice, eles tinham cerca de um metro cada e nadavam às dúzias formando um grupo compacto. Eram olhetes (também conhecidos como olhos-de-boi). Suas caudas pareciam delicadas demais para gerar a força que demonstravam. A mais pura força motora vertebral.

Eu estava no meio do grupo. Eles fizeram uma curva fechada em arco, crescente como suas caudas, e foram embora. Senti que podia quase *ouvir* a eletricidade em seus músculos — as enxurradas de íons, a contração esforçada das células. Essa impressão de som era uma ilusão, e o mar continuava silencioso; o que eu estava sentindo, na verdade, era o deslocamento de água estremecedor à minha volta.

Muitos elementos do reino animal são exaltados pela sua velocidade ou força, e alguns ocorrem em animais que já vimos: o disparo de pequenos arpões nas células urticantes das medusas, os martelos acionados por molas na tamarutaca. É outra coisa, porém, gerar movimento veloz na escala de um peixe grande, impelir um corpo daquele tamanho através da água densa. Nesses olhetes, estamos vendo um triunfo da musculatura e da estrutura vertebrada, com músculos ligados a ossos. Os peixes velozes são um pináculo da força motriz dos animais.

História dos peixes

Os peixes têm um papel especial na história evolutiva, pois estão no *nosso* grupo de animais. Ou, mais precisamente, nós estamos no deles. Os mamíferos derivam da parte da árvore da vida em que estão os peixes. Descendemos dos peixes de um modo que não se aplica aos animais que encontramos nos capítulos anteriores. Em um livro do biólogo Neil Shubin,[1] somos convidados a pensar sobre o nosso "peixe interior", pois o peixe é nosso antepassado e sua anatomia está na base da nossa. Pelo mesmo critério, não podemos dizer que temos um camarão ou um polvo interior.

Não descendemos de um peixe parecido com um olhete ou uma truta. Eles chegaram mais tarde, depois que o nosso ramo se separou. Nossos parentes mais próximos têm um aspecto mais esquisito, são peixes atarracados, os peixes de barbatana lobada, representados hoje pelo celacanto de águas profundas.

No início, os peixes eram somente figurantes secundários.[2] Apareceram durante o Cambriano na forma de lasquinhas discretas que não tinham mais que poucos centímetros. No final do capítulo anterior, atravessamos para o ramo dos animais deuterostômios, que abriga os equinodermos, nós e alguns outros. Esses animais se originaram, como tantos outros, de um caminho desviante dos bilaterados vermiformes primitivos. Em algum ponto, um animal desses evoluiu até assumir uma forma mais móvel e esguia. Ele não era capaz de fazer muita coisa; nem sequer tinha dentes. Era um fragmento indistinto no meio do oceano (*Pikaea*, representado pelo animal B na página 90). Mas esse novo animal tinha algumas características singulares, incluindo um formato de míssil, um cordão nervoso nas costas que organizava os músculos, e os primórdios de partes rígidas que não estavam por fora do corpo, como nos artrópodes, e sim por dentro.

No Cambriano, quando os artrópodes evoluíram até se tornarem predadores, esses peixes deviam estar entre as suas presas. Por causa disso, provavelmente, os peixes logo evoluíram olhos eficazes. Esses olhos possuíam um design de "câmera", com uma lente e uma retina, em vez dos olhos com várias lentes que encontramos na maioria dos artrópodes. As primeiras inovações dos animais vertebrados incluíam um corpo voltado à mobilidade e olhos de câmera.

Do Ordoviciano em diante, os peixes foram ficando maiores. Logo passaram a incluir animais com placas ósseas que atingiam um metro de comprimento, capazes agora de evitar os predadores com seu tamanho e armadura. Alguns tinha aspecto temível, mas na verdade não eram ferozes. Apesar do corpo imponente, não tinham a capacidade de morder e provavelmente colhiam, sugavam e filtravam o alimento. O invento decisivo que veio depois, em torno de 420 milhões de anos atrás, foi a mandíbula.

Num exemplo clássico do que o biólogo francês François Jacob descreveu como a "bricolagem" da evolução,[3] as mandíbulas se moldaram a partir dos arcos das guelras presentes nas laterais da cabeça de alguns peixes. Essa bricolagem teve profundas consequências, pois resultou numa mordida muscular e unificada. Numa comparação válida (creditada a Jane Sheldon), a mandíbula é como um polegar opositor no rosto. Combinando o nado, os olhos e as mandíbulas, os peixes assumiram um novo papel. Ao término do Devoniano, cerca de 360 milhões de anos atrás, as formas das mandíbulas haviam se diversificado e os peixes sem mandíbulas estavam desaparecendo. Os que persistiram até hoje vivem nas margens — congros, lampreias.

Os peixes com mandíbulas do Devoniano incluíam tubarões. Como afirma John Long em *The Rise of Fishes* [A ascensão dos peixes], os tubarões estabeleceram sua estrutura corporal cedo e desde então passaram apenas por retoques. Em 2018, um caçador de fósseis amador da Austrália[4] encontrou dentes maiores que o comum. Imediatamente identificados como dentes de tubarão, eles continuavam muito afiados 25 milhões de anos depois da morte de seu dono, um devorador de baleias que tinha nove metros de comprimento.

Nado, olhos e mandíbula resultam numa combinação poderosa. Essas características se somaram a outra que considero uma notável herança dos vertebrados. O desenho corporal e o tipo de movimento tornam os peixes animais particularmente *centralizados*, e isso se reflete no cérebro dos vertebrados. Aqui, como em outros lugares, formas surpreendentes de desunião podem estar ocultas; o cérebro dos peixes tem dois lados, com uma separação acentuada. Mas, em comparação com os outros corpos que encontramos até agora, essa é uma forma centrada e centralizada. O cérebro comanda ações que envolvem o corpo inteiro — quase tudo que um peixe *possui* são ações que envolvem o corpo inteiro, uma vez que braços, garras e tentáculos estão ausentes. Mais adiante, quando os vertebrados adquirem membros capazes de manipular, eles são controlados pelo mesmo tipo de cérebro.

Certa vez, vi um olhete caçando. Eu estava observando lulas em águas rasas. Elas vagavam de um lado para outro, me espiando enquanto eu as seguia devagar, às vezes emitindo sinais com padrões na pele. De repente, um grande olhete apareceu, novamente com aquela cauda de foice. De uma hora para outra, ele estava entre nós, se movendo de maneira brusca, em staccato. Ele não tinha membros, nada parecido com os apêndices das lulas, e seu movimento era uma estocada que envolvia o corpo todo. As lulas bateram em retirada, disparando jorros de tinta preta que permaneciam na água como fumaça de fogo antiaéreo.

Nado

Vejo este como o capítulo que engloba os mares abertos. A maioria dos mergulhos com cilindro que fiz enquanto escrevia este livro teve como destino matagais de vida emaranhada e avançou no ritmo de animais que rastejam e escalam. Me mexo devagar com todo o meu equipamento, mas os caranguejos, os corais e até os polvos, na maior parte do tempo, também não são muito velozes. As lulas são uma exceção. No entanto, boa parte do caminho percorrido até agora acompanhou vidas arraigadas aos detalhes de locais restritos.

Compare essa vida à dos peixes, que realizam vastas jornadas sob a superfície do planeta. São animais que tomam oceanos inteiros como cenário de suas ações. Muitos tomam *mais* do que um, nascendo em um oceano, migrando para se alimentar em outro e migrando de volta para se reproduzir, sentindo magneticamente todo o planeta Terra.[5]

Comecei o capítulo com os olhetes. No que diz respeito à força dos vertebrados, porém, a forma mais extrema que já testemunhei foi a cauda de um tubarão-baleia. O tubarão-baleia é o maior peixe que existe nos oceanos de hoje.[6] O *Rhincodon typus* — a única espécie em seu gênero e a única em sua família — é também o maior animal vivo, à exceção de algumas baleias. Eles alcançam pelo menos doze metros de comprimento. Seus corpos são cinza-escuros, com pontos brancos e faixas de vários tons mais claros de cinza. O corpo é impelido por uma enorme cauda vertical.

A parte triangular superior dessa cauda, com cerca de 1,80 metro, lembra uma vela de barco subaquática, embora produza a sua própria força, ao contrário da vela. Na frente da cauda fica um corpo gigantesco, coberto por dobras grossas e salientes que o percorrem até perto da cabeça. Elas se parecem com as soldas no casco de uma aeronave.

Os tubarões-baleia viajam pelos mares tropicais do mundo. Ninguém nunca os viu acasalar. Até o momento em que escrevo, suspeita-se que todos acasalam num lugar específico[7] perto das Ilhas Galápagos. Se for verdade, dali eles se deslocam até a Austrália, o México, as Filipinas. Nadam perto da superfície e se alimentam de plâncton, como muitas baleias. Como os tubarões-baleia costumam nadar devagarinho perto da superfície, é possível mergulhar ao lado deles com um snorkel, como fiz no oeste da Austrália, perto de Exmouth.

Você nada ao lado deles, mas também pode vê-los de cima. Na primeira vez que aqueles padrões visuais do corpo apareceram debaixo de mim, foi como estar flutuando sobre a superfície de um planeta. Quando estão nadando, uma nuvem de outros peixes menores costuma nadar por baixo e ao lado deles, e também dentro da boca aberta do tubarão. Nesse caso, os peixes não estão sendo engolidos, apenas viajando dentro daquela catedral bucal. A agitação constante desses companheiros de viagem contrasta com o autodomínio imóvel do tubarão.

De vez em quando, um tubarão aponta o nariz para baixo e mergulha. A cabeça se inclina devagar e o animal penetra as águas escuras. Eles conseguem descer a mais de um quilômetro e meio de profundidade. Diferente das baleias, eles não precisam voltar dentro de um limite de tempo; não são como os mamíferos, que precisam vir à superfície respirar. Nas poucas vezes em que estive dentro d'água com baleias, pude sentir que eram mamíferos como eu. Os tubarões-baleia respiram água e são *do* mar num sentido mais amplo.

Nadei com eles num dia claro, e em duas ocasiões vi um tubarão-baleia se inclinar para baixo e mergulhar fundo. Logo ele tinha descido uns dez metros, mas ainda podíamos acompanhá-lo facilmente do alto. Quando passamos por cima de um recife em águas límpidas, voltei a me admirar com a graça de seus movimentos, entre os quais estavam os abanos contínuos e quase suaves da cauda, impelindo o corpo à frente.

Aqui, como no caso do olhete, vemos um triunfo da musculatura e da estrutura vertebrada, com músculos dispostos sobre um esqueleto interno. Os tubarões não possuem esqueletos ósseos, mas usam uma cartilagem mais leve e flexível. Há osso em algumas partes; o osso está disponível para eles. A transição para os vertebrados mais ósseos pode ter ocorrido com a duplicação[8] de um gene responsável pela sua produção, o que permitiria ao osso assumir um conjunto maior de funções. A maioria dos peixes familiares que encontramos possui esqueletos feitos de ossos.

Não muito distante do lugar onde aparecem os tubarões-baleia, vi uma estação de limpeza para tubarões-cinzentos-dos-recifes. Nesses locais, peixes pequenos aguardam a chegada dos "clientes" grandes — tubarões, nesse caso — em busca de uma limpeza. Os peixes pequenos comem parasitas da pele e do interior da boca do cliente. Além de remover os parasitas, eles com frequência dão uma mordidinha adicional no cliente propriamente dito. Os clientes aceitam isso desde que haja moderação. Era comum que os tubarões que estavam nesse lugar dessem uma leve sacudida no corpo ao final de cada limpeza, provavelmente em reação à mordida extra do limpador.

A estação de limpeza estava situada acima de montes de corais imensos com formato de domo. Os tubarões dos recifes chegavam rápido, movendo-se aparentemente sem nenhum tipo de esforço. Pareciam se transmitir através da água por meio de movimentos quase imperceptíveis. Muito diferente do tubarão-baleia, com seus abanos ritmados de uma vela de autopropulsão com quase dois metros de altura.

A presença da água

Desde os primórdios, os peixes tinham bons olhos. Tinham herdado os velhos sentidos químicos. A evolução também lhes concedeu — também cedo, desde os tempos dos peixes sem mandíbula — um invento sensorial mais singular, o sistema das *linhas laterais*.

É um sentido tátil, em termos gerais, uma forma de toque.[9] Seus principais elementos são pequenos grupos de células ciliadas que estão localizados em cavidades maleáveis. Essas unidades, espalhadas em várias partes do corpo, se chamam *neuromastos*. Eles são sensíveis ao movimento da água e fazem contato com os nervos que estão abaixo deles.

Alguns desses neuromastos ficam no lado de fora do animal, enquanto outros ocupam canais finos e cheios de fluido que estão logo abaixo da superfície do corpo. Os canais, que percorrem o peixe em várias direções, mas principalmente da frente para trás, possuem poros que permitem a entrada e a saída da água. Os neuromastos dentro de um canal podem ser sensíveis a diferenças sutis de pressão e a pequenas vibrações. Uma corrente de água passando pelo corpo cria diferenças de pressão ao interagir com diferentes poros.

Falei que esse sistema é uma forma de toque, mas os movimentos e as pressões do toque se convertem em som. A audição é a detecção de ondas de pressão que movem partes do corpo. No nosso caso, esse movimento é transmitido do tímpano para as células ciliadas da cóclea, no ouvido interno. Nos peixes, o sistema das linhas laterais combina toque e audição. A sua história evolutiva é mais ou menos a seguinte.[10] Cílios que se projetam de células são muito antigos e provavelmente já estavam presentes nos nossos ancestrais unicelulares. Esses cílios podem ser usados tanto para impelir o corpo — uma função ativa — quanto para a percepção, registrando toques e movimentos do ambiente. Nos animais, os órgãos sensíveis à gravidade existentes nas medusas, que vimos brevemente no capítulo 3, funcionam dessa maneira, com cílios que detectam o movimento de cristais conforme o corpo muda de inclinação. Nos vertebrados, é possível que os canais das linhas laterais tenham sido os precursores de ouvidos como o nosso, mas também é possível que células ciliadas detectoras de movimento tenham ganhado função em nossos ouvidos a partir de um outro caminho.

Os peixes também escutam bem. Possuem ouvidos de vários tipos, além das linhas laterais. Alguns também têm a audição auxiliada por bexigas natatórias, sacos cheios de gás cuja principal função é promover a flutuação.

O sistema das linhas laterais já foi descrito como um "toque à distância". Ele detecta movimentos próximos e distantes e, por envolver uma extensão tão grande do peixe, deve gerar uma forte consciência corporal. Nós mamíferos terrestres estamos mais separados, por extensões de ar, da maioria dos eventos que transcorrem no ambiente. A água conduz vibrações e movimentos com rapidez, e os canais das linhas laterais estão abertos ao mar em torno. O resultado é um contato de tipo tátil com boa parte do ambiente em que vive o peixe. Pense no que acontece se os seus ouvidos se enchem de água quando você começa a nadar. Com um gorgolejo aural, o ar nos seus ouvidos é substituído pela água e tudo parece soar mais alto e estar mais perto. Você pode não apenas ouvir, mas também sentir o motor de uma embarcação próxima. O sistema de linhas laterais é assim, mas se estende ao corpo todo. Os polvos, como vimos, possuem uma leve sensibilidade por toda a pele, ou em boa parte dela. Seria um exagero dizer que seus corpos são como um olho imenso; é quase certo que o sistema é simples demais para tanto e que não possui a capacidade de formar uma imagem. Não é tão exagerado assim dizer que o corpo de um peixe é um ouvido gigante, sensível à pressão.

A percepção através das linhas laterais envolve interações elaboradas entre os sentidos e as ações, do tipo que foi discutido nos capítulos 4 e 5. Quando o peixe se move, ele afeta as mesmas correntes de água que também percebe à sua volta. O movimento dos objetos pela água deixa rastros duradouros. Até mesmo um peixe pequeno deixa para trás uma esteira[11] que pode ser detectada minutos após a sua passagem. Para interpretar tudo isso, o peixe precisa filtrar os efeitos do seu próprio movimento e separá-los dos efeitos de todo o resto. Parte desse trabalho é feita na hora; entre os nervos ligados às células ciliadas no sistema de linhas laterais, há aqueles que inibem o sinal sensorial das perturbações criadas na água pelo próprio peixe. Como eu também disse naqueles capítulos iniciais, os efeitos das nossas próprias ações sobre os nossos sentidos não somente criam problemas como também oferecem uma oportunidade para sondar o ambiente e aprender mais do que seria possível se apenas absorvêssemos as coisas de forma passiva. Os peixes cegos das cavernas, como sugere o nome,[12] são completamente cegos e navegam com o sentido das linhas laterais. Eles produzem ativamente movimentos na água que interagem com objetos próximos e podem usar as informações assim obtidas para atravessar uma cerca sem encostar nas barras — eles se guiam usando as linhas laterais como uma espécie de sonar. Esses peixes nadam especialmente rápido quando deparam com territórios desconhecidos, ao que tudo indica para alimentar seu sistema de linhas laterais com mais informações.

Em certos peixes, sobretudo nos tubarões, o sistema de linhas laterais se modificou[13] para acionar outro tipo de sentido; eles também são capazes de perceber campos elétricos. Peixes de vários tipos possuem eletrorrecepção, tanto ativa quanto passiva. A diferença é que a primeira também envolve emitir os próprios impulsos elétricos, enquanto a segunda consiste somente em detectar os impulsos que surgem por outras razões. Peixes sem mandíbula e tubarões realizam uma recepção elétrica passiva. Os tubarões conseguem encontrar peixes escondidos na areia detectando, a partir de uma posição elevada, a sua atividade elétrica natural. A finalidade da cabeça em formato peculiar do tubarão-martelo não é conhecida, mas uma de suas funções pode ser aprimorar a eletrorrecepção. O falecido pesquisador de tubarões Aidan Martin avistou tubarões-martelo[14] nadando perto do fundo do oceano enquanto abanavam a cabeça para os lados desenhando arcos, como se operassem um detector de metais: "Em diversas ocasiões, vi grandes tubarões-martelo que estavam 'detectando minas' darem súbita meia-volta para capturar uma das várias raias que estavam enterradas nos sedimentos do fundo".

Curiosamente, essa recepção elétrica de forma geral se perdeu nos peixes ósseos que surgiram em períodos mais recentes da evolução. Alguns desses peixes a reinventaram mais tarde, em especial os bagres, cuja eletrorrecepção parece sensível a ponto de prever terremotos.[15] Alguns peixes ósseos também realizam uma eletrorrecepção ativa, produzindo seus próprios campos elétricos e detectando objetos próximos a partir de alterações nesse campo.

Alguns peixes, especialmente as raias, podem gerar uma carga elétrica considerável e usá-la não para fins sensoriais, mas antagônicos. Anos atrás, eu estava mergulhando e cometi o erro de botar a mão no que parecia ser uma pequena superfície de areia descoberta. Imediatamente, senti um baque.

Pensei que fosse um impacto — que algo tinha me cutucado com muita força. Ia me virar para conferir, e então veio uma pancada. Bem mais forte, definitivamente um choque elétrico. Era intensa e precisa, uma descarga, e uma experiência nem um pouco agradável. Tratava-se de uma raia-elétrica, ou treme-treme, enterrada na areia, me mandando cair fora.

Deixando de lado o detalhamento elétrico do sistema de linhas laterais, sua faceta tátil tem ligações intrigantes com um outro comportamento dos peixes: a formação de cardumes.

Os cardumes de alguns peixes são uma coisa espantosa de se ver — as mudanças bruscas de direção, nas quais líder se torna seguidor e seguidor se torna líder, parecem ser instantâneas. Vê-los dentro do mar nos leva imediatamente a suspeitar da existência de campos ocultos ou mentes gigantes. O cardume parece tomar uma decisão imediata em grupo, com centenas de peixes virando ao mesmo tempo na mesma direção. Apesar das aparências, tudo isso ocorre com base em percepções, decisões e ações muito rápidas dos peixes.

Depois que tomei conhecimento do toque à longa distância viabilizado pelo sistema de linhas laterais, o comportamento dos cardumes logo me pareceu menos misterioso; é precisamente o tipo de coisa que se esperaria que os peixes fizessem com ele. O que me surpreende é que as pesquisas que estudam diretamente o papel do sistema de linhas laterais na formação de cardumes é inconclusiva.[16] Alguns autores defendem que a visão é responsável por quase tudo que um cardume faz — uma alegação que renova a minha perplexidade em relação a tudo que acontece nos mares. Várias espécies de peixes continuam formando cardumes, pelo menos até certo grau, depois que seus sistemas de linhas laterais são desativados, enquanto outras parecem depender mais deles. Talvez as formas mais integradas de comportamento de cardume funcionem de maneira diferente das outras. Nem todo cardume depende de uma coordenação veloz com precisão de microssegundos.

Uma quantidade enorme do tempo que passei dentro d'água foi gasto observando invertebrados, e foi em parte a escrita deste livro que me levou a me aproximar mais dos peixes. Uma vez, quando começava a trabalhar neste capítulo, fui mergulhar num ponto perto de Sydney em pleno inverno gelado. Encontrei uma quantidade incomum de um peixe que já tinha visto muitas vezes por ali,[17] o peixe-corneta. São peixes quase cômicos de tão finos, com sessenta centímetros de comprimento em média. Segui de perto um grupo de quatro indivíduos.

Mais de um quarto da extensão do seu corpo é composta da cabeça e do bico, metade é o corpo propriamente dito, e o restante é uma cauda que se prolonga como um cordão. Há duas nadadeiras quase invisíveis de tão pequenas perto da cabeça e um outro par mais abaixo. Elas são quase transparentes e do tamanho de uma caixa de fósforo em cima de corpos de mais de meio metro. O par de nadadeiras caudais é ainda menor, e depois dele o cordão prateado se estende como uma antena comprida. Aquelas nadadeiras minúsculas são usadas para avançar lentamente na água. Os peixes-corneta são predadores ardilosos que se aproximam da presa despercebidos, aproveitando nadadeiras que são difíceis de enxergar e, presumo, mal chegam a perturbar a água. De repente, atacam.

Eles são muito esquivos dentro d'água; você os vê e, de repente, não estão mais lá, embora não tenham ido longe. Às vezes eu os perdia de vista e eles reapareciam como se fossem quatro linhas caligráficas na água — desenhadas ora numa combinação de ângulos, ora noutra. Lendo a respeito deles mais tarde, descobri que a cauda em forma de antena contém uma extensão da linha lateral. O que parecia ser uma antena *era* de fato uma antena sintonizada com as leves vibrações, tremores e vórtices na água. Logo depois de tentar adaptar meu pensamento a corpos que eram como grandes ouvidos mergulhados na densa água, encontrei um peixe que portava sua linha lateral num cordão semelhante a uma torre de radar.

Em passagens anteriores, imaginei os mundos sensoriais dos polvos e camarões. O camarão preenche o espaço ao redor com um corpo feito de partes rígidas e alongadas. Isso inclui as antenas — meia dúzia de varas ou bengalas muito sensíveis, apontadas em todas as direções. O polvo possui tentáculos moles com sua sensibilidade intensa e característica; tudo que ele toca é saboreado, e a reação ao que foi saboreado parte em alguma medida do próprio tentáculo. Agora, chegamos aos peixes. Dessa vez, o paradigma sensorial não é a sondagem nem a exploração gustativa, mas a sensação de movimento, a percepção da passagem através da água, acompanhada de um toque difuso que funciona à distância e se mistura à audição. O movimento é o *métier* original do peixe — um movimento com liberdade de deslocamento num espaço tridimensional, exercendo efeito no corpo auditivo do conjunto.

Outros peixes

Percorremos vários estágios da história dos peixes, começando pelas lasquinhas de poucos centímetros do Cambriano, avançando pelas formas maiores e protegidas por armaduras, até chegarmos à transformadora mandíbula. Em algum momento dessa progressão, alguns peixes também ficaram inteligentes.[18] A maneira como fizeram isso pode parecer inicialmente intrigante, levando em conta os temas deste livro.

Alguns capítulos atrás, mencionei que o único animal que passou por uma versão do teste do espelho para a autoconsciência, e que não era nem mamífero nem pássaro, foi um peixe, um bodião limpador. Peixes são capazes de contar objetos em testes experimentais. Eles apelam à contagem como último recurso, ao que parece, procurando outras pistas sempre que possível, mas o mesmo vale para golfinhos e pessoas. Peixes aprenderam a diferenciar estilos de música — o blues do clássico — e conseguiam extrapolar de um artista do blues para outro; não estavam apenas aprendendo as idiossincrasias de um músico. Esse é um tremendo feito abstrato de reconhecimento de padrões. Há muita coisa acontecendo por dentro de um peixe.

O que surpreende de início é que exista toda essa complexidade guiando um corpo com tão pouca coisa a *fazer*. A narrativa que estou desenvolvendo aqui a respeito de certos aspectos da história da mente coloca uma ênfase considerável na evolução da ação. Nos peixes, temos o movimento e a importantíssima mandíbula, mas eles são animais limitados em termos comportamentais — não são muito manipulativos, por exemplo — quando comparados a vários animais dos capítulos anteriores, em especial aos artrópodes e cefalópodes.

Quando foi que os peixes (ou uma parte deles) se tornaram tão inteligentes? Primeiro, a pergunta precisa ser formulada da maneira correta. A maneira errada é: "Por que os peixes precisam ser tão inteligentes?". Não se trata de uma questão de necessidade, mas de vantagem relativa. Se você é um peixe, será que consegue ser um pouco melhor que os outros dentro da sua população caso seja um pouco mais inteligente, principalmente levando em conta os custos de construir e operar um cérebro grande? Se você de fato consegue ser melhor, o que faz surgir essa vantagem?

Boa parte da resposta parece estar no fato de que os peixes, mais do que pode aparentar à primeira vista, são animais gregários. Eles interagem uns com os outros o tempo todo. A interação social cria um ambiente complexo para o animal e muitas vezes é o motivo por trás da evolução da inteligência. Esse princípio foi desenvolvido antes para os primatas,[19] que em suas espécies mais sociais possuem cérebros especialmente grandes, mas ele possui uma aplicação mais ampla, e os peixes provavelmente se encaixam nesse cenário.

A maioria dos peixes conhecidos convive com outros peixes,[20] pelo menos durante uma parte de sua vida. Eles preferem a própria espécie e muitas vezes favorecem seus parentes. Em muitos casos, peixes são capazes de reconhecer indivíduos, e dentro de algumas espécies preferem passear em cardumes com outros peixes conhecidos. No último mergulho com cilindro que fiz antes de enviar aos editores o manuscrito deste livro, encontrei peixes de quatro espécies diferentes descansando juntos embaixo de uma pedra, tão próximos uns dos outros que seus corpos às vezes se tocavam. Havia um bagre grande, uma moreia, um bacalhau de pintinhas amarelo-esverdeadas e um peixe-escorpião áspero e pontudo. Não havia falta de espaço ao redor e eles podiam escolher vários outros lugares para descansar, mas era ali que preferiam ficar. A minha chegada foi uma outra história; quase no mesmo instante, o bacalhau levantou, parecendo irritado, e passou por mim.

Quantos outros animais selvagens fariam algo parecido, se aconchegando com indivíduos de três outras espécies? Jean-Paul Sartre (que, por sinal, tinha um medo intenso e potencializado pelas drogas de caranguejos, polvos e algumas outras criaturas marinhas)[21] ficou famoso por escrever "O inferno são os outros". No caso dos peixes, parece que o paraíso são os outros peixes.

A esperteza dos peixes se manifesta principalmente nas suas interações com os outros peixes.[22] Um exemplo é a imitação. A imitação é muito rara nos animais, e a imitação seletiva é mais rara ainda — imitar indivíduos que estão se saindo bem, em vez de fazê-lo de modo indiscriminado. Alguns esgana-gatos conseguem fazer isso quando estão investigando onde procurar comida. Mas o caso mais extraordinário de imitação entre os peixes talvez seja o do peixe-arqueiro. Esse peixe cospe água em insetos que estão fora da água para derrubá-los e comê-los. Os insetos quase sempre estão parados, mas os peixes-arqueiros aprendem a acertar em alvos em movimento. O espantoso é que se um peixe-arqueiro de um grupo consegue aprender a fazer isso praticando enquanto os outros observam, os observadores também adquirem a habilidade e acertam em alvos em movimento, se tiverem a chance, quase com a mesma eficiência do peixe que aprendeu na prática. Como dizem os pesquisadores, isso é ainda mais impressionante quando se leva em conta que os peixes observadores parecem capazes de "trocar de ponto de vista" — quando chega a sua vez, eles adaptam conforme necessário os ângulos antes praticados pelo peixe que viram cuspindo. Esse é um dos mais surpreendentes experimentos com animais que conheço.

Mencionei os peixes limpadores algumas vezes — pequenos peixes que comem parasitas do exterior de outros peixes, que por sua vez se sujeitam a esse serviço. Os limpadores muitas vezes comem um pedacinho do próprio "cliente" no final da limpeza, e no começo do capítulo descrevi uma situação dessas que se passou numa espécie de estação de limpeza de tubarões. Se um limpador dá uma mordida grande demais, rompe as normas do acordo, mas mordidas pequenas são aceitas. Nas estações de limpeza, muitas vezes os peixes formam filas ou pelo menos ficam em volta esperando a sua vez de ser atendidos. Um tipo de peixe limpador tende a romper as regras menos vezes se houver observadores,[23] e mais vezes caso não tenha nenhum. Cada limpador parece estar zelando por sua reputação. E os clientes que aguardam a vez realmente evitam os limpadores que parecem propensos a exagerar.

Essa tendência social dos peixes não está limitada às suas relações com outros peixes. Os peixes manifestam um interesse amplo em colaborações e muitas vezes unem forças com animais mais capazes ou que possuem habilidades diferentes. Muitas das coisas complexas nas quais os peixes se envolvem parecem ter como objetivo específico a superação de suas deficiências corporais no domínio da ação.

Em vários pontos do leito oceânico se encontram colaborações entre góbios e camarões.[24] Um góbio é um pequeno peixe tubular, e é comum que um góbio divida uma toca de dimensões bem apertadas com um camarão. A toca é cavada na areia pelo camarão, com seus membros de canivete suíço, e o peixe é contratado como vigia. A combinação das características do artrópode e do vertebrado nesse caso é notável: o olho de câmera do peixe, uma grande invenção sensorial, torna a divisão do lar vantajosa para o camarão, mesmo que o peixe seja inútil na hora de construir.

Uma forma elaborada de cooperação com um tema semelhante foi encontrada em peixes grandes, as garoupas que vivem no mar Vermelho e na Grande Barreira de Corais australiana. Esses peixes cooperam na caça com as moreias,[25] coordenando suas ações por meio de uma troca de sinais entre espécies. A garoupa encontra uma presa escondida em alguma fenda rochosa. Como é um peixe grande, não há muito que ela possa fazer para alcançar essa presa. Ela não possui tentáculos de polvo nem garras de caranguejo. Recorrendo a abanos de cabeça e outros gestos, ela manda sinais a uma moreia que pode entrar e extrair, ou expulsar, a presa. Alexander Vail, que estudou esse comportamento em detalhes, já viu peixes esperarem até 25 minutos acima da presa até encontrarem uma parceira para lhes enviar um sinal. Vail também descobriu que esses peixes têm ótima memória para lembrar dele. Ele alimentou uma garoupa algumas vezes e depois se ausentou do local por três semanas. Quando retornou, os peixes se aproximaram mais do que o normal e ficaram ali esperando. Vail acredita que eles o reconheceram e lembraram que ele era uma fonte de alimento. Embora os parceiros de caça usuais das garoupas sejam as moreias, muitos polvos também foram vistos atendendo aos sinais da garoupa e entrando em fendas do recife em busca de presas.

Uma história geral do desenvolvimento da esperteza nos peixes poderia ser mais ou menos a seguinte. Os peixes são gregários e isso os ajuda de diversas maneiras, mas principalmente no enfrentamento de predadores. Um ambiente social complexo significa que é vantajoso desenvolver reconhecimento, memória e habilidades estratégicas. Essas capacidades ficam disponíveis para uso em outros contextos e se manifestam também quando o peixe se encontra em circunstâncias excepcionais, aprendendo coisas de pouca utilidade biológica, como diferenciar estilos musicais. Os peixes também exibem um grau incomum de cooperação entre espécies, capaz de atravessar até mesmo a considerável distância evolutiva entre peixes e camarões. No lado do peixe, esse comportamento surge porque garante ao peixe mais cooperativo uma vantagem sobre os outros peixes da mesma população. (E o mesmo vale, do outro lado, para o camarão.)

Tudo isso esclarece um pouco a esperteza dos peixes. Quero acrescentar uma última ideia. Ela não tem a ver com as causas da sua esperteza, mas com a forma que essa esperteza veio a adquirir e com as suas consequências. Todo o corpo do peixe é uma coisa só, e não uma massa de partes apontando para tudo que é lado, como no polvo. Ele é feito para se locomover e praticar outras ações que envolvem coordenação do corpo todo. O sistema nervoso está centralizado na cabeça, no meio dos olhos de câmera.

É comum, na evolução, que um animal se constitua de uma determinada maneira, dentro de certas circunstâncias, para depois acabar num cenário muito diferente. Quando isso acontece, você adquire um modo de ser, um modo de se relacionar com as coisas, que foi herdado daquele contexto anterior. Isso pode lhe trazer vantagens ou problemas. As coisas vão se apresentar de um determinado jeito, e certas estradas ficarão abertas — ou pelo menos relativamente abertas —, enquanto outras não. Os peixes foram os pioneiros, mas muita coisa ainda estava por vir para o cérebro centralizado dos vertebrados.

Ritmos e campos

Em seu laboratório na Alemanha, no início dos anos 1920, Hans Berger[26] acreditava na telepatia, ou percepção extrassensorial (PES), e estava determinado a descobrir como ela funcionava.

Ele acreditava na telepatia por causa de um incidente que tinha acontecido alguns anos antes, em 1892, quando servia no exército. Ele foi derrubado do cavalo e escapou por pouco de ser atropelado pela roda pesada de uma carreta de artilharia. Naquela noite, recebeu um telegrama do pai, enviado porque a irmã de Berger tinha experimentado uma sensação forte de que algo terrível tinha acontecido com ele. Berger estava convencido de que isso apontava para alguma espécie de conexão telepática — o terror que ele sentiu no momento em que a roda da carreta se aproximava tinha de alguma forma alcançado sua irmã através de uma grande distância. Descobrir as relações ocultas entre mente e matéria passou a ser a sua paixão como pesquisador. Ele realizou a maior parte desse trabalho sozinho, muitas vezes em segredo, embora desfrutasse de uma posição respeitável numa clínica em Jena e continuasse se dedicando a trabalhos mais convencionais. Um colega mais jovem, Raphael Ginzberg, que foi objeto de estudo em alguns experimentos de Berger, o descreveu mais tarde como um homem dedicado a rotinas obsessivas: "Seus dias eram semelhantes entre si como duas gotas d'água. Ano após ano, ele dava as mesmas aulas. Ele encarnava a ideia de algo estático".[27] Mas "estático" talvez não fosse bem a palavra; um termo mais apropriado para alguém que dá sempre as mesmas aulas é "cíclico".

Berger procurava entender a conexão mente-cérebro observando o movimento da energia e suas conversões em diferentes formas. Ele tentou explorar diversos caminhos, até que, ao descobrir que outro pesquisador, Richard Caton, havia medido a eletricidade no cérebro, começou a usar um galvanômetro para medir a atividade elétrica na superfície do cérebro, às vezes diretamente no cérebro de pessoas que sofreram lesões, às vezes através do crânio e do couro cabeludo. Lá pelas tantas, ele começou a reparar em algo formidável: ondas regulares de atividade elétrica que eram produzidas pelo cérebro, mas detectáveis a uma pequena distância dele. Dois tipos de onda se destacaram, um mais lento e comprido, que aparecia quando a pessoa estava de olhos fechados, e um mais rápido e curto que surgia quando os olhos estavam abertos. Ele chamou o primeiro tipo de onda "alfa" e o segundo de "beta". Berger tinha começado a registrar eletroencefalogramas. Ele não foi o primeiro[28] — como ocorre com frequência, a história já descobriu precursores quase esquecidos. Mas Berger foi o primeiro a fazê-lo com humanos e deu ao seu "espelho do cérebro" o nome hoje consagrado — em alemão, *Elektrenkephalogramm*.

A verdade por trás do que Berger viu, ou a verdade como a compreendemos atualmente, não é a telepatia, mas ainda assim é algo bem estranho. Há enigmas que persistem até hoje. O que estava acontecendo era basicamente o seguinte.

A carga elétrica e sua função nos organismos vivos foi explorada no capítulo 2. Íons são átomos ou pequenas moléculas com carga, positiva ou negativa. Suas idas e vindas fazem parte do tráfego interminável que atravessa as membranas das células, e essa movimentação ocupa lugar central no adestramento da carga elétrica realizado pelos organismos vivos. As células nervosas se submetem a potenciais de ação, espasmos repentinos de reações em cadeia, abrindo e fechando seus canais iônicos. A transmissão de influência de um neurônio para outro é (normalmente) alcançada por meio de injeções de substâncias químicas na lacuna entre os neurônios, estimulando ou inibindo um potencial de ação na célula seguinte. Em um resumo típico, a atividade cerebral é uma grande rede interligada desses eventos.

Mas a carga elétrica também tem outras funções. Os íons também vão e voltam através das membranas dos neurônios em correntes mais lentas e às vezes ritmadas. Elas se somam aos fluxos repentinos que são parte do potencial de ação, ou *spike*, descrito antes. Os movimentos mais lentos exercem efeito sobre os potenciais de ação, pois afetam a carga total da célula a cada momento. Alguns desses fluxos mais lentos fazem parte da ação de um neurônio sobre outro, e alguns são "intrínsecos" ou autoproduzidos, semelhantes, de certo modo, a uma respiração elétrica, uma atividade de fundo sobre a qual transcorre o drama dos *spikes*.

Vamos imaginar que podemos nos afastar e observar essa atividade de uma distância maior. Sempre que muitos eventos elétricos estão ocorrendo juntos, suas consequências tendem a se expandir até certa distância. Isso resulta de uma dualidade no papel da carga elétrica enquanto força natural.[29]

A atividade elétrica possui um aspecto local — encontrado nas correntes elétricas e nas reações químicas, o aspecto que estivemos observando até agora — e também um outro aspecto. Esse segundo aspecto engloba os *campos*, que se estendem invisivelmente pelo espaço. Um campo é um padrão de algum tipo que se estende no espaço e exerce influência no que está dentro da sua área de cobertura. O campo elétrico é um tipo de campo. Quando alguma coisa possui cargas elétricas funcionando em seu interior, como é o caso do cérebro, surgem em torno campos que são mais fortes perto da origem e mais fracos à medida que se afastam. Os neurônios de um cérebro se envolvem em atividades elétricas minúsculas e incessantes, como descrevi. Imagine se pudéssemos ouvir toda essa atividade combinada, somada numa coisa só, bem perto da superfície do crânio. Esperaríamos ouvir um zumbido ou estalos aleatórios. Mas não é o que ocorre; em vez disso, ouvimos ritmos coerentes, e não apenas um, mas ritmos de vários tipos, como os detectados por Hans Berger quando investigava a telepatia.

Momentos atrás, falei que as células do cérebro realizam uma espécie de respiração elétrica. Agora acrescentamos a isso o fato de que algumas delas estão respirando juntas — não todas, nem a maioria, mas algumas sim, o suficiente para que o ritmo seja detectado se você der atenção ao todo e filtrar a atividade aleatória. Os ritmos são complexos, com muitas ondas sobrepostas, mas estão ali. Podemos escutá-los porque todos aqueles eventos elétricos locais geram um campo, e o campo se transforma com os movimentos de ida e vinda dos íons através das membranas. (Esta metáfora auditiva — ouvir lá dentro — é irresistível para mim, mas na verdade os ritmos costumam ser mostrados visualmente numa tela ou gráfico.) Os padrões de um eletroencefalograma correspondem mais a essas mudanças mais lentas[30] do que aos potenciais de ação, embora uns afetem os outros. Berger descreveu dois padrões de onda: alfa e beta. Desde então, muitos outros foram acrescidos, incluindo ondas gama mais velozes e várias ondas mais lentas que ocorrem durante o sono.

Esses padrões rítmicos parecem ser algum tipo de sinal. Por cima dos sinais locais entre uma célula e outra, uma aparente transmissão está sendo gerada pelo conjunto todo. Uma transmissão endereçada a quem? Com que finalidade?

A primeira possibilidade é a de que tudo isso não passe de um subproduto sem sentido — um acidente interessante, a música acidental produzida pelo murmúrio de uma máquina. Durante algum tempo, os neurocientistas tenderam a presumir algo nessa linha. Mas muita coisa precisa ocorrer para que um ritmo exista, e esses ritmos são encontrados numa grande variedade de animais, incluindo alguns muito distantes de nós. Não é possível aplicar em animais invertebrados um eletroencefalograma do tipo feito nos humanos, com um conjunto de sensores distribuídos numa rede em torno do crânio. Mas é possível inserir um eletrodo no cérebro e escutar a atividade das células mais próximas — não os milhões de células que contribuem para um eletroencefalograma, mas centenas ou milhares delas. (O nome disso é gravação de *potencial de campo local*, ou LFP, na sigla em inglês [*local field potential*].) Quando se realiza esse tipo de gravação em drosófilas, lagostins, polvos e muitos outros animais,[31] os ritmos aparecem, muitas vezes em variedades semelhantes às encontradas em humanos. Alguns ritmos estão associados ao sono, outros com estados de atenção, e assim por diante. Os polvos apresentam padrões especialmente parecidos com os dos humanos. Se considerarmos que ritmos parecidos podem ser encontrados em cérebros tão diferentes entre si, fica difícil acreditar que o fenômeno como um todo não passa de um acidente sem sentido.

Uma segunda opção consiste em supor que temos duas coisas aqui, uma delas com importância biológica, e a outra não. A coisa importante é a atividade sincronizada das células, o fato de que fazem coisas juntas "no tempo certo". Os campos elétricos maiores que resultam disso e se propagam no espaço, bem como as variações ondulatórias que ocorrem nos campos, são meros subprodutos dessa atividade em nível celular, desprovidos de função própria no cérebro.

Partes do mesmo raciocínio aplicado acima também colocam em dúvida essa opção. Para obtermos ondas no eletroencefalograma, precisamos não somente de uma sincronização da atividade das células no tempo, mas um alinhamento dessas células no espaço. Se todas as células que estão contribuindo para o eletroencefalograma estivessem embaralhadas no espaço, apontando para muitas direções, não veríamos ondas mesmo que elas estivessem se comportando em sincronia, porque os efeitos das células sobre o campo se cancelariam mutuamente.

Isso sugere que os campos e seus padrões também possam existir de modo "planejado", com uma função própria a desempenhar. Entretanto, uma organização espacial do tipo necessário pode vir a surgir por outros motivos. Ela poderia aparecer naturalmente no processo de crescimento do cérebro. Dispor neurônios em colunas também pode ser útil do ponto de vista do processamento de informações. O cérebro poderia se moldar de forma a gerar campos sem que os campos tenham uma função. Nessa segunda hipótese, de novo, a sincronização entre as células tem algum efeito no funcionamento do cérebro; são apenas os campos elétricos maiores que não têm efeito algum.

A ideia de que a sincronização das atividades tem papel importante no funcionamento do cérebro tem se tornado cada vez mais influente.[32] O cérebro aparenta ser um órgão que gera e emprega ritmos de atividade, sendo que esses ritmos existem em várias escalas, embutidos uns nos outros. Para muitos pesquisadores (entre eles Rodolfo Llinás e György Buzsáki), essa visão a respeito do cérebro possui também um lado filosófico ou semifilosófico; ela embasa a visão de que o cérebro é intrinsecamente ativo. O cérebro não necessita de um aporte de informações sensoriais para ser colocado em movimento. Em vez disso, o papel da informação sensorial é modular a atividade gerada de maneira autônoma pelo cérebro. Essa visão entra em contraste com aquelas de um cérebro "empirista", em que a mente é meramente reativa e precisa derivar os seus padrões de algum outro lugar.

Essas ideias envolvendo ritmos realmente alteram nossa concepção a respeito do que é um cérebro, mas a questão não termina aí. Uma terceira possibilidade, mais controversa, é a de que os campos propriamente ditos também tenham função biológica. O que Berger estava vendo fazia parte das operações do cérebro, em vez de ser apenas um subproduto. Apesar de não ser neurocientista, não posso deixar de apostar nessa visão. Acredito que ainda haverá muito debate em torno dessa questão, mas podemos traçar seus contornos atuais.

A etapa seguinte dessa história começa com outra descoberta feita por uma cientista que estava trabalhando em circunstâncias incomuns. Angélique Arvanitaki era uma neurofisiologista francesa (nascida na Grécia, como sugere o nome).[33] Ela estudava os sistemas nervosos dos moluscos numa estação marinha perto de Toulon, na França, no fim dos anos 1930 e nos anos 1940. As condições de pesquisa não eram fáceis, pois o Exército italiano havia ocupado a estação marinha depois da queda da França no começo da Segunda Guerra Mundial. Arvanitaki foi uma das mulheres cientistas cujo trabalho parece ter sido menos valorizado do que deveria — talvez por causa do gênero, talvez porque parecesse fora de sintonia com as direções que vinham sendo tomadas na sua época, talvez as duas coisas (podemos pensar também em Barbara McClintock e seus "genes saltadores" e em Lynn Margulis com as origens simbióticas das mitocôndrias).[34] Uma das linhas de pesquisa centrais daquele período enfocava a sinapse, o espaço entre dois neurônios de uma rede, e em como esse espaço era transposto. Arvanitaki abriu o seu artigo mais importante,[35] publicado em 1942, afirmando que as células nervosas podiam influenciar umas às outras sem que essa influência precisasse atravessar as sinapses, e demonstrou isso com experimentos. Hoje, com base na terminologia que cunhou, esse tipo de influência é chamado de *efapse*.

Essa descoberta não estava diretamente relacionada às ondas de Berger, e o estudo inicial das efapses se concentrou nas interações locais entre uma célula e outra. Recentemente, porém, foi demonstrada uma conexão. Em alguns casos, os padrões rítmicos nos campos gerados por uma região inteira do cérebro podem afetar a atividade de células individuais.[36] Mais especificamente, a periodicidade da atividade dos neurônios, incluindo seus *spikes*, é afetada por esses campos, e tudo indica que esta é uma das formas que o cérebro utiliza para sincronizar a atividade das suas células. Em experimentos feitos em placas de Petri, essas influências atravessaram pedaços de cérebro que haviam sido cirurgicamente separados, mas mantidos perto um do outro. Como dizem Christof Koch e Costas Anastassiou,[37] trata-se de um novo mecanismo de feedback "com campos elétricos alterando a atividade dos mesmos elementos neurais pelos quais foram inicialmente gerados". Mais cedo, eu disse que o fluxo de íons através da membrana da célula lembra um pouco uma respiração elétrica. Depois: algumas células respiram juntas no mesmo ritmo. E agora: cada célula pode perceber eletricamente a respiração em coro do conjunto.

Essas influências não são misteriosas do ponto de vista da física. Podemos esclarecê-las com a ajuda de uma analogia proposta pelo neurobiólogo colombiano Rodolfo Llinás, uma das figuras centrais na exploração dos padrões rítmicos do cérebro. Em um livro publicado duas décadas atrás, Llinás apresenta o tema dos ritmos da natureza com um coro de cigarras.[38] Quando cigarras cantam juntas em grande número, um elemento rítmico, uma pulsação, pode surgir de forma espontânea. A analogia é boa, mas no modelo empregado por Llinás há uma aparente diferença entre cigarras e neurônios. Os neurônios podem "escutar" somente os neurônios vizinhos aos quais estão conectados, ao passo que a cigarra pode ouvir todas as outras ao mesmo tempo. Na discussão proposta pelo próprio Llinás, as relações entre vizinhos são o meio de estabelecimento dos ritmos cerebrais. A surpresa trazida pelas pesquisas mais recentes sobre os efeitos dos campos, como descritas acima, e que vieram depois do livro de Llinás, é que às vezes os neurônios *podem* escutar a atividade de todos — eles são afetados pelo campo elétrico geral. A atividade cerebral parece ser mais parecida com um coro de cigarras do que Llinás podia imaginar.

Durante o tempo em que trabalhei neste capítulo, aproveitei que era verão para dar uma caminhada na floresta ao entardecer. Na Austrália, alguns anos são cheios de cigarras e outros nem tanto. Esse ano estava cheio. O som feito por cada cigarra era um *briic-briic*. Um ritmo fraco podia ser distinguido no nível dessas sílabas, mas as cigarras também sobrepunham seus cantos em um crescendo, levando cerca de quinze segundos para atingir o ápice e depois esmorecendo um pouco mais rápido, voltando ao silêncio em cerca de doze segundos. Elas faziam uma pausa e começavam a aumentar de intensidade outra vez. Esse padrão, que ultrapassava um pouco os trinta segundos no total, se mantinha bastante estável.

Li um pouco sobre a razão por trás do canto das cigarras e de seus parentes.[39] Há diversas possibilidades e talvez vários casos diferentes, alguns mais cooperativos, outros mais competitivos. Para fins de ilustração, trarei um relato hipotético. Imagine que cada cigarra está tentando fazer tanto barulho e chamar tanta atenção quanto possível, para atrair um parceiro. Surgirão situações em que uma cigarra canta um pouco, outras tentam cantar por cima desta e a partir daí todas começam a entrar num crescendo. Então bate o cansaço, a cantora inicial se retira de cena e é seguida pelas outras. No silêncio resultante, alguém começa a cantar e as outras vão entrando de novo. Vamos supor que isso seja verdade. Nesse caso, o canto de cada cigarra é influenciado não apenas por suas vizinhas, mas pelo volume total do coro naquele momento. Cada cigarra contribui e ao mesmo tempo reage ao coro. O padrão não é regido por um maestro, mas o resultado é um ritmo regular.

Como eu disse, experimentos mais recentes sugerem que os campos gerados pela atividade cerebral exercem um efeito no funcionamento do próprio cérebro. Os neurônios individuais estão "escutando", ou pelo menos sendo afetados, pelos campos gerados por uma massa de atividade neural combinada. Isso pode ser apenas um detalhe menor, uma curiosidade sem muita importância para o funcionamento do cérebro na maior parte do tempo. Talvez seja o caso, mas o fato de eu estar dedicando tanto espaço a essa discussão demonstra que minha suspeita é no sentido contrário. Vamos ver agora como essas ideias afetam as questões que estou explorando neste livro.

Um conjunto de questões aqui está relacionado aos ritmos e às sincronizações, enquanto outro envolve diretamente os campos. Sincronia e atividade rítmica são de modo geral considerados importantes, enquanto os campos são mais controversos. Como apontei, esses ritmos são encontrados numa ampla variedade de animais, incluindo peixes, moscas, polvos e até platelmintos. Será que o ancestral comum de todos eles, ainda durante o Ediacarano, apresentava ritmos desse tipo em seu sistema nervoso? Ou ritmos semelhantes surgiram independentemente em várias linhas evolutivas? Pode ser que eles surjam repetidas vezes e com intervalos semelhantes devido às características básicas dos próprios neurônios. De todo modo, a invenção do neurônio não deu origem somente a uma célula excitável com projeções sobre as outras, mas também a um dispositivo oscilatório que produz ritmos aproveitados de alguma maneira por uma enorme parte dos animais.

Ao especularmos sobre essa história, um experimento científico ainda mais antigo, e também acidental, ganha relevância. Christiaan Huygens foi um polímata do século XVII,[40] ao maravilhoso estilo da época, e o inventor do relógio de pêndulo. Em 1665, ele percebeu que dois relógios desse tipo sincronizavam suas oscilações naturalmente e passavam a bater juntos, caso houvesse alguma ligação física entre eles e seus ciclos naturais fossem de duração semelhante. As coisas rítmicas, escreveu Huygens numa carta para a Royal Society of London naquele ano, possuem entre si "uma estranha espécie de simpatia". Como observa o neurocientista Wolf Singer, isso sugere que, caso você tenha osciladores no cérebro, pode ser fácil colocá-los em sincronia. Uma vez sincronizados, seus ritmos podem adquirir funções, talvez operando como códigos de formas variadas. Algumas conexões sinápticas no cérebro também parecem projetadas pela evolução para gerenciar ritmos e sincronias, consolidando essas tendências. E à luz de estudos recentes sobre as influências das efapses, podemos acrescentar que, havendo sincronia, se as células também estiverem alinhadas no espaço da maneira adequada, os campos elétricos por elas gerados poderão exercer efeitos próprios. Eles podem unir a atividade cerebral de novas maneiras, permitindo que ele se comporte como uma coisa só.

Voltando por um momento a Hans Berger, que nos abriu essa trilha, um dos motivos que lhe traria frustração numa investigação sobre a telepatia que seguisse esse caminho é o fato de que, embora a radiação eletromagnética possa se mover pelo ar ou pelo vácuo, os efeitos elétricos que ele estava estudando necessitam de um meio condutor, e o ar não é um deles. A água, em comparação, é bem melhor. De certo modo, quase nada impede que os peixes realizem uma telepatia elétrica no estilo de Berger. O que os impede é sobretudo uma questão de força do sinal. Ondas geradas por um peixe seriam supostamente adequadas para afetar os neurônios de um outro peixe caso o sinal fosse forte o bastante para alcançá-lo, mas a força dessa influência se reduz muito rápido ao viajar pelo espaço, e também seria provavelmente abafada por outras atividades que ocorrem no peixe "receptor". Mas há peixes que se comunicam por meio de campos elétricos mais fortes e gerados ativamente, e de qualquer modo os peixes se viram muito bem com seu tato à distância.

Qual a importância de tudo isso para questões que envolvem a senciência e a experiência? Estamos tratando somente dos detalhes de como o cérebro opera, ou será que isso afeta as questões mais amplas relacionadas a mentes e corpos?

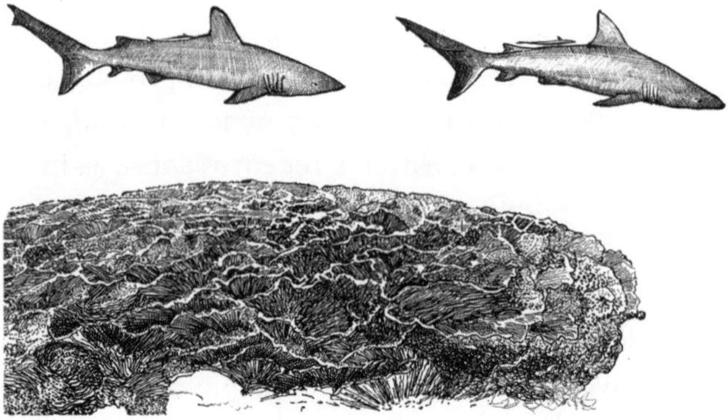

Para transformar o problema de uma hora para outra, surgem os campos. Eles parecem nos oferecer um candidato completamente diferente para ocupar o lugar de uma base física para a mente. Talvez a dificuldade para enxergamos como a experiência consciente pode existir no cérebro se deva, em alguma medida, ao fato de que só estávamos levando em conta uma parte do que está acontecendo nele. Acredito que há um tanto de verdade nessa última possibilidade, mas precisamos resistir a algumas das tentações que surgem a partir disso.

O campo realmente parece ser o tipo de coisa de que precisamos para nos ajudar no enigma da consciência — uma área invisível, aquecida e luminosa, que está centrada no cérebro mas irradia a partir dele, uma névoa de energia dentro de nossa cabeça. Essa névoa tem um caráter que evoca mais a experiência do que as outras coisas que já descobrimos dentro do crânio. Mas o campo não pode resolver o problema somente sendo algo especial. Para isso, ele precisaria *fazer* um certo tipo de coisa.

A imagem mental que adentramos ao imaginar esses campos é uma espécie de experiência de Rothko física, um espalhamento indistinto de *qualia*. Esse fato deve nos servir de alerta de que estamos incorrendo numa outra versão daqueles movimentos falaciosos que diagnostiquei no capítulo 5, quando se exigiu de um materialista que encontrasse uma maneira de obter cores e sons a partir de um maquinário escuro e silencioso. O equívoco descrito no capítulo 5 foi remediado, em parte, observando que a experiência consciente é o ponto de vista em primeira pessoa *de* um sistema vivo de um determinado tipo, e não algo forjado *pelas* engrenagens daquele sistema, algo que poderia ser visto de fora caso soubéssemos onde procurar. Entretanto, é difícil livrar-se inteiramente dessa visão equivocada, e quando encontramos campos invisíveis no cérebro temos a impressão de que agora dispomos de um material mais adequado para forjar cores e sons, e é tentador começar tudo de novo. Tentador, mas ainda um equívoco.

Acredito, porém, que essas descobertas fazem alguma diferença dentro do projeto de explicar a experiência — os ritmos seguramente, e talvez os campos também. Em primeiro lugar, eles mudam nossa concepção do tipo de coisa que o cérebro é.

Para esclarecer a razão disso, podemos recorrer aos contrastes mais agudos. Existe uma imagem antiga do cérebro, mas ainda comum, na qual o vemos como uma enorme e complexa rede de sinais. Por exemplo, as pessoas costumavam comparar o cérebro a uma conversa telefônica automatizada. Essa analogia tem quase a mesma idade que as conversas telefônicas;[41] o cientista inglês Karl Pearson fez a comparação ainda em 1900, tão cedo que a automação ainda nem tinha se consolidado e ele precisou imaginar operadores humanos realizando as conexões manualmente. Visões posteriores imaginaram uma rede de comutação que se conecta automaticamente. Uma visão comum, expressa por neurocientistas (lembro de ter ouvido um neurocientista de Harvard defendê-la com firmeza por volta de 2010), afirma que se pudéssemos conhecer todas as vias de sinalização entre os neurônios de um cérebro, poderíamos alcançar uma compreensão completa do que esse cérebro faz. Essa imagem da rede de sinais se impôs de maneira quase inescapável para muitos estudiosos dos cérebros, mas com frequência ela se mostrou um pouco contrária à explicação da experiência consciente. E até onde posso ver, essa visão a respeito do cérebro está mudando.

Os estudos que venho descrevendo neste capítulo nos fornecem um quadro bem diferente.[42] Um cérebro é um órgão biológico com atividade elétrica autoproduzida — rítmica, muitas vezes sincronizada, e modulada pelos sentidos. As células do sistema nervoso que não são neurônios, como os *astrócitos*, possuem funções sutis que chamam cada vez mais a atenção. A sinalização entre neurônios acontece o tempo todo, não há dúvida, mas essa não é a única coisa que acontece. Essa visão alternativa do cérebro tem mais respaldo científico e é mais compreensível enquanto base para a experiência. Se você resiste em aceitar a ideia de que a base física da sua experiência não passa de uma rede de sinais como a de uma conexão telefônica, você provavelmente tem razão. Você é um outro tipo de coisa.

Essas ideias acerca dos sistemas nervosos e dos cérebros são uma peça importante do quebra-cabeça do corpo e da mente. Do modo como vejo as coisas, esse é o segundo elemento exposto neste livro que nos ajuda a preencher a aparente "lacuna" entre o mental e o físico. O primeiro elemento foi visto no capítulo 5, quando descrevi a subjetividade como uma característica do self animal e de sua atividade no mundo — ponto de vista, o self e o outro, subjetividade e agência. O segundo é uma visão sobre os sistemas nervosos que foram modelados pela evolução da agência nos animais. Esse segundo elemento enfatiza a importância do que chamarei de *propriedades dinâmicas em grande escala* do cérebro. Entre elas estão ritmos e padrões de sincronização, os efeitos mais controversos dos campos propriamente ditos, e talvez outras atividades relacionadas. Alguns desses padrões são globais — são características que englobam o cérebro como um todo — e outros são mais locais, e mesmo estes interligam muitos milhares de células. A explicação de como a experiência subjetiva pode vir a existir, e de como ela pode existir no mundo físico, também envolve esses fatores. Não se trata de afirmar que a experiência ou a consciência *são* um campo no sentido físico.[43] Elas constituem um padrão de atividade para o qual os campos contribuem ao lado de muitas outras coisas. A evolução produziu animais que se relacionam com o ambiente enquanto sujeitos e também produziu um órgão surpreendente do ponto de vista biológico, capaz de mediar essas atividades.

Esse órgão, repito, não é apenas o cérebro dos humanos ou dos mamíferos. Uma grande variedade de animais apresenta essas características. É incrível constatar quantos animais diferentes, com disposições cerebrais variadas, abrigam dentro de si padrões rítmicos semelhantes. Esse fato me trouxe uma espécie de mudança de concepção. Alguns anos atrás, um pequeno número de cientistas e filósofos formulou a ideia de que um tipo específico de padrão de onda de alta frequência (a onda gama) tinha uma ligação especial com a consciência.[44] A ideia foi inicialmente proposta por Francis Crick (famoso pela estrutura da molécula de DNA) e Christof Koch. Pensei nisso como algo que talvez fosse mesmo importante no caso da nossa espécie — da experiência humana —, mas que dificilmente nos ajudaria a resolver os problemas mais gerais. Contudo, a verdade é que ritmos desse tipo não são uma peculiaridade de cérebros como o nosso; eles estão em toda parte do reino animal. (O pesquisador que mais insistiu nesse ponto talvez tenha sido Bruno van Swinderen. Por exemplo, ele e Ralph Greenspan descobriram que um padrão de onda específico[45] indica que atenção, ou alguma coisa parecida, está sendo dirigida a um objeto... por uma mosca.) Daí em diante, me dei conta de que esse tipo de estudo estava transformando de maneiras fundamentais a nossa visão daquilo que constitui a atividade cerebral — não somente em nós, mas nos animais em geral —, e por consequência daquilo que pode ser o lado físico da experiência.

Essas características importam. Mas importam como? Numa explicação global da experiência (ou da sensibilidade, da consciência...), qual a divisão de trabalho entre os dois fatores que estão em jogo agora — a relação com o mundo enquanto sujeito e as propriedades dinâmicas em grande escala do cérebro? Qualquer história detalhada que se queira contar a essa altura estará repleta de especulações em torno de problemas científicos ainda não resolvidos. Mas vou tentar apresentar a situação em linhas gerais que possam fazer sentido.

Aqueles que enfatizam o papel desses padrões dinâmicos em larga escala na percepção e no pensamento, em especial o papel dos ritmos, costumam vê-los como algo capaz de reunir vários âmbitos de processamento, algo que permite ao cérebro combinar numa imagem ou cena completa os vários aspectos diferentes daquilo com que se depara. Essa integração terá várias consequências para a experiência subjetiva. A cada momento, sua experiência poderá incluir não apenas um painel visual, mas também um estado de ânimo, um senso de presença e outras coisas mais. Pode ser que esse mero aglutinamento dos diferentes tipos de informação não seja a única contribuição desses padrões dinâmicos abrangentes. Pode ser que eles contribuam para o modo distinto pelo qual esses procedimentos todos assumem a forma de uma experiência unificada. E pode ser, ainda, que eles concedam à nossa experiência alguma parte de sua textura particular.

Isso está relacionado a uma questão sutil, outra a respeito da qual não tenho muita certeza. Quando nos perguntamos como é (ou como pode ser) a experiência de ver ou ouvir, imaginar o que o cérebro está fazendo enquanto vemos ou ouvimos pode gerar uma sensação de perplexidade. Imaginamos neurônios disparando e afetando outros neurônios, que por sua vez também disparam, e assim por diante. Vamos experimentar ajustar a imaginação desse processo de acordo com o que nos recomendariam os vários neurobiólogos mencionados neste capítulo.[46] O cérebro já começa cheio de atividade, incluindo esses padrões em grande escala, porém integrados, e a visão ou o som que encontramos *modula* — altera, perturba — essa atividade. Continuamos surpresos ou perplexos ao pensar que *isso* produz um sentimento específico?

Uma pergunta que pode surgir naturalmente quando pensamos nessas duas partes da minha história é a seguinte: Como seria se você, ou alguma outra criatura, tivesse uma sem a outra? Em especial, como seria se você fosse um animal equipado com o tipo de ação e percepção que discuti no capítulo 5, porém desprovido de todas as propriedades dinâmicas adicionais do cérebro que apresentei neste capítulo?

Exercícios de pensamento desse tipo podem se tornar uma armadilha. Somos levados a pensar que podemos imaginar uma cópia exata de um ser humano, com o mesmo comportamento, funcionando a partir de processos físicos totalmente diferentes. Porém, se uma pessoa ou qualquer outro animal não possui as propriedades dinâmicas em grande escala que estão sendo discutidas aqui, ela não perceberá as coisas nem se comportará da mesma maneira que um ser que as possui. Ainda assim, as características da subjetividade apresentadas no capítulo 5 — percepção sensorial, ação, ponto de vista — eram, em certo sentido, um tanto esquemáticas; tudo indica que um organismo poderia possuir alguma versão delas, uma versão diferente da nossa, com diferenças nas propriedades dinâmicas em grande escala do cérebro. O que nos permite supor isso é o fato de que, ao examinarmos aquelas características esquemáticas da subjetividade e avaliarmos o que um sistema nervoso precisa fazer para viabilizá-las, chegamos à conclusão de que os neurônios aparentemente conseguem fazer tudo isso ocorrer operando somente como vias de sinalização, retransmissores e coisas assim. O básico, pelo menos, aparentemente pode ser viabilizado sem as propriedades dinâmicas particulares que estão sendo discutidas neste capítulo. A partir daí, podemos nos perguntar, nas palavras de Nagel: Será que existe algo que é *ser* como um sistema desse tipo? Será que ele teria experiência?

Bem, *algo* está acontecendo naquele sistema quando ele percebe e age. Há muita coisa ocorrendo dentro de qualquer sistema que apresente as características esquemáticas da subjetividade. Seriam esses acontecimentos *experienciais*? Essa parece ser a próxima pergunta óbvia, mas o que ela significa? Talvez queiramos saber se esse sistema está passando por uma versão atenuada daquilo que se passa dentro de nós. A provável resposta a essa pergunta é não; afinal, o cenário em questão supõe a existência de grandes diferenças biológicas entre nós e eles. Essa pergunta, portanto, não resolve a questão; o ideal é que a pergunta esteja menos presa ao nosso próprio caso. Suponhamos que a pergunta diz respeito a esse organismo possuir ou não um ponto de vista, se as coisas são percebidas de uma certa maneira por ele, e assim por diante. A resposta, nesse caso, é sim — é o mesmo sim dito há pouco, quando afirmamos que o organismo possui as características esquemáticas da subjetividade discutidas no capítulo 5.

Será que podemos formular uma pergunta que está no meio-termo entre as outras duas? O que me vem à mente a partir daí é uma pergunta sobre o senso de presença, embora esse senso não seja uma condição para nenhum tipo de experiência. Para muitas pessoas, a pergunta que vem em seguida diz respeito aos *qualia*. O ser que estamos imaginando possui *qualia*? Se esses *qualia* precisam ser campos de cor e coisas assim — o tipo de coisa que as pessoas costumam ter em mente quando falam de *qualia* —, estaremos outra vez tecendo uma comparação próxima demais ao nosso próprio caso. Se perguntarmos se "há algo que é como *ser* esse organismo", estaremos voltando ao início. O vocabulário de que dispomos atualmente parece um tanto inadequado para formular as perguntas cruciais a esse tema. Mas não acredito que o problema poderá ser resolvido apenas cunhando termos melhores; nesse ponto, nos embrenhamos num matagal repleto de incertezas de todo tipo.

Estamos dentro do matagal, mas abrindo caminho: há pouco, perguntei como seria o "ser como" de um organismo que interage com o mundo enquanto sujeito, mas não dispõe das propriedades dinâmicas em grande escala que encontramos em nosso cérebro. E o que dizer da situação inversa — algo que apresenta o tipo certo de propriedades dinâmicas em grande escala e que não interage com o mundo enquanto sujeito? Em certo sentido, isso é impossível, pois as propriedades dinâmicas que estamos discutindo são parte da explicação de como podemos fazer as coisas abordadas em capítulos anteriores. Se imaginamos um organismo incapaz de fazer tudo isso, tampouco teremos as propriedades dinâmicas em grande escala.[47] Se algo não passa de um sistema físico repleto de ritmos e campos eletromagnéticos — o motor de um automóvel, por exemplo —, não há razão para acreditarmos que exista aí qualquer tipo de pensamento ou de experiência. Supor que seja o caso significa recair no erro de conferir um caráter mental às propriedades elétricas, algo que elas não possuem. Da mesma forma, uma mente consciente não é apenas um sistema cujas atividades estão amarradas com um entrosamento incomum, ou amarradas de alguma maneira ativa e energética.[48] Considero essa uma abordagem sedutora, mas que nos leva na direção errada.

A relação exata entre os fatores até agora expostos é de todo modo incerta, e as possibilidades são muitas. Rodolfo Llinás, o neurocientista que apareceu várias vezes neste capítulo, propôs algumas coisas nessa área.[49] Ele aventa a hipótese de que a consciência propriamente dita é uma espécie de estado onírico gerado pelos ritmos, ciclos e ressonâncias da atividade cerebral. A consciência usual se distingue dos sonhos pelo alcance que os sentidos têm para se intrometer no estado mental e modulá-lo. Essa visão coloca mais peso nas propriedades dinâmicas em grande escala do cérebro, e menos no contato do sujeito com o mundo. Em contraste gritante com Llinás, temos Björn Merker, um neurocientista que influenciou as ideias contidas no primeiro elemento da minha explanação. Merker sustenta que pelo menos uma parte dos ritmos encontrados no cérebro, os ritmos de 40 hertz discutidos por Crick, Koch e outros, têm a sua importância superestimada, pelo menos no aspecto "cognitivo" das coisas — pensamento, percepção e interpretação do mundo. Merker acredita, por outro lado, que esses ritmos podem ser importantes na manutenção de fundo da atividade cerebral: eles fazem com que tudo flua bem, evitando a decaída em estados desgovernados, tais como as convulsões.[50] As propriedades dinâmicas em grande escala do cérebro podem exercer funções variadas em diferentes tipos de animais e em diferentes estágios evolutivos. Mesmo quando não estão contribuindo muito para as dimensões mais "inteligentes", seriam elas capazes, mesmo assim, de afetar as sensações que temos das coisas?

De volta ao oeste da Austrália, fazendo um mergulho tropical nas águas azuis do território dos tubarões-baleia, fui levado a um destino de mergulho onde existem muitas fendas profundas ao longo de um recife de corais. No meio delas, fluía uma torrente de peixinhos de cor verde prateada. Eram milhares e milhares, em fluxos que serpenteavam entre as passagens. Pareciam resolutos, mas não havia um padrão de movimento mais amplo; eles davam repetidas voltas em torno de si mesmos. O fluxo era como lava escorrendo em alta velocidade, mas mudando de rumo constantemente. Os habitantes locais chamam esses peixes de "peixes-vidro", e à distância eles de fato pareciam ser feitos de vidro, com seus tons de verde e prateado. De perto, porém, a movimentação era intensa.

Eles estavam sendo atacados por dúzias de peixes maiores, talvez uma centena ao todo. Eram xaréus de tons metálicos, algumas barracudas pequenas, entre outros. A genialidade da forma dos peixes estava evidente, mas as suas limitações também. Os peixes grandes atacavam e a torrente se dividia, no mesmo instante ou logo antes da chegada do corpo grande, e o caçador dava seu bote no vazio. Às vezes, um peixe grande se arremessava de corpo inteiro num ataque lateral — *plof* — à torrente. Creio que isso era uma tentativa de atordoar alguns dos peixes menores. Quando o agressor se aproximava, os peixes da torrente davam uma guinada como se fossem uma coisa só e contornavam o peixe grande.

Os xaréus e os outros mísseis estavam acompanhados por algumas garoupas-de-luas-brancas, peixes pintados e de aparência mal-humorada, com mandíbulas inferiores proeminentes. Elas circulavam com ar frustrado, pois não tinham a mesma agilidade dos xaréus. Mas era difícil afirmar se os caçadores estavam tendo algum sucesso enquanto a torrente serpenteava em torno dos corais escuros e laminados.

Uma imensa porção do modo de vida dos peixes estava ali à mostra: velocidade e força, a sensibilidade corporal através do toque à distância e os comportamentos de cardume que ela torna possíveis. Uma demonstração de acrobacias de vida e morte naquele canto pequeno das águas azuis do mundo.

8.
Na superfície terrestre

Viveiro

O sol, o brilho potente do sol, atinge a sua cabeça quando ela sai da água no final de um mergulho. Você emerge aos poucos e, ao caminhar pelos degraus do quebra-mar, três coisas se destacam. Gravidade — o equipamento que você veste pesa uma tonelada de repente. Evaporação — gotas de água do mar caem do seu corpo em cima da rocha escura e desaparecem no ar imediatamente. E o sol quente nos seus olhos.

A vida e a mente começaram na água, e carregamos o mar dentro de nós em todas as células. Mas a transição para a superfície terrestre foi um momento marcante. Aqui, os comportamentos são outros; o que era fácil se torna difícil, e algumas coisas difíceis ficam mais fáceis. A terra é um viveiro cheio de plantas. O sol é a suprema fonte de energia para quase todas as coisas vivas, mas as plantas terrestres, especialmente as floríferas, apresentam taxas de fotossíntese que superam qualquer coisa existente nos mares, e as ecologias acima da superfície são caracterizadas por níveis muito altos de fluxo de energia. Quando você saiu de dentro d'água e teve aquela impressão de que o sol te *atingiu*, isso não era uma ilusão. A terra firme está repleta de potencial energético. Caso você consiga se manter vivo nessas condições, as possibilidades são muitas.

Os primeiros animais que se aventuraram a encarar o sol foram os artrópodes.[1] Os pioneiros entre eles não foram os insetos, o grupo com que temos maior proximidade agora, mas provavelmente os parentes de aranhas e miriápodes. Os artrópodes foram os líderes entre os animais do Cambriano, ao que tudo indica, e os líderes também nesse novo estágio.

A superfície terrestre é difícil, e os artrópodes tinham características que ajudavam.[2] A evaporação teve início assim que você começou a subir os degraus na rocha; o esqueleto externo dos artrópodes pode se tornar um escudo que retém a umidade. O movimento é mais difícil em terra firme, mas os artrópodes eram dotados de pernas. Foram esses membros do seu arsenal de apêndices que trouxeram vantagens para a vida na superfície.

Parentes das aranhas e das miriápodes deram início ao processo, mas foram só o começo. Os artrópodes fizeram possivelmente sete, talvez mais, investidas em terra firme.[3] Um ramo dos artrópodes que hoje chamamos de "pancrustáceos" reúne os crustáceos mais conhecidos do capítulo 4 com vários outros. Membros desse grupo vieram à terra diversas vezes, e uma das incursões (cuja época é controversa) deu origem aos insetos. No novo lar, eles passaram por uma diversificação enorme, ilimitada. A grande maioria de todas as espécies de animais conhecidas hoje pertence ao grupo dos insetos.

Os insetos são sobretudo especialistas em vida terrestre, e uma grande parte da sua história está na coevolução com as plantas terrestres. Nessa associação entre os dois grupos imensos, a cooperação e o conflito assumem muitas formas diferentes. Pode ser tentador pensar que as plantas são muito antigas, mas elas não são tão antigas quanto muitos dos animais que estivemos examinando. Elas tiveram origem nas algas verdes, um dos muitos organismos primitivos com características de algas, e fizeram a sua própria transição para a vida multicelular. Provavelmente logo após o fim do Cambriano, algumas algas com forma modificada começaram a avançar para a superfície, e ao chegarmos ao Carbonífero, há cerca de 350 milhões de anos, as plantas eram estruturas verdes, firmes e visíveis. Naquele estágio, elas incluíam samambaias, cicadáceas e coníferas, e mais tarde, na época dos dinossauros, surgiram as plantas floríferas.

As plantas terrestres, em especial as floríferas, consomem a energia solar com intensidade e eficácia muito maiores que a vida marinha.[4] Os insetos se enroscaram nesse fluxo de energia não apenas como passageiros, mas como parte do processo através do qual as plantas evoluíram suas características especiais. Os insetos consomem plantas, mas também se tornaram polinizadores que possibilitaram a existência das plantas floríferas.

A vida dos insetos nesse meio exigente, porém abundante, produziu alguns modos de existência incomuns. Os artrópodes dos mares apresentam inovações elaboradas tanto por dentro quanto por fora de seus corpos. Os artrópodes da superfície, sem preterirem seus corpos singulares, exploraram inovações fantásticas em seus ciclos de vida. Em alguns insetos (pequenos ácaros parasitas), os ovos se rompem ainda dentro da mãe, produzindo uma ninhada de irmãs e apenas um macho. O macho acasala com as fêmeas, a mãe morre, e as fêmeas grávidas escapam devorando a mãe. Nas cochonilhas, as fêmeas são o mais próximo de uma forma de vida estática, sempre fixa, que podemos encontrar na superfície terrestre, enquanto os machos voam, nunca se alimentam e vivem somente um ou dois dias. Essas e outras excentricidades são maneiras de alcançar uma fecundidade gigantesca e tirar o máximo de aproveitamento de fontes de alimento efêmeras. A vida dos insetos está repleta de mortes quase imediatas.

Embora muitos insetos sejam milagres da miniaturização, eles também são capazes de façanhas de comportamento complexo e de cognição. As abelhas são um caso especialmente impressionante. Em termos de aprendizado, elas conseguem lidar com relações abstratas de maneiras muito atípicas nos animais. Alguns desses feitos são tão complicados que é difícil fazer uma descrição sucinta.[5] Num estudo realizado em 2019, as abelhas precisavam aprender que se entrassem numa sala e avistassem inicialmente um painel amarelo com (digamos) três itens, a regra a ser aplicada no próximo ponto de decisão era escolher um painel que tinha um item a mais (quatro, nesse caso), mas caso avistassem uma mancha azul, precisavam escolher um painel que tinha um item a menos (dois). Elas aprenderam isso muito bem.

Assim como os peixes do capítulo anterior, as abelhas conseguem aprender imitando o comportamento das outras. E quando as mamangabas aprendem a preferir um arranjo espacial apresentado por meio de odores, elas conseguem extrapolar a partir disso e escolher o mesmo arranjo quando ele é apresentado visualmente. As abelhas, com seus modos vegetarianos e bem organizados, nos mostram do que são capazes os demais insetos, muitas vezes mais desleixados.

Aqueles que talvez sejam os comportamentos mais impressionantes das abelhas, e também os mais belos, estão reservados aos projetos de construção física.[6] Isso foi demonstrado em experimentos muito antigos, realizados por volta de 1814 por François Huber, envolvendo o preparo dos favos de mel. As abelhas constroem favos no meio de superfícies aderentes à cera. Elas consideram o vidro uma superfície desfavorável e o evitam (Huber percebeu que elas não construíam favos nas placas de vidro que instalava nas colmeias para observar as abelhas). Quando precisam lidar com o vidro, elas reagem moldando formas atípicas nos favos. Em um experimento, Huber instalou uma placa de vidro numa parede depois que as abelhas começaram a construir na sua direção, mas antes que chegassem muito perto. As abelhas desviaram o rumo do favo para que fizesse uma curva elegante e encontrasse uma superfície de madeira.

As abelhas são às vezes comparadas aos polvos numa espécie de disputa cognitiva entre invertebrados. O cérebro das abelhas é muito menor — um milímetro cúbico —, mas concentra um alto nível de complexidade nesse espaço. De todo modo, nenhum tipo de disputa faria sentido nesse caso. As duas espécies possuem vidas e corpos muito diferentes, e estilos muitos distintos de encarar tarefas e problemas cognitivos. As abelhas são mestras da abstração lógica e da construção física elaborada. Levam uma vida muito organizada em papéis específicos. Certa vez, um pesquisador de abelhas me disse que um dos motivos de sabermos tantas coisas a respeito do comportamento das abelhas é que elas fazem exatamente o que precisamos que façam, quantas vezes for necessário, repetindo o comportamento como se quisessem agradar o editor de um periódico científico. Elas investigam novas opções pelo caminho (como acrescentou um outro pesquisador de abelhas), e isso faz parte da sua inteligência.[7] Mas elas são muito focadas nas tarefas, e isso faz sentido quando levamos em conta a maneira como vivem, assegurando a produção do mel e a preservação da colônia. O polvo é uma criatura muito diferente. Alguns anos atrás, Jonas Richter e seus colaboradores ofereceram aos polvos um quebra-cabeça em forma de caixa, uma tarefa em que precisavam aprender a realizar duas ações em sequência (empurrar e depois puxar).[8] Alguns conseguiram aprender a fazer isso — o experimento foi um sucesso —, mas os comportamentos exitosos eram entremeados por uma imensa quantidade de manipulação aleatória. Eles foram melhorando sua capacidade de executar a sequência correta em meio a malabarismos caóticos. Não tenho certeza de qual seria a relação entre os aspectos lógicos dessa tarefa e das tarefas dominadas pelas abelhas, mas cada espécie dominou suas tarefas de um jeito completamente diferente: no caso das abelhas, computação interna; no caso dos polvos, manipulação exploratória.

Os comportamentos da abelha, pelos padrões do reino animal, mostram um grau relativamente pequeno de ruído e desordem; os comportamentos do polvo mostram pouca coisa *exceto* ruído e desordem, mas eles acabam resolvendo as coisas à sua maneira. O modo de comportamento dos polvos me faz lembrar de um poema de Ted Hughes, "Wodwo", sobre uma criatura imaginária que tenta entender a própria existência e as próprias ações. Hughes termina dentro do que me parece ser uma espécie de polvo terrestre, um explorador dedicado, mas um tanto estabanado. ("... não tenho fios/ me prendendo a nada vou a qualquer lado/ parece que me foi concedida a liberdade/ desse lugar o que sou então? ...")

Sensação, dor, emoção

Os insetos são os animais mais numerosos da superfície terrestre e de qualquer outro lugar. Como eles se encaixam na história da evolução da experiência?

A questão da consciência dos insetos é difícil e um tanto turbulenta.[9] Para muitas pessoas, pensar que há *qualquer* coisa experiencial ocorrendo ali representaria uma tremenda mudança de concepção. Seria também uma mudança perturbadora se levarmos em conta a carnificina do controle de pragas e a carnificina que faz parte da vida normal dos insetos. Este também é um caso em que o termo "consciente" parece soar problemático. As pessoas costumam ponderar a questão nestes termos: Os insetos são conscientes? Mas tudo que estamos perguntando, pelo menos no começo, é se eles sentem uma experiência de qualquer tipo, quem sabe numa versão rudimentar.

Numa passagem anterior do livro, examinei crustáceos como os caranguejos e os camarões. Alguns crustáceos provavelmente possuem experiência. Os insetos saem do mesmo ramo da árvore — são uma extensão evolutiva dos crustáceos, adaptada em grande medida à vida terrestre. Também possuem um design bastante similar. Mas essas relações não resolvem o assunto; os insetos percorreram seu próprio caminho.

Muitos insetos são capazes de impressionar no aspecto sensorial; eles possuem boa visão e podem voar.[10] O voo é um comportamento que envolve um feedback especialmente complexo entre as ações e os sentidos, o tipo de feedback que contribui para a ocorrência de um ponto de vista. Vamos examinar agora outro aspecto da experiência: a dor, o prazer e sentimentos desse tipo. Embora os filósofos sejam obcecados com a visão, a dor e o prazer são o que costuma vir à mente quando alguém que não está mergulhado na filosofia recente pensa a respeito das formas básicas de experiência nos animais. Como os insetos se saem nesse quesito?

Aqui temos uma situação bem diferente. Algumas décadas atrás, Craig Eisemann e um grupo de colegas da Universidade de Queensland na Austrália defenderam que os insetos não sentem dor, pois todos os insetos conhecidos parecem não demonstrar nenhum sinal de incômodo mesmo quando seus corpos são submetidos a danos severos.[11] Nunca se viu um inseto cuidando de um ferimento. Depois de feridos, esses animais seguem tentando fazer da melhor forma possível o que tinham para fazer. Podem manifestar um desconforto inicial, mas logo voltam ao trabalho.

Uma reação a essa descoberta seria trocar de concepção outra vez e concluir que os insetos estão completamente fora do reino da experiência. Mas isso seria precipitado. Também existe a possibilidade de uma separação entre diferentes formas de experiência, que chamarei respectivamente de *sensorial* e *avaliativa*. (Elas também podem ser chamadas de consciência sensorial e avaliativa.)

O lado sensorial está relacionado à percepção, ao ponto de vista e ao registro do que acontece ao redor. O lado avaliativo está relacionado à dor, ao prazer e à rotulagem dos eventos como bons ou ruins. Os dois podem ser descritos em termos de como as coisas *aparentam ser* para um animal; as coisas podem aparentar possuir certo aspecto no lado sensorial (está esfriando...) e ao mesmo tempo outro no lado avaliativo (... e isso não é bom). Nós humanos temos uma experiência afetada pelos dois elementos, e o mesmo vale, muito provavelmente, para vários outros animais. Mas talvez os dois elementos possam se separar em alguns casos. Seria possível ter um sem o outro? Neste livro, juntei os lados sensorial e avaliativo durante a maior parte do tempo. Mas chegou a hora de analisarmos isso melhor.

A ideia de uma distinção entre os lados sensorial e avaliativo da experiência possui consequências para os enigmas filosóficos dessa área.[12] Em um capítulo anterior, vimos exercícios de raciocínio em que um organismo é imaginado como um ser material em que a experiência subjetiva foi "desligada". Algumas pessoas acreditam que a facilidade e a naturalidade desse exercício de raciocínio demonstram que há algo de errado no materialismo. Sendo ou não o caso, a distinção entre os aspectos sensorial e avaliativo da experiência faz surgir perguntas novas. Podemos desligar um dos lados da experiência e manter o outro intacto? Parece fácil desligar o lado avaliativo, conferindo ao animal um caráter inexpressivo ou robótico. Mesmo isso não está muito claro, pois a inexpressividade pode ser ela mesma avaliativa. Apesar disso, creio que podemos conceber a possibilidade de uma *ausência* de avaliação numa criatura que possui experiência sensorial. O inverso, porém, talvez não seja tão fácil. Quando alguém imagina que um inseto ou outro animal é inconsciente ainda que faça coisas complexas, está realmente imaginando que o lado sensorial desse animal inexiste? Quando assistimos a personagens robóticos complexos nos filmes, podemos entrar em modo paranoico e imaginar uma inexpressividade perturbadora no lado avaliativo, mas nossa maneira de imaginar seres desse tipo costuma incluir uma rica experiência sensorial acompanhada de um ponto de vista definido.

Essas diferenças entre como imaginamos a experiência sensorial e a avaliativa podem nos apontar mais uma conclusão filosófica. Talvez as verdadeiras dificuldades nessa área se encontrem no lado avaliativo — *como um sistema físico pode sentir prazer ou dor?* — enquanto o lado sensorial não tenha nada de tão complicado. Talvez possamos concluir que, uma vez que percebem o ambiente de alguma maneira, as bactérias e as esponjas devem possuir experiência sensorial — as coisas parecem a elas de um certo modo, e por aí vai —, mas isso não demonstra que são capazes de sentir que as coisas são boas ou ruins. Dar esse passo transformaria radicalmente o problema todo, mas acredito que seria um erro. O lado sensorial, assim como o lado avaliativo da experiência, também produz enigmas dentro da relação mente-corpo.

Vamos analisar melhor os insetos e outros animais a partir dessa distinção. No capítulo 4, apresentei algumas ideias a respeito da dor. A nocicepção é a detecção de um dano ligada a uma resposta comportamental. Ela é muito comum nos animais, mas está sujeita a ser interpretada como um mero reflexo. Por causa disso, as pessoas procuram indícios de algo a mais, indícios de algo que esteja ligado aos sentimentos.[13] Entre as opções, temos: (1) proteger e cuidar dos ferimentos, (2) procurar obter substâncias químicas analgésicas, (3) aprender a evitar comportamentos e situações específicos e (4) pesar escolhas com base no equilíbrio entre o aspecto negativo da experiência e os demais custos e benefícios. (Naquele capítulo anterior, vimos como caranguejos pesam vantagens e desvantagens em escolhas desse tipo.) Todos esses casos são considerados testes de comportamento para a presença da dor ou algo próximo a ela.

Quando pensamos de novo sobre os insetos com testes desse tipo em mente, descobrimos que eles alcançam sucesso nos testes de aprendizado. Em especial, alguns insetos aprendem a evitar situações em que serão expostos a calor excessivo. Mas ninguém nunca viu, ainda, insetos cuidando de ferimentos; esse item do antigo estudo que defende a ausência de dor continua em vigor. Os crustáceos, como vimos antes, fazem esse tipo de coisa, assim como os polvos. Julia Groening e seus colegas (também da Universidade de Queensland) decidiram testar se abelhas que haviam sofrido ferimentos leves iriam atrás de substâncias analgésicas.[14] Testes desse tipo, aplicados em galinhas e outros animais, podem trazer evidências bastante convincentes da presença da dor. Faz sentido perguntar, então, se animais inteligentes como as abelhas buscarão obter morfina após serem feridas com uma pinça ou terem uma pata amputada. Groening e seus colegas descobriram que isso não acontece. Lendo nas entrelinhas, acho que Groening e seu time ficaram um pouco surpresos com o resultado.

Esse resultado nos aproxima mais de uma visão na qual insetos possuem uma experiência sensorial rica, porém um lado avaliativo consideravelmente menor ou até mesmo nulo.

Em contraste com esse fundo, porém, encontramos um outro conjunto de estudos. Se nosso interesse for a experiência avaliativa, a dor e o prazer não são a única coisa que podemos procurar; há outros candidatos, entre eles as *emoções* e os *estados de ânimo*. Eles não são agudos e específicos como a dor é ou pode ser, consistindo antes em estados de maior duração que podem afetar outras decisões das mais variadas. Esses estados incluem o medo e a ansiedade, e também seus análogos mais positivos, embora os negativos tenham sido o principal objeto das pesquisas. Eles já foram detectados com bastante clareza em insetos e também em alguns outros invertebrados. Tais estudos abrem caminhos a novas maneiras de pensar sobre o lado avaliativo da experiência animal.

Terry Walters, da Universidade do Texas, estudou por muitos anos um estado semelhante ao medo, chamado *sensibilização nociceptiva*.[15] Trata-se de uma sensibilidade aumentada após o sofrimento de algum dano, e capaz de alterar a reação do animal a várias *outras* escolhas e estímulos. O animal parece ser tomado por um cansaço generalizado, uma precaução que pode durar horas, dias ou semanas, dependendo do caso. Um estado similar de caráter emocional foi verificado nas abelhas por Melissa Bateson e seus colegas.[16] Eles descobriram que se uma abelha estivesse aflita, ela era tomada por uma espécie de pessimismo: a abelha era induzida a tratar estímulos ambíguos (no meio-termo entre o que havia sido bom e ruim numa experiência anterior) de modo pessimista, presumindo o pior. No lado positivo, as abelhas também podem ser induzidas a serem empolgadas e otimistas. Cwyn Solvi e seus colaboradores no laboratório de Lars Chittka mostraram que uma recompensa inesperada pode exercer sobre as mamangabas um efeito inverso ao ânimo pessimista produzido pelo experimento de Bateson. Ânimos positivos também podem ser observados em peixes.

Esses estudos são bastante convincentes. As reações dos animais não se parecem em nada com reflexos; estão integradas a tudo que o animal faz. Eles parecem cair num estado de positividade ou negatividade generalizada. Algumas outras discussões envolvendo a experiência avaliativa se organizam em torno de uma distinção entre respostas imediatas, que podem sinalizar dor aguda, mas ser meros reflexos, e aprendizado, que parece ser indício de algo mais sofisticado.[17] Esses estados de caráter emocional se situam no meio da escala de tempo — são mais duradouros que uma fisgada de dor e mais curtos que o aprendizado. Quando observamos essas escalas intermediárias, as evidências da presença de uma experiência podem ser bastante fortes.

Que conclusões podemos tirar de tudo isso? Uma das conclusões possíveis é que o antigo estudo de Eisemann e seus colegas defendendo a ausência de dor estava errado, e a dor dos insetos, ou algo muito semelhante a ela, é real e abrangente, embora tivesse permanecido inicialmente oculta. Outra conclusão é que os insetos não têm experiências dolorosas quando sofrem danos, mas possuem algo mais próximo de estados de ânimo e emoções. A evolução pode ter suprimido e modificado algumas características da experiência nos insetos para que se encaixasse melhor em sua vida breve e rotineira. A distinção entre dor e emoção que tenho deixado subentendida aqui também pode ser questionada. Um estudo recente que investigou estados de caráter emocional em moscas defende que aquilo que é observado nos animais parece ser o que costumamos chamar de dor crônica nos humanos. É certo que não deveríamos simplesmente importar a categoria humana de "dor" com que estamos acostumados para a vida dos insetos; emoções, estados de ânimo e dor podem se interpenetrar de novas maneiras. Talvez os insetos habitem seus corpos como veículos (perder uma pata é como furar um pneu ou quebrar um para-brisa), mas podem sentir uma espécie de mal-estar generalizado quando as coisas não vão bem, e esse sentimento afeta as suas decisões.

Quando tentamos decifrar até mesmo o básico que está envolvido em tudo isso, parece não haver fim para as pistas enigmáticas e observações intrigantes. No estudo de Julia Groening com abelhas e morfina, as abelhas não ingeriram a morfina quando clipes apertados foram colocados em suas patas, mas tentaram se livrar do clipe de maneira um tanto evidente. "Observamos, contudo, que alguns indivíduos ficaram pisando no clipe e tentando empurrá-lo com a outra pata, presumivelmente numa tentativa de removê-lo." Essa observação surge de passagem, mas de certo modo é muito reveladora. Ela nos convida a fazer uma projeção imaginativa dentro das mentes pequeninas das abelhas. Suponho que um clipe preso na pata seria uma novidade para uma abelha — ou talvez não; talvez ela faça a mesma coisa quando algo gruda com resina nas suas patas. Mas se esse for um comportamento improvisado, ele se parece um pouco com o humano, e nos fornece algum vislumbre do que é ser uma abelha.

Variedades

Estados de tipo emocional podem ser encontrados tanto nos insetos quanto no outro grupo que marcou presença várias vezes nestas páginas: os gastrópodes. Ele é composto de lesmas e caracóis (incluindo o Tritonia, o nudibrânquio com formas de Gaudí que apareceu no capítulo 3). Os estudos sobre emoções e estados de ânimo em invertebrados começaram com esses animais.

Os gastrópodes são moluscos, como os polvos, mas costumam possuir sistemas nervosos com apenas dezenas de milhares de neurônios, em vez do milhão das abelhas ou do meio bilhão do polvo. Eles também têm olhos muito mais simples que esses animais. Por outro lado, seu paladar e olfato são sofisticados. Já observei nudibrânquios percorrendo longos caminhos pelo mar, uns em direção aos outros — caminhos muito lentos, mas bastante diretos, apesar do terreno acidentado e dos empurrões da correnteza.

Os insetos, como vimos, possuem sentidos apurados e uma capacidade avaliativa misteriosa. Tudo indica que os gastrópodes possuem a combinação inversa. Uma cena que ilustra essa possibilidade foi capturada em vídeo por um mergulhador, Steve Winkworth, que frequenta alguns dos mesmos destinos de mergulho que eu.[18] Uma "concha-bolha" está no meio do caminho entre uma lesma e um caracol, apresentando uma concha pequena, porém colorida, e um corpo espetacular, luminoso e cheio de dobras. Esse animal estava se movendo por cima do recife e acabou indo parar no meio de um campo de camarões-esqueleto, os artrópodes pequeninos e de garras pontudas que estavam escondidos na colônia de briozoários no capítulo 4. Às vezes, esses animais formam densas aglomerações ou carpetes em determinada área, e foi num lugar desses que a concha-bolha foi parar, um campo recoberto de espetos agressores. Quando os camarões-esqueleto começaram a atacar com suas garras, a concha-bolha se encolheu, deu meia-volta parecendo alarmada e tentou escapar desajeitadamente. Suspeito que a concha-bolha não fazia a menor ideia do que estava acontecendo — seus olhos estavam longe de poder dar conta dessa tarefa —, mas seja lá o que fosse, não era bom.

Na parte rasa daquelas mesmas águas, deparei algumas vezes com lebres-do-mar (*Aplysia*) gigantes. São lesmas-do-mar, mas numa escala diferente dos outros gastrópodes. A maior que já vi passava dos setenta centímetros. Quando estão ativas, se movimentam de modo bastante atípico, lembrando — por incrível que pareça — o galope de um cavalo, alternando elevações da parte dianteira e traseira. Como a "dianteira", nesse caso, é o rosto do animal, não se trata de um galope qualquer.

Como ela possui duas pequenas protuberâncias em forma de asas no dorso, o resultado é um Pégaso moluscoide. Eu sabia que esse animal possui um pequeno sistema nervoso, mas ao vê-lo galopar diante de mim (se apoiando no rosto) achei impossível não lhe atribuir algum tipo de experiência. Lembrei de um comentário feito por Daniel Dannett, que reparou que, ao observarmos animais muito distantes de nós, somos tremendamente influenciados por seu "andamento e ritmo comportamentais".[19] Se um animal se movimenta de maneira demasiado lenta, ou muito desajeitada, não costuma nos passar pela cabeça considerá-lo um ser consciente. Quando os animais começam a se mexer no *nosso* ritmo, com uma reatividade dentro da escala humana e movimentos que parecem deliberados, passamos a vê-los de outra maneira. A lebre-do-mar tinha um sistema nervoso similar ao de incontáveis lesmas-do-mar que eu tinha visto dentro d'água. Nos outros encontros, havia pouca tentação de se colocar na pele dos gastrópodes. Mas basta aumentá-las até a escala da lebre-do-mar gigante e fazê-las se mover a galope em vez de se arrastar lentamente para que de repente a experiência desses animais pareça quase inescapável, ou pelo menos muito mais viável.

Estamos começando a ver os contornos das *variedades de subjetividade*, as diferentes maneiras de ser um sujeito que estão relacionadas ao estilo de vida e às circunstâncias de cada animal. Um animal pode possuir uma enorme complexidade no lado sensorial — voar, perseguir, pousar — e, ao mesmo tempo, ter objetivos tão simples e invariáveis que há pouca necessidade de processar o que deve ser feito em seguida, e os danos ao corpo são uma inconveniência sem lado emotivo, algo como um pneu furado. Nos insetos, o estágio adulto é muitas vezes "uma máquina reprodutora descartável", como definiu o zoólogo Andrew Barron. Como os corpos dos insetos não se regeneram fácil, e tanta coisa na vida deles precisa ser feita dentro de um cronograma apertado, muitas vezes não faz sentido, como aponta outra vez Barron, gastar tempo tentando proteger ou cuidar de uma parte do corpo ferida: o melhor é "aguentar firme". Em casos assim, sensações de dor agudas seriam inúteis para os insetos; eles não tirariam proveito algum delas. Se o pacote de características que os insetos herdaram dos ancestrais crustáceos incluía a capacidade de sentir dor, a evolução na superfície pode tê-la removido aos poucos.

Como observa Terry Walters, os gastrópodes têm mais utilidade aparente para os comportamentos relacionados à dor e, eu acrescentaria, para os sentimentos que os acompanham — Walters é cauteloso ao falar sobre "sentir". Os gastrópodes possuem corpos moles que são sensíveis, porém capazes de se regenerar bem, e sua longevidade costuma ser de um a dois anos. Caso tenha sofrido alguma espécie de ferimento, há uma boa chance de que um gastrópode aumente suas chances evitando se expor a mais danos e dando ao corpo o tempo necessário para se regenerar. Para os crustáceos marinhos, cuja vida pode atingir não somente anos, mas décadas, e cujos cronogramas não incluem uma arregimentação apressada como a de muitos insetos, a dor também faz mais sentido.

A partir do momento em que acolhemos a ideia de que há diferenças profundas entre variedades de subjetividade, os insetos e os gastrópodes não são os únicos casos interessantes. Tubarões e raias, ao contrário de outros peixes, aparentemente não contam com nociceptores, e parte de seu comportamento indica que não sentem dor.[20] Eles parecem não se importar nem um pouco com os ferrões das raias-prego, por exemplo. Como observa Michael Tye, nesse sentido os tubarões talvez sejam parecidos com os insetos. E também como os insetos, os tubarões possuem outros comportamentos associados com avaliações e sensações, incluindo o aprendizado por reforço. Os tubarões--cinzentos-dos-recifes na estação de limpeza descrita no capítulo anterior davam a impressão de estremecer quando eram mordidos pelos peixinhos — não era como se ignorassem as mordidas. E Culum Brown, da Universidade de Macquarie, o especialista que consulto sobre assuntos relacionados a tubarões, não acredita nem um pouco na teoria dos tubarões que não sentem dor.

Peixes ósseos, como a truta, dão evidências de sobra de que sentem dor e também prazer. Nas estações de limpeza, alguns limpadores usam as barbatanas para estimular os peixes clientes com uma espécie de massagem. A massagem não remove parasitas nem traz outros benefícios óbvios. Um proveitoso (nos dois sentidos) experimento feito por Marta Soares e seus colaboradores verificou que, numa situação artificial simulando a ação de peixes limpadores, os peixes "limpos" por uma maquete móvel que aplicava massagem exibiam níveis menores de hormônios de estresse do que os peixes que ficaram sem massagem.[21]

Ao longo deste capítulo, encontramos alguns animais com sistemas nervosos tão pequenos que ficamos tentados a rejeitá-los como potenciais sujeitos dotados de experiência. Minha investigação parece avançar em direção a animais cada vez mais simples. Haverá um ponto em que se torna inevitável traçar um limite? Minha resposta é: com certeza ainda não. Me deixo influenciar aqui pelo caso dos caranguejos e outros crustáceos. Muitos acreditavam que eles não deviam sequer ser levados em consideração no que diz respeito à experiência, mas nós os subestimamos. Podemos estar subestimando também os gastrópodes e muitos outros. Os gastrópodes são muito escolhidos para a realização de experimentos porque são simples, fáceis de lidar e não despertam muita atenção dos comitês de ética de pesquisa. Mas alguns pesquisadores começaram a manifestar desconforto com essa situação. Como Robyn Crook e Terry Walters observaram numa revisão de literatura sobre os moluscos, é justamente porque achamos que esses animais são semelhantes a nós em aspectos relevantes que investimos tanto tempo e dinheiro fazendo pesquisas com eles.[22] Mas quanto mais semelhanças houver entre nós e eles no que diz respeito a dor e coisas afins, mais questionável se torna a escolha de realizar tais experimentos. Crook e Walters — pesquisadores respeitados e conhecidos, não observadores distantes nem críticos do esforço como um todo — terminam fazendo apelos por mais cuidado e supervisão, uso de anestésicos e uma redução da quantidade de animais envolvida. Quarenta anos atrás, fazer esse tipo de afirmação a respeito de lesmas provavelmente teria sido considerado ridículo.

Como no caso dos experimentos com caranguejos realizados por Elwood, os experimentos que foram feitos até hoje investigando a dor e o sofrimento dos moluscos podem acabar trazendo benefícios consideráveis do ponto de vista dos próprios animais. Sem esses experimentos, as pessoas poderiam continuar a maltratá-los em grande número sem titubear. Agora, sua experiência de vida é pelo menos um tema de reflexão, e estão sendo tomadas providências para modificar certas práticas. Por esses motivos, acho bom que o estudo de Elwood tenha acontecido. Além de tudo, uma quantidade pequena de caranguejos bastou para realizar o estudo, e o tratamento que receberam não foi ruim em excesso. Pelos mesmos motivos, e com a devida cautela, acho bom que os estudos com moluscos estejam sendo feitos, embora sejam muitas vezes mais danosos aos animais. No caso dos moluscos, as pesquisas também são movidas em grande medida pelo objetivo de compreender a dor humana, e isso possibilita um balanço diferente da situação. Certamente, assim como Crook e Walters, eu gostaria que os animais usados nesses estudos fossem tratados com mais consideração.

Depois de verificar sinais de senciência em insetos, lesmas e assemelhados, sempre é possível dizer: "Legal, mas será que eles são capazes *disso*?" — ou seja, estabelecer uma nova exigência ou condição, menosprezando as anteriores.[23] Trazer perguntas novas é algo totalmente razoável, mas é importante ter em mente a distância já percorrida. Suspeito que, de início, a maioria de nós enxerga moscas e abelhas como pequenos robôs que voam, e lesmas como não-sujeitos amorfos. A ideia de que possuam estados de caráter emocional, em particular, pode provocar surpresa nesse cenário. É justamente aí que nos encontramos agora; percorremos uma boa distância. Isso não quer dizer que precisamos dar uma volta de 180 graus e concluir que insetos e lesmas são exatamente como nós e que, portanto, merecem ser tratados exatamente da mesma forma. Precisamos levar a sério a ideia das variedades de subjetividade, e essas variedades podem carregar consigo diversas consequências práticas e éticas.

Vida de planta

As plantas ocuparam posição importante no pano de fundo deste capítulo. Vamos tirá-las das sombras e dar-lhes a devida atenção.

A energia que alimenta a vida e seu edifício de matéria viva vem quase inteiramente do sol, extraída pela fotossíntese. Nos mares, a fotossíntese pode ser encontrada nas bactérias que a inventaram, em outros micróbios e algas que incorporaram as bactérias, e em vários outros organismos que as abrigam ou colaboram com elas. Em algum momento, algas verdes migraram da vida em água doce para a superfície, talvez durante o Ordoviciano, e com o tempo cresceram formando musgos, samambaias e árvores imensas.[24]

As plantas e os animais são dotados de recursos semelhantes no nível da célula, com exceção do traço bacteriano que capacita as plantas à fotossíntese. Embora suas células tenham bastante em comum, as plantas percorreram seu próprio caminho evolutivo caracterizado por imobilidade e crescimento, sorvendo água, ar e luz, se esticando ao mesmo tempo para cima, procurando alcançar a energia do sol, e para baixo, em busca da umidade.

Haveria uma maneira totalmente diferente de fazer isso? Poderia existir um organismo com mobilidade, um ser rastejante que se expõe ao sol e procura obter luz e água? Uma vida com essas características poderia se formar por vários caminhos. Alguns poucos organismos avançaram bastante nessa direção do ponto de partida dos animais. Vários animais são capazes de fazer fotossíntese estabelecendo parcerias com algas ou se apropriando de suas partes, e embora a maioria deles (como os corais) tenha uma existência fixa, alguns são capazes de se mover. Entre eles estão alguns parentes das lesmas-do-mar do capítulo 3. Todos esses animais moram no oceano, e a energia solar parecer ser, no caso deles, somente um acessório, e não a fonte principal. Ninguém tomou esse caminho tendo como ponto de partida uma planta. O caso mais próximo que conheço é o do gênero *Volvo*. São algas verdes encontradas em água doce, com algumas espécies vivendo em colônias móveis como minúsculas espaçonaves esféricas que nadam em direção à luz. Estilos de vida mistos, combinando movimento e fotossíntese, são raros em organismos multicelulares. Uma vez que você toma o rumo da fotossíntese na superfície terrestre, que impõe dificuldades à locomoção, a maior vantagem parece estar em permanecer no lugar e construir torres de captação de luz.

As células das plantas estão equipadas para a percepção e a reação, e podem até mesmo ser capazes de potenciais de ação, mas as plantas não dispõem de sistema nervoso em nenhum sentido usual. Nos parâmetros dessa vida mais lenta e fisicamente restrita, elas possuem o seu lado ativo. Algumas plantas conseguem mover certas partes, transportando água até elas e variando a sua rigidez. O exemplo mais conhecido é o das papa-moscas, um pequeno grupo de plantas que aprisiona e devora insetos. São casos raros, e se você discutir o comportamento das plantas com uma pessoa que defende o lado delas, ela fará de tudo para convencer você de que o *crescimento* também pode ser considerado uma ação, lenta, porém real. E o mesmo vale para a produção de substâncias químicas. A maioria do que uma planta faz tem a ver com esses dois processos.

Se você também perguntar aos fãs de plantas quais delas são as mais inteligentes, a resposta mais frequente será as videiras e trepadeiras.[25] No caso das plantas, uma boa parte da ação ocorre embaixo do solo, no percurso exploratório das raízes — Darwin percebeu isso; ele disse que é lá embaixo, e não à luz do sol, que se poderia encontrar uma espécie de "cérebro" das plantas.[26] Acima da superfície, as plantas trepadeiras precisam tomar muito mais decisões que as outras, e não surpreende que elas sejam tema de experimentos e de vídeos incríveis de time-lapse. Videiras e trepadeiras são aparições recentes na evolução das plantas. Quase todas elas são plantas floríferas, um grupo de metabolismo superenergizado que surgiu na era dos dinossauros e substituiu plantas semelhantes às coníferas, ou gimnospermas, em muitos habitats. As trepadeiras parecem mais despertas que o normal para uma planta; é como se tivessem redescoberto capacidades latentes em suas células, capacidades que permaneceram submersas em formas ancestrais mais inertes.

No interior das plantas também ocorre uma sinalização química intensa. Descreverei um exemplo que me surpreendeu.[27] Um estudo feito em 2018 descobriu que quando uma folha de uma planta chamada *Arabidopsis* — uma planta pequena que lembra uma erva daninha e é o principal "organismo modelo" na botânica — é mastigada por uma lagarta ou rasgada por um pesquisador, um sinal é enviado rapidamente para as folhas vizinhas incitando a produção de um defensor químico. O envio do sinal envolve uma reação em cadeia de eventos que possui semelhança considerável com processos análogos nos animais. O glutamato, uma substância de sinalização muito difundida, é liberado por uma célula e afeta os canais iônicos em outras. O resultado é que uma folha intacta que está a certa distância consegue se preparar minutos após o ataque sofrido por outra folha.

Como as plantas se encaixam na história da experiência que estamos desenhando? A partir de nossa exploração dos animais, temos dois tópicos diante de nós: o modelamento da atividade viva em torno de um self dotado de perspectiva e a atividade integrada de um sistema nervoso que está por trás desse self. Se é isso que deve ser levado em conta, não se pode dizer que há um lugar para as plantas. Elas são capazes de perceber e reagir, e emitem sinais em profusão, mas isso provavelmente não basta para que sintam algum tipo de experiência, mesmo nas formas mais simples.

Isso se deve em parte ao tipo de coisa que uma planta é. No capítulo 4, descrevi organismos *modulares*, feitos de muitas partes repetidas e parcialmente independentes, e os comparei aos organismos mais integrados (ou "unitários") como nós. O design modular é um caminho adotado pelas plantas, fungos e alguns animais. Um organismo modular possui menos individualidade patente; ele é em certa medida uma comunidade ou colônia, mais do que um organismo individual.

No caso das plantas, isso é conhecido pelo menos desde a época do poeta e naturalista alemão Goethe, e de Erasmus Darwin, o avô de Charles Darwin, no final do século XVIII.[28] No caso de um carvalho ou planta semelhante, um módulo que inclui um único segmento de caule, folha e broto é de certa maneira a unidade básica, e a árvore é uma colônia organizada desses módulos. Essa visão pode ser facilmente corroborada pela experiência com mudas e regenerações, e se revela verdadeira quando aplicada ao funcionamento das plantas de modo mais geral — ainda que as raízes, curiosamente, não sejam modulares como as partes que ficam acima da superfície.

Em certos aspectos, a planta é mais uma comunidade do que um único indivíduo. Dentro dessa comunidade, podem ocorrer sinalização e coordenação; você e eu podemos nos comunicar de modo próximo e ainda sermos duas pessoas distintas. A interação social não funde nossas subjetividades. Em casos especiais, as conexões podem ficar tão estreitas que a comunicação entre dois agentes se dissolve numa interação dentro de uma nova totalidade. Mas a mera presença de sinais não cria um self coeso.[29]

Eu disse que as plantas são como comunidades em *certos* aspectos; as divisões entre as unidades são menos claras do que em outros organismos modulares, como os corais. Mas a planta tem menos do self semelhante ao encontrado nos animais que estive acompanhando nos últimos capítulos. A subjetividade consiste em travar contato com o mundo do ponto de vista de um self e contar com que as coisas se manifestem de uma certa maneira *para você*. As plantas têm menos *você*. De certo modo, uma planta é um *eles*, um eles feito de caules e brotos, entre os quais ocorre uma troca de sinais. Mas isso também é uma simplificação; uma planta é parte comunidade, parte indivíduo.

Quando você cuida de um jardim e corta ou arranca uma parte de uma planta, partindo um pedaço do caule, você pode pensar que arrancou uma unidade viva de um agrupamento de outras unidades ou que o agrupamento é um único organismo do qual você removeu um pedaço. No caso das plantas, considero adequado alternar entre essas duas concepções. As plantas não estão interligadas como os animais, que são nosso modelo mais comum para pensar sobre organismos inteiros — não concordo com a visão de que as plantas são apenas "animais muito lentos",[30] como disse o biólogo Jack Schultz. Mas as plantas são mais interligadas do que uma colônia de coisas vivas distintas entre si. Em sua trajetória concomitante com os animais, as plantas desenvolveram um outro tipo de organização. Como a planta tem menos características de um self, o problema com a experiência das plantas não é somente a ausência de um sistema nervoso, mas o tipo de ser diferente que a planta é. No caso delas, há um pouco de agência no nível da célula, um pouco no caule ou módulo, um pouco no conjunto físico do arbusto ou árvore e, em alguns casos, um pouco no nível do clone — um grupo de plantas que vieram de uma só semente e estão conectadas pelas raízes.

Como as plantas não dispõem de um sistema nervoso, elas tampouco possuem os padrões elétricos em grande escala que são gerados por ele. É necessário ter cautela aqui, pois as plantas têm atividade elétrica em profusão, e novas formas dela são descobertas a todo momento. Mais surpresas eletrobotânicas podem estar por vir.[31] Encontrar *alguma* atividade elétrica nas plantas, porém, não significa que elas possuem experiência. No nosso caso, os padrões elétricos do cérebro se integram e formam um estado de atividade que é modificado e perturbado pelos eventos que percebemos. Para demonstrar que as plantas sentem algo, precisaríamos que surgisse alguma surpresa eletrobotânica nos mesmos moldes.

Há alguma coisa tão extraordinária na ideia de as plantas possuírem experiência que até mesmo os menores indícios dão vida nova à questão. A visão das árvores — imensas, imóveis, silentes — enquanto sujeitos com experiência, processando as coisas no seu próprio ritmo enquanto corremos em volta delas, é tremendamente evocativa. Durante certo tempo, morei numa floresta de sequoias na Califórnia. A floresta havia sido desmatada no século XIX para construir casas em San Francisco, e a maioria das árvores ao meu redor tinha apenas uns cem anos de idade. Algumas poucas que jamais foram cortadas eram gigantes solitárias com idade na casa dos milhares de anos. Embora eu soubesse que não estava olhando para indivíduos unificados da forma como são os animais, a ideia daqueles seres testemunhando o passar dos séculos podia ser quase esmagadora. No experimento mencionado há pouco, no qual se descobriu os alertas de dano entre as folhas, a percepção do dano e a emissão de sinais são simples se comparados aos padrões animais, mas a maior parte de nós nem esperava que algo assim pudesse estar acontecendo. Uma porta foi aberta para vermos as plantas de outra perspectiva. Mas se quisermos saber a respeito de uma experiência envolvendo sensações, não basta mostrarmos que as plantas percebem e reagem ao que ocorre ao seu redor. Organismos unicelulares também fazem isso. Pode ser que a planta, com suas incontáveis células e intensa produção química, tenha mais disso do que uma bactéria ou protozoário, e "mais" pode fazer muita diferença na biologia. No entanto, precisa ser o tipo certo de "mais".

À medida que estudos sobre a percepção e a sinalização em organismos como as plantas foram progredindo, surgiu o termo "cognição mínima"[32] para descrever o que ocorre dentro delas. A cognição mínima é um conjunto de habilidades, incluindo percepção e reação, e talvez a capacidade de comparar passado e presente para decidir o que fazer (como se observa nas plantas e bactérias), tudo no sentido de refletir a importância da informação para os objetivos vitais do organismo. No momento, todo tipo de vida celular parece ser capaz de fazer isso em alguma medida, inclusive os fungos, as plantas e as criaturas unicelulares. A cognição mínima parece estar estreitamente ligada ao tráfego de duas vias que é essencial à própria existência de vida.

A ideia de uma cognição mínima não é vazia — ela não se aplica a tudo. Compare a reação das raízes de uma planta à água com a reação de uma colherada de sal à mesma água. As raízes mudam a direção do crescimento; o sal se dissolve. Os dois mudam — os dois "reagem" em certo sentido. Mas a reação da planta é mais do que algo que simplesmente acontece. É também uma mudança que está de acordo com o papel que a água desempenha nos objetivos vitais da planta, para a sua existência e reprodução continuada. Um percurso que está embutido na planta — envolvendo hormônios e genes — dita que a detecção da água produz esse efeito específico. A colherada de sal não envolve cognição mínima.

Em certo sentido, tudo que é dotado de cognição mínima possui um "ponto de vista". A partir disso, será que a cognição mínima implica alguma espécie de senciência ou experiência mínimas? Será que as duas coisas andam juntas, de modo que a atenuação da cognição rumo a formas cada vez mais simples acarreta uma atenuação semelhante na experiência? Entendo o apelo dessa visão, mas creio que é simplista demais. Alguns tipos de cognição mínima podem ocorrer sem a presença de qualquer coisa parecida com um self, e nesses casos não encontramos as condições certas para a ocorrência de uma subjetividade genuína. A planta pode ser uma usuária de informação sensorial, um ser sintonizado com os eventos a seu redor e capaz de reagir a eles, sem o envolvimento de qualquer forma de experiência.

É difícil até mesmo pensar sobre essas fronteiras, os casos mínimos, os seres que possuem os menores indícios de algo *parecido* com a experiência. Uma visão como a que defendo implica a existência de casos assim. Alguém habita as fronteiras, e a grande questão é quem encontraremos por lá. Talvez sejam as plantas, mas acho difícil. Não porque sua atuação seja simples se comparada à dos animais, mas porque elas seguem outro caminho.

As plantas representam uma via alternativa de aplicação dos recursos inerentes às células complexas, uma alternativa que resulta em alguma medida de sensibilidade e inteligência, mas não numa experiência envolvendo sensações. Não tenho toda a certeza a respeito dessa ausência de experiência, principalmente levando em conta que surpresas continuam surgindo quando o assunto são as plantas. Como falei a respeito dos insetos: "Vejam quanta distância já percorremos — quem teria imaginado encontrar neles qualquer coisa remotamente parecida com as emoções?". Ainda não atingimos um ponto semelhante com as plantas, mas também no caso delas avançamos bastante.

9. Barbatanas, pernas, asas

Tempos difíceis

Em algum ponto dessa jornada, talvez há cerca de 380 milhões de anos, um grupo diferente de animais subiu a bordo: vertebrados, o nosso grupo.

No caso dos artrópodes, vários grupos desbravaram o caminho para uma vida completamente terrestre. A história dos vertebrados foi outra.[1] Uma teoria mais simples sustenta que os vertebrados fizeram uma única tentativa, dando um passo decisivo. Alguns peixes pertencentes a um antigo grupo chamado "peixes de barbatana lobada" saíram da água e deram origem a vertebrados terrestres de vários tipos. Uma teoria mais complexa propõe que não houve uma única tentativa, e sim várias, a maioria delas parcial — incursões em regiões limítrofes —, sendo que uma delas avançou mais. Esses peixes desbravadores deram início a uma propagação de animais terrestres que continua até hoje e inclui os mamíferos e os pássaros.

Essa transição foi difícil para os vertebrados. Os artrópodes, que começaram com patas abundantes e um escudo externo, seguiram um caminho um tanto óbvio. Comparados a eles, um torpedo com barbatanas não parece ter muitas chances de prosperar em terra firme.

Para os vertebrados, a superfície terrestre é realmente um desfile de obstruções.[2] Movimentar-se sob o peso da gravidade é uma delas. A alimentação deve ter sido complicada por vários motivos, entre eles um problema inesperado: engolir.

Quando um peixe captura a comida, pode engoli-la facilmente sugando-a junto com a água para dentro do estômago. Mas isso se beneficia das densidades similares da presa e da água. Acima da superfície, essa manobra de sucção puxará muito ar e deixará a comida onde está. A invenção da mandíbula só resolve as coisas até certo ponto. Essa dificuldade é bem ilustrada pelo peixe-gato-enguia (*Channallabes apus*), que às vezes se alimenta capturando a presa na superfície e retorna para dentro d'água para engoli-la.

A mudança mais evidente que permitiu aos vertebrados estabelecer uma vida permanente em terra firme foi uma mudança na forma do corpo: a evolução do corpo "tetrápode" de quatro membros, como o nosso. Não devemos imaginar que esse corpo surgiu enquanto os peixes tentavam se arrastar praia acima. Ele surgiu dentro d'água; foi um corpo que se adaptou para rastejar e abrir caminho em meio a cursos d'água entupidos de plantas. Os pulmões parecem ser outro requisito terrestre óbvio, mas bolsas semelhantes a pulmões acompanhavam os peixes havia muito tempo, sendo aproveitadas para a flutuação e, às vezes, para a respiração. De acordo com Jennifer Clack, cujo livro *Gaining Ground*, de 2012, serve de fonte várias vezes nesta parte do texto, muitos peixes já tinham pulmões antes de começarem a passar tempo na superfície.

Os primeiros peixes de barbatana lobada parecem ter sido especialistas em águas rasas. Os peixes de barbatana lobada que ainda existem (sem contar nós mesmos) são alguns peixes dipnoicos (quase sempre em águas rasas) e os celacantos, que voltaram aos mares profundos. Vídeos registrados por submarinos sugerem que os celacantos são animais bastante sociais que descansam agrupados dentro de cavernas. De acordo com Jennifer Clack, cada celacanto individual possui um padrão exclusivo de manchas, e o modo como os grupos se mantêm estáveis sugere que os indivíduos reconhecem uns aos outros.

Outro desafio para os vertebrados eram os seus ovos inapropriados para a superfície terrestre.[3] Após um período em que todos os vertebrados da superfície tinham vidas anfíbias, um grupo em particular — os *amniotas* — desenvolveu ovos que fornecem ao embrião um "laguinho em miniatura". Isso permitiu aos animais romperem outros elos que os prendiam à água. Logo depois veio mais uma bifurcação evolutiva — insignificante no início, como todas. Uma das primeiras espécies de *amniota* se dividiu em duas linhagens. Dali em diante, dois ramos de vertebrados cresceram e se espalharam. No começo, um grupo chamado Synapsida se tornou maior, mais numeroso e mais diversificado.[4] Mas os Synapsida sofreram golpes tremendos numa extinção em massa colossal que dizimou a maioria das espécies. O outro grupo de vertebrados, que até então espreitava de modo menos chamativo, tomou conta. Esse grupo, os Sauropsida, incluía os dinossauros.

Isso mesmo: antes da extinção em massa mais famosa que matou os dinossauros e abriu caminho para os mamíferos, uma extinção anterior abalou e reordenou os animais terrestres. Até essa extinção, que aconteceu há cerca de 252 milhões de anos, os animais que eram mais próximos aos mamíferos, tanto na genealogia quanto na aparência, eram bastante dominantes. Abrangendo uma variedade de herbívoros e carnívoros, o grupo incluía espécies de vários tamanhos, alguns chegando à dimensão de um urso grande. A extinção em massa que os atingiu pode ter sido provocada por uma combinação de causas — atividade vulcânica, impacto de meteoros — que transformaram o clima. Mais de dois terços dos animais que viviam na superfície desapareceram, e nos oceanos a fração foi ainda maior. Um grupo menos chamativo surgiu dos escombros e se diversificou, levando aos dinossauros.

A forma corporal dos primeiros dinossauros conhecidos trazia uma postura ereta e mãos com garras. Os dinossauros e o grupo que incluía os mamíferos chegaram a esse mesmo tipo de corpo por caminhos independentes. Nos primeiros estágios da vida vertebrada na superfície, os animais confrontavam o mundo com uma postura mais esparramada — pernas esticadas, corpos horizontais —, parecida com a que vemos hoje nas salamandras e nos crocodilos. A transição que precisava ser feita consistia em erguer o corpo sobre as patas e, a partir daí, caminhar sobre duas ou quatro patas. Aparentemente, os dinossauros se ergueram dessa maneira desde o começo, e os primeiros de todos também se apoiavam nas patas traseiras, deixando os braços e a cabeça livres para lidar com objetos.

A partir do momento em que soltaram suas rédeas, os dinossauros exploraram uma enorme diversidade de formas e tamanhos até serem vítimas da sua própria extinção em massa no auge da dominância, na época do *Tyrannosaurus rex*, cerca de 66 milhões de anos atrás. Dessa vez, a extinção teve como causa um único e devastador impacto de asteroide que abalou o clima.

Na primeira extinção, a que abriu o caminho aos dinossauros, os parentes maiores dos mamíferos desapareceram, mas alguns pequenos conseguiram resistir. Na segunda extinção, quase todos os dinossauros de todos os tamanhos desapareceram. Os mamíferos propriamente ditos surgiram no primeiro período do reinado dos dinossauros, o Triássico. Eles mantiveram o porte pequeno durante toda a era dos dinossauros — tinham no máximo o tamanho de um texugo —, e alguns poucos escaparam da extinção. Apenas um grupo de dinossauros sobreviveu, um que transformou as asas e as penas, que evoluíram para outras finalidades em recursos que lhes permitiram voar. O único ramo dos dinossauros que permaneceu vivo foi o dos pássaros.

Tendo ganhado força após essa nova rodada de destruição, os mamíferos se expandiram numa variedade enorme de estilos de vida. Um dos primeiros mamíferos dessa época, conhecido a partir de fósseis datados de apenas alguns milhões de anos após a extinção dos dinossauros, é o *Torrejonia wilsoni*. Era pequeno, vivia no topo das árvores e tinha braços e pernas compridos; um animal de sangue quente feito para escalar com agilidade, um primata.

Nos capítulos anteriores deste livro, ainda suspensos na água, vimos um desfile de corpos marinhos que demarcam estágios na evolução da ação. Os cnidários mostram uma organização muscular do movimento numa escala nova. Os artrópodes evoluíram novas formas de mobilidade e manipulação, guiados por sentidos aguçados, mas com uma espécie de restrição ou rigidez em relação ao que podem fazer. Os corpos dos polvos, em contraste, são tão "abertos" quanto é possível ser do ponto de vista comportamental. Um polvo consegue manipular imediatamente objetos que nenhum polvo jamais manipulou. Os cefalópodes também evoluíram sistemas nervosos extensos, porém com um design descentralizado. Os vertebrados são mais centralizados, mas enquanto eram peixes não havia muita coisa que pudessem *fazer*. A evolução nos mares, portanto, gerou a capacidade de manipular, a ação corporal aberta e cérebros centralizados, mas nenhuma criatura marítima evoluiu com as três coisas ao mesmo tempo. Essa é a combinação que encontramos, finalmente, nos vertebrados terrestres, especialmente do Triássico em diante — um trio de características até que enfim reunidas. Essa combinação surgiu de maneira independente nos dois grandes ramos, nos primeiros dinossauros e mamíferos. Ela se transformou mais uma vez naqueles dinossauros que sobreviveram — os pássaros — e floresceu de modo particular nos primatas como nós.

O nosso ramo da árvore

Vários capítulos atrás, tentamos vislumbrar nosso ancestral comum com os polvos (e também com as abelhas) e imaginamos uma criatura marítima semelhante a um platelminto, que teria vivido há uns 600 milhões de anos. Nosso ancestral comum com os pássaros é um parente muito mais reconhecível, que possui quatro pernas e olhos que enxergam bem, e leva uma vida terrestre. Uma boa aposta é imaginarmos um lagarto atarracado abrindo caminho em meio ao pântano, há um pouco mais de 300 milhões de anos. Como vimos, os dois lados da ramificação evolutiva subsequente que levou aos Synapsida (nosso lado) e aos Sauropsida (o lado dos dinossauros) tiveram vantagem em períodos alternados nos anos caóticos que se seguiram. Em termos evolutivos, eles passaram por algumas mudanças em paralelo, adquirindo novas semelhanças de maneira independente, enquanto em outros aspectos preservaram diferenças significativas. Corpos erguidos e capazes de manipular surgiram nas duas linhagens, como já vimos. Outra característica importante que apareceu de forma independente nos dois lados foi a *endotermia*.

Em linhas gerais, isso consiste em ter sangue quente, valendo-se de processos internos para manter uma temperatura estável no corpo, usualmente mais elevada que o ambiente. O sangue quente tem um custo alto, exigindo energia em grandes quantidades, mas oferece vantagens consideráveis. Você pode permanecer vivo e ativo numa variedade maior de ambientes, e os músculos ganham força e resistência. Todos aqueles processos tempestuosos e essenciais à vida que nos fustigaram no capítulo 2 ocorrem de maneira diversa sob temperaturas diferentes, e eles tendem a ocorrer melhor em temperaturas superiores àquelas que as condições do ambiente costumam nos oferecer. Com a endotermia, o corpo e o cérebro se transformam num sistema de maior energia, que passa a consumir mais oxigênio.

A endotermia evoluiu de forma acabada por vias independentes nos mamíferos e nos pássaros.[5] Mas uma variedade de outros traços semelhantes pode ser encontrada aqui. Nesses mamíferos e pássaros, uma temperatura mais ou menos constante é mantida através de uma regulação contínua dos processos metabólicos. Muitos outros animais são capazes de se manter *um pouquinho* acima da temperatura do ambiente, ou conseguem fazer isso apenas em algumas partes do corpo. Comportamentos como sentir calafrios, ofegar e procurar lugares quentes ou frios também podem ocorrem em conjunto com a regulação dos calores internos. Alguns dos primeiros passos em direção à endotermia podem ter sido dados pelos insetos muito antes dos mamíferos e dinossauros, e hoje os insetos recorrem a uma série de truques para regular sua temperatura. Nas abelhas e nas moscas, o rápido bater de asas aquece a porção intermediária do corpo, e parte desse calor é transferida até a cabeça e o cérebro. Estudos minuciosos realizados no laboratório de Simon Laughlin, em Cambridge, mostraram que os olhos de uma mosca reagem a movimentos de maneira mais aguçada e precisa quando estão aquecidos.[6] Eventos que seriam vistos de maneira embaçada no frio ganham nitidez quando a mosca está aquecida.

Nos oceanos, o sangue quente é algo raro.[7] É encontrado hoje em um único grupo de peixes actinopterígeos, entre eles o atum e o peixe-espada, e em dois grupos de tubarões, incluindo o grande tubarão-branco. Esses peixes actinopterígeos parecem ter evoluído tipos distintos de regulação de temperatura em diversas ocasiões. Os atuns aquecem o corpo inteiro; os peixes-espada, só os olhos e o cérebro. O efeito disso nos peixes-espada é semelhante ao observado nas moscas: os olhos captam movimento com mais precisão quando estão aquecidos. A temperatura de atividade faz diferença para o lado cognitivo da mente, responsável pelo processamento de informações e, portanto, deve fazer diferença também para a experiência ao exercer efeito sobre as interações entre células e sobre as propriedades dinâmicas globais mais misteriosas do cérebro.

Muito tempo atrás, répteis marinhos predatórios — ictiossauros e outros — também podem ter sido endotérmicos.[8] Mas a maioria dos peixes e todos os invertebrados marinhos (entre eles, o polvo) não conseguem manter temperaturas corporais elevadas. É mais fácil fazê-lo na terra do que na água, pois a água conduz mais calor para fora do corpo do que o ar. As continuidades entre nossos corpos aquosos e um meio aquoso, em vez de ajudar, impõem dificuldades à tarefa de preservar o calor corporal; há vantagens em ser um sistema líquido que vive no ar. A temperatura propriamente dita costuma variar mais na superfície, e isso pode ser um problema, mas também é mais fácil manter o calor corporal.

A temperatura corporal dos dinossauros é um assunto muito debatido.[9] Os pássaros têm sangue quente, mas isso não necessariamente se aplica à maioria dos dinossauros que vieram antes. Os pássaros evoluíram com um modo de vida especialmente frenético e cheio de energia. Alguns pesquisadores defendem que a vida ativa de alguns dos clássicos dinossauros ferozes teria exigido sangue quente, mas parece haver pouco consenso sobre o princípio e a abrangência da endotermia no caso deles. E como já vimos, quando o assunto é sangue quente, não se trata simplesmente de ter ou não ter.

Se quisermos imaginar como era a experiência de um dinossauro, como era ser um deles, os pássaros são os melhores modelos à disposição. Os pássaros *são* dinossauros, afinal, e os dinossauros extintos do Mesozoico são hoje considerados muito mais semelhantes aos pássaros do que décadas atrás. A experiência de um clássico dinossauro extinto poderia ser parecida com a de um pássaro grande e menos agitado.

Essa ligação com os pássaros nos aproxima de casos mais familiares, mas mesmo quando estamos perto de regiões mais próximas à nossa na árvore da vida, as surpresas continuam surgindo. Uma delas nos leva de volta a um assunto tratado no capítulo 6: a integração dos sistemas nervosos, especialmente entre os dois lados do cérebro.

Como já visto, os vertebrados são animais bilaterados, que obedecem a um antigo design caracterizado pela simetria entre os lados esquerdo e direito. Sendo assim, muitas partes do animal existem nos lados esquerdo e direito formando duplas, incluindo a maior parte do cérebro. Os dois lados do cérebro nem sempre dividem informações tanto quanto poderíamos esperar.

Agora que estamos examinando os vertebrados, vamos ver um diagrama com um fragmento final da "árvore da vida" para nos orientarmos melhor.

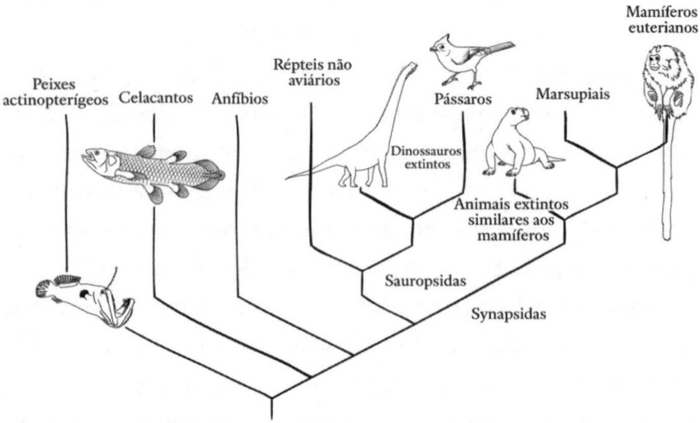

Os celacantos estão entre os nossos parentes mais próximos se considerarmos os peixes que existem hoje. À esquerda deles temos muitos outros peixes, aqui representados por um peixe-pescador de mares profundos. Fora de quadro, para além do peixe-pescador, estão as estrelas-do-mar, os polvos, os caranguejos, e assim por diante. À direta dos celacantos temos os anfíbios, como os sapos, e depois os dois grandes ramos que apareceram no trecho anterior, os Synapsidas e os Sauropsidas.

Todos esses vertebrados herdaram um modelo de cérebro que evoluiu primeiro nos peixes. Esse cérebro fica centralizado na cabeça do animal, mas em muitos deles há uma conexão limitada entre os lados esquerdo e direito. Os dois lados desse cérebro também parecem empregar "estilos" de processamento um pouco diferentes, e possuem diversas especializações.[10] (Mencionei isso de passagem no capítulo 6.) Numa grande variedade de animais, o lado esquerdo do cérebro é especializado em identificar alimento, enquanto o direito mostra aptidão para relações sociais e ameaças. Com cautela, alguns pesquisadores sugerem a existência de diferenças mais genéricas: o lado esquerdo parece melhor em categorizar objetos, enquanto o direito sabe estabelecer relações.

Por exemplo, Giorgio Vallortigara e Luca Tommasi[11] colocaram tapa-olhos temporários em pintos para forçá-los a lidar com um problema usando o lado esquerdo ou direito do cérebro (ou ambos, quando estavam sem o tapa-olho). Primeiro, os pintos sem tapa-olho aprenderam a acessar comida num lugar que podia ser encontrado tanto a partir de um ponto de referência quanto a partir da sua localização genérica no espaço. Depois, com um dos olhos cobertos, eles foram colocados numa situação em que os pontos de referência e as informações espaciais já não se alinhavam, pois o ponto de referência havia sido deslocado. Os pintos que usavam o olho esquerdo — ou seja, o lado direito do cérebro — ignoraram o ponto de referência e se guiaram pela localização geral; os pintos que usavam o olho direito e, portanto, o lado esquerdo do cérebro, fizeram o contrário e se dirigiram à nova posição do ponto de referência.

Surpreendentemente, os pintos sem tapa-olho também ignoraram o ponto de referência. O lado direito do cérebro parece ter sido dominante nesse caso. Embora o lado esquerdo possa dispor de boas informações, ele não consegue assumir a palavra, a não ser que o lado direito saia de cena.

Os sapos exibem alguns comportamentos bem estranhos ligados à divisão esquerda-direita no cérebro, embora possuam olhos posicionados na frente da cabeça, e não nos lados, o que lhes proporciona um bom campo de visão binocular. Se uma presa está fora de vista e adentra o campo de visão do sapo pelo lado esquerdo, que envia a maior parte da informação para o lado direito do cérebro, o sapo em geral não ataca até que a presa cruze para a outra metade do campo de visão, ativando o lado esquerdo do cérebro. O lado esquerdo, lembremos, é o lado especializado em identificar o alimento. O inverso se aplica, em linhas gerais, quando o que está no campo de visão é um sapo adversário, e não comida.

A especialização das metades do cérebro — seu interesse específico em comida, competição ou alguma outra coisa — não deve nos surpreender muito. O que causa perplexidade é a combinação dessa especialização com as conexões limitadas existentes entre os lados esquerdo e direito; aliás, pesquisadores de lagartos e peixes, em especial, foram levados a tecer comparações explícitas entre esses animais e os casos de "cérebro dividido" em humanos.[12] Embora existam algumas conexões entre os lados esquerdo e direito nesses cérebros, as ligações são muito tênues: não há nada semelhante com a grande autoestrada de conexões, o *corpus callosum*, presente em nós. Esse arranjo em que os lados são ao mesmo tempo especializados e desconectados parecem ter um custo inegável — o alimento será ignorado pelo lado esquerdo e as ameaças, pelo direito. Mas é um custo que vale a pena pagar, ao que tudo indica, já que a especialização proporciona ganhos elevados na eficiência do processamento: você pode identificar o alimento muito melhor, desde que esteja visível no lado direito.

A visão é o caso mais estudado nessa área, como sempre, mas talvez você se lembre dos peixes cegos das cavernas que apareceram no capítulo 7, e que se orientam através das linhas laterais. Eles acham o caminho em ambientes complexos captando a localização de obstáculos com o seu "toque de longa distância". Como eu disse antes, o lado esquerdo do cérebro dos vertebrados parece ter um interesse especial em perguntas do tipo *O quê?*; muitos animais usam o olho direito (lembre-se dos fios cruzados) para inspecionar objetos novos. Os peixes cegos das cavernas exibem a mesma preferência.[13] Quando encontram um novo ponto de referência durante uma tarefa de navegação, eles voltam o lado direito do corpo em direção a ele. Depois que o peixe já está acostumado com o ponto de referência, essa preferência some. Os peixes possuem linhas laterais lateralizadas.

Vou deixar os vertebrados de lado por um instante para mencionar uma especulação que teve origem na minha observação dos polvos. Se um polvo em Polvópolis é alvo da atenção ameaçadora de outro e resolve escapar, ele costuma gerar um padrão esbranquiçado e pontilhado no momento em que a fuga tem início. Mas às vezes somente uma das metades do animal fica esbranquiçada.[14] Uma das possibilidades é que, por alguma razão, o animal inteiro gere um padrão em apenas uma das metades do corpo. Outra possibilidade é que o padrão seja controlado somente por um dos lados. Talvez um dos olhos veja a ameaça se aproximar e faça aquele lado do cérebro ativar o padrão no mesmo lado. (Os polvos não têm os fios esquerda-direita do cérebro invertidos como nós.) Se for esse o caso, os polvos estão mais uma vez exibindo aspectos neurais ocultos em seus corpos.

Nos vertebrados, os peixes, os anfíbios e os répteis possuem as conexões mais fracas entre os lados esquerdo e direito, enquanto os pássaros são um caso misto, ainda divididos até certo ponto. Experimentos demonstraram que, em algumas situações, quando um pássaro aprende a realizar uma tarefa — a fazer alguma escolha — usando apenas um dos olhos, ele não consegue realizá-la quando forçado a usar somente o outro.[15] Com os mamíferos alcançamos, enfim, a evolução do corpus callosum, o grande conector dos lados esquerdo e direito que é cortado nas cirurgias de cérebro dividido. Digo "mamíferos", mas nem entre eles a ligação é universal. Fiquei espantado ao saber que não há um corpus callosum em marsupiais como o canguru, ou em monotremados como o ornitorrinco.[16] Nesses casos, tudo indica que outras conexões entre os dois lados têm algum papel importante; esses mamíferos australianos parecem ser remanescentes de um design mais antigo. Mamíferos "euterianos" (que costumavam ser chamados de "placentálios") são os únicos animais que possuem um corpus callosum.

Subindo pela árvore, me surpreendi ao constatar que designs menos integrados são algo normal na vida de vários animais. Falei antes que alguns pesquisadores comparam os exemplos extremos, especialmente de peixes e lagartos, com a condição do cérebro dividido em humanos. Nesse caso, como vimos naquele capítulo anterior, muitos pesquisadores acreditam que essas pessoas acabam ficando com duas mentes hospedadas num só corpo. Será que um peixe ou lagarto também poderia ter duas mentes?

Tal situação pode ajudar a sustentar uma visão do tipo que adotei cautelosamente no capítulo 6. Uma única mente pode ter partes conectadas, em alguns casos, de maneiras atípicas, incluindo cadeias que se propagam pelo ambiente externo e retornam à origem, e que dependem dos movimentos do corpo. Esses vertebrados agem como um todo integrado; são agentes coesos que dão conta da atividade exigida de um animal. Eles possuem a percepção e a ação que se espera de um self. Vamos lembrar de todas aquelas descobertas comportamentais dos primeiros capítulos — lembrar, por exemplo, dos peixes-arqueiros que aprendem a atingir insetos voadores com jatos d'água e que adquirem essa capacidade observando-a em outros peixes. É uma habilidade e tanto — uma que envolve o peixe inteiro —, e sua forma de aprendizado denota inteligência. A ideia de que nos corpos de incontáveis animais desse tipo residem duas mentes, e não uma, parece contrariar frontalmente a sua maneira integrada de atuar no mundo.

Por outro lado, alguns fatos em jogo aqui são bastante estranhos, independentemente de como sejam interpretados. Para um peixe, o lado direito do mundo parece estar povoado de objetos categorizados, enquanto o esquerdo envolve menos objetos distintos, mas possui redes de relações mais elaboradas, além de ser mais "gabaritado" do ponto de vista social. Giorgio Vallortigara, autor dos estudos com pintos anteriormente citados, passou décadas investigando essas variações entre lados esquerdo e direito, e defende que há uma diferença entre como os dois lados enxergam o mundo.[17]

Essas questões envolvendo os lados esquerdo e direito também se ligam aos temas do capítulo 7, que incluiu na reflexão as propriedades dinâmicas em grande escala do cérebro. Na minha primeira discussão sobre o cérebro dividido no capítulo 6, ainda não havíamos contemplado os ritmos e os campos cerebrais, mas existiam indícios da sua presença. As cirurgias de cérebro dividido são feitas para reduzir a severidade de ataques epiléticos, para evitar que se espalhem pelo cérebro. Um ataque epilético é um tipo de processo dinâmico em grande escala. Como os típicos resultados positivos de uma cirurgia de cérebro dividido apontam, a separação dos lados resulta numa integração menor das atividades dinâmicas em grande escala do cérebro. Esse fato não se limita aos ataques epiléticos; nos pacientes de cérebro dividido, as ondas cerebrais lentas que se verificam durante o sono possuem menos sincronia entre os lados esquerdo e direito.

Animais com conexões mais limitadas entre os lados esquerdo e direito do cérebro apresentam padrões dinâmicos em grande escala menos unificados. Esse tipo de desconexão não faz com que os padrões desapareçam, mas eles são diferentes. Essas diferenças são provavelmente muito relevantes para a experiência. Um cérebro dividido pode funcionar como um todo em alguns aspectos, integrando-se por meio de rotas indiretas que envolvem o comportamento e a unidade corporal, mas um vínculo desse tipo não é capaz de vincular tudo. Mesmo quando o animal está se comportando como um todo coerente, reagindo ao que vê e em ação, a experiência será diferente no caso de um cérebro menos conectado. A extensão da diferença dependerá de questões[18] em torno dos respectivos papéis das propriedades esquemáticas relacionadas ao self, vistas no capítulo 5, e as propriedades dinâmicas do cérebro vistas no capítulo 7. É natural nos perguntarmos, também, se as circunstâncias especiais da vida de um peixe ou réptil com um cérebro parcialmente dividido poderiam induzir uma divisão em duas mentes, como parece ocorrer com humanos em contexto experimental. Talvez as atividades presentes nas duas metades, nesses casos não humanos, sejam tão diferentes do que transcorre nas metades bem maiores dos cérebros humanos que nunca se alcance uma situação que envolva dois sujeitos. Nesses animais, as partes superiores do cérebro que ficam separadas também representam uma fração menor do cérebro inteiro do que o córtex no caso humano.

Não insistirei muito mais nessas questões aqui, reservando muitas para um próximo livro que abordará, entre outras coisas, os fatores que se conjugam para tornar os humanos animais tão incomuns — linguagem, tecnologia e vida social, lado a lado com nosso cérebro grande, enérgico e altamente conectado. Para encerrar esta parte, analisaremos outro caminho evolutivo que une a terra e os oceanos.

Os golfinhos são mamíferos que retornaram aos mares — são "baleias com dentes", ou odontocetos, junto com os cachalotes e alguns outros. A linhagem que chegou aos golfinhos e em outras baleias divergiu da que chegou aos primatas há cerca de 90 milhões de anos, na época dos dinossauros. Os ancestrais do golfinho parecem ter retornado aos mares cerca de 49 milhões de anos atrás, e os ancestrais terrestres do golfinho são parentes dos hipopótamos. O outro grupo de baleias, os cetáceos com barbatanas, ou misticetos, se separaram dos cetáceos com dentes há cerca de 34 milhões de anos.

Alguns golfinhos são capazes de criar, com grande habilidade, anéis de bolhas dentro d'água (que lembram um pouco anéis de fumaça) e brincar com eles. Vídeos mostrando esse comportamento, captados por Diana Reiss, são espantosos e também um pouco comoventes. Os anéis são perfeitos e os golfinhos fazem várias coisas com eles — nadam em torno e os admiram. Mas observar esse comportamento gera uma sensação, como ocorre em relação aos peixes, de que poderiam fazer muito mais do que os seus corpos permitem. Os golfinhos, como os pássaros, abriram mão de uma grande capacidade de manipulação para alcançar sua forma especial de mobilidade. Do que o golfinho seria capaz se tivesse mãos?

Os golfinhos possuem cérebros extremamente grandes, tanto em termos absolutos quando em proporção ao corpo.[19] Esses cérebros aumentaram de tamanho depois, e não antes, do retorno aos mares. Surpreendentemente, as razões para isso não foram muito estudadas — muito menos do que em relação aos primatas. O tamanho do cérebro do golfinho parece ter aumentado em dois saltos, um antigo e outro recente. O primeiro pode estar ligado à evolução da ecolocação — um sentido baseado na emissão de rajadas sonoras e na escuta dos ecos. De modo geral, porém, os golfinhos parecem bons candidatos para a hipótese da "inteligência social". Sua vida social é muito elaborada, repleta de alianças complexas.

Enquanto mamíferos euterianos, os golfinhos possuem um corpus callosum ligando os hemisférios cerebrais,[20] mas a sua versão desse conector é menor do que seria esperado, levando em conta o tamanho do cérebro do golfinho. Os golfinhos são capazes de dormir com uma metade do cérebro de cada vez (como observado no capítulo 6, eles administram em si mesmos um procedimento de Wada natural). Tudo indica que os golfinhos são um caso em que, após o retorno aos mares, a tendência à integração vista no cérebro dos mamíferos foi atenuada ou desviada, apesar de o cérebro ter ficado cada vez maior. Me pergunto se isso se deve à importância do sono; o corpus callosum acabou reduzido para permitir que os padrões dinâmicos em grande escala preservassem alguma autonomia nos dois lados, tornando o sono possível nas circunstâncias difíceis de viver dentro d'água respirando ar.

Golfinhos selvagens podem estabelecer interações incrivelmente próximas com as pessoas. Alguns anos atrás, vi um golfinho solitário que faz visitas regulares a Cabbage Tree Bay, uma reserva marinha perto de Sydney que foi cenário de boa parte do meu livro anterior, *Outras mentes*. Esse golfinho, bem conhecido naquele litoral, é uma fêmea — vou continuar dizendo "é", embora ela não tenha sido vista por lá nos últimos dois anos, até onde sei. Ela vive sozinha, após ter se perdido do seu grupo anos atrás, e não parece muito preocupada com sua vida atípica. Naquele dia, muitos mergulhadores estavam dentro d'água, boa parte deles apenas interessada em ver a fêmea de golfinho. Mantínhamos distância, mas ela se aproximava. Ela se afeiçoou em particular por um rapaz de cabelos ruivos. Quando ele mergulhava, ela chegava como um foguete e aproximava seu rosto do dele repetidas vezes, tão perto que parecia querer lhe dar um beijo. Não sei por que ela escolheu dar atenção especificamente a ele.[21] Algumas pessoas parecem ter um certo jeito de se deslocar na água — talvez uma calma, mas deve ser algo mais distintivo — que agrada a certos animais. Vi a mesma coisa em Matt Lawrence, que descobriu o lugar onde fica Polvópolis. Algo nele faz os polvos terem vontade de brincar, a ponto de muitas vezes acabarem rastejando por cima dele. Algo parecido aconteceu com o rapaz ruivo e a fêmea solitária de golfinho.

Influências da terra e do mar

Quando entramos no mar e mergulhamos abaixo da superfície, algumas mudanças são imediatas — novas cores, a pressão da água. Mas há uma camada superior, de profundidade que varia dependendo das condições, na qual a vida ainda consegue sentir diretamente a energia solar.

Plânctons que realizam fotossíntese, algas marinhas de vários tipos e corais que estabelecem parcerias com algas se aproveitam dessa região rasa e ensolarada. Abaixo dessa camada, o sol ainda permite a visão, mas não fornece muita energia, de modo que os recursos precisam vir da matéria viva. Durante um mergulho nos penhascos de Jervis Bay, a transição é brusca, e a água se torna sombria após uma fina primeira camada. Ao nosso lado havia paredes rochosas cobertas pelos corpos estáticos de animais que filtravam partículas da água. Não tínhamos descido muito, mas já havíamos adentrado em outro reino.

Os mares profundos abissais estão além do alcance de qualquer mergulhador. Um outro observador de polvos, Bret Grasse, passou anos assistindo a telas de vídeo pretas com imagens captadas por submersíveis a 750 metros de profundidade. A imagem mais comum nas telas era a de neve caindo, partículas esbranquiçadas despencando no fundo da escuridão. Essa neve era matéria orgânica das águas mais elevadas — cascas desprendidas por plânctons, outros dejetos e partes descartadas, restos de corpos.

A lula-vampira-do-inferno, o animal que Bret estava tentando observar, paira numa zona com muito pouco oxigênio. Pouquíssimos animais conseguem sobreviver ali — as lulas-vampiras vivem em segurança nesse ambiente inóspito. Elas se alimentam estendendo tentáculos semelhantes a cordões, muito finos e compridos, que coletam partículas da neve. Poucas visitantes se aproximam das telas; Bret viu sete ou oito lulas-vampiras-do-inferno em quatro anos de pesquisa.

A superfície terrestre ocupa um terço da área do planeta, mas abriga 85% de todas as suas espécies, se considerarmos os organismos multicelulares.[22] (A situação incluindo bactérias e organismos semelhantes é menos clara.) A transição — o momento após o qual a terra se tornou dominante em termos de diversidade — ocorreu apenas nos últimos 100 milhões de anos, uma época relativamente recente dentro das escalas de tempo presentes neste livro, mas o desequilíbrio se manteve desde então.

Com isso, é natural termos a impressão de que a vida, embora tenha atravessado seus primeiros estágios nos oceanos, evoluiu em outra direção a partir do momento em que a superfície terrestre foi colonizada. Uma série de artigos explorando esse tema foi escrita por Geerat Vermeij, um biólogo proeminente da Universidade de Califórnia em Davis. Vermeij estudou sobretudo os moluscos. Suas reflexões têm algo de incomum, pois ele aceita certas comparações controversas entre a evolução e as atividades humanas: ele compreende a evolução em termos de competições econômicas, corridas armamentistas e invasões. Eu, que sou um amador escrevendo sobre essas enormes escalas de tempo biológicas, já hesitei algumas vezes diante de descrições desses eventos que remetem a conflitos humanos, especialmente nesses capítulos que tratam de invasões e colonizações. Vermeij, pelo contrário, força ao máximo essas comparações, não porque pense que este seja um modo de falar eloquente e inofensivo, mas porque acredita que essas analogias são precisas e que os mesmos princípios atuam sobre as duas coisas.

Há outro fato incomum a respeito de Vermeij: ele é cego desde os três anos. Toda a sua ciência, toda a sua exploração minuciosa das conchas dos moluscos, foi feita sem o auxílio da visão.

Aplicando o seu modelo de pensamento econômico, Vermeij defende que a superfície terrestre abriga uma evolução mais criativa que a dos oceanos; ela gerou mais "inovações de alta performance", e isso era esperado. Um dos motivos é a elevada produtividade que se torna possível na superfície com os altos níveis de fluxo energético. Outro é a amplitude das ações animais: "A atividade fica menos restrita no ar do que no meio aquático, que é mais denso e viscoso".

Em um artigo de 2017,[23] Vermeij defende esse argumento ao revisar uma lista de inovações evolutivas e verificar onde elas tiveram origem: no mar, na terra ou nos dois. Ele inicia a sua comparação no Ordoviciano, o período em que os animais chegaram à superfície terrestre, e vai avançando a partir daí. Na história contada por ele, a vida passa a infância na região dos oceanos, mais amistosa, mas a evolução realmente decola quando os organismos vão enfrentar os desafios da vida terrestre.

Alguns dos contrastes entre a minha visão e a de Vermeij são uma questão de perspectiva. Ele parte de um estágio em que os elementos básicos estão dados e já são fato consumado, ao passo que o meu livro se ocupa justamente dos elementos básicos. Mas algumas de suas comparações entre a terra e o mar não são, no meu entender, completamente "justas" com as peculiaridades da vida marítima. Por exemplo, uma das inovações evolutivas que Vermeij discute é o voo — a locomoção aérea. O voo, diz ele, foi inventado nos dois lugares, mas primeiro na superfície terrestre. Contudo, muitos tipos de outros animais marinhos já estavam voando em um certo sentido. Em terra firme, o voo (e, em menor grau, a escavação e a escalada) é a única maneira de escapar da superfície e se movimentar de modo verdadeiramente tridimensional. No mar, o nado e a flutuação são intrinsecamente 3-D. Antes mesmo dos peixes, as medusas já voavam.

Alguns dos outros casos destacados por Vermeij, como o sangue quente, são comparações entre terra e mar que soam mais justas. Mas resisto à conclusão de que as condições marítimas "restringem a inovação" (como ele diz) em maior grau do que as condições acima da superfície. Uma visão alternativa pode enxergar as duas regiões como focos de criatividade e situar as inovações numa ordem histórica.

Uma série de inovações importantíssimas, e necessariamente primordiais, ocorreu nos mares: a evolução dos animais e dos corpos, dos sentidos, membros, sistemas nervosos e cérebros dos animais. O mar é o contexto natural desses estágios. A partir do momento em que o estilo de vida dos animais ficou estabelecido, deslocar-se para a terra firme e se beneficiar de seu ambiente de estufa passa a ser uma possibilidade. Desse ponto em diante, são necessárias novas rodadas evolutivas. Entre os resultados estão os corpos dos mamíferos e das aves, um controle rígido da temperatura corporal, novos tipos de organização social e novas capacidades de engenharia para atuar sobre o ambiente. Devemos agradecer aos estágios marítimos pelos nervos e cérebros através dos quais ressoam essas palavras, pelos corpos animais e pela própria experiência. Mas a mudança para a superfície terrestre abre novas portas.

10.
Recompondo gradualmente

> *[...] quando acordava no meio da noite, e como ignorasse onde me achava, no primeiro instante nem mesmo sabia quem era; tinha apenas, em sua singeleza primitiva, o sentimento da existência, tal como pode fremir no fundo de um animal; estava mais despercebido que o homem das cavernas; mas aí a lembrança — não ainda do local em que me achava, mas de alguns outros que havia habitado e onde poderia estar — vinha a mim como um socorro do alto para me tirar do nada, de onde não poderia sair sozinho; passava em um segundo por cima de séculos de civilização e a imagem confusamente entrevista de lampiões de querosene, depois de camisas de gola virada, recompunha pouco a pouco os traços originais de meu próprio eu.*
>
> Marcel Proust, *Em busca do tempo perdido*, volume 1*

1993

Lembro da primeira vez que ouvi baleias cantando embaixo d'água. Eram baleias-jubarte que estavam na Grande Barreira de Coral australiana, perto das ilhas Whitsunday, há mais de 25 anos. Lembro da expressão que apareceu no rosto da pessoa que mergulhava comigo quando o som começou. Ela foi se virando com os olhos arregalados.

* Marcel Proust. *No caminho de Swann*. Trad. Mário Quintana. São Paulo: Globo, 2006. [N.T.]

O som parecia vir de muito longe. Era perfeitamente audível, às vezes até alto, mas era como se atravessasse uma distância enorme. A canção era acelerada e trocava de frequência o tempo todo. Acho que continuou soando durante todo o mergulho, mas não tenho certeza disso.

Hoje, aquela parte do coral é somente um resquício esfarelado da beleza de outrora, mas o tema dessa história não é esse. O tema dessa história é a memória. Um tipo específico dela. A memória *episódica* é a memória de uma experiência, aquela em que a memória não é apenas um registro do que aconteceu — "eu estava nas ilhas Whitsunday e escutei baleias" —, mas sim algo que é em si mesmo uma experiência parcial, ou que pelo menos tem um aspecto semelhante à experiência, acompanhado por impressões sensoriais visuais, sonoras ou de outros tipos. Recordar acontecimentos importantes específicos traz certa sensação. Consigo lembrar um pouco da sensação e do ritmo daquele dia, embora tenha ocorrido há muito tempo. A memória episódica é uma parte importante da experiência humana, e também uma trilha que leva a um assunto mais abrangente.

Lá

A memória é um aspecto básico da mente e da cognição. Uma das concepções de memória nos diz que ela é como um armazenamento: pedaços de informação ficam reservados para uso posterior. A memória figurou em capítulos anteriores deste livro quase sempre em associação ao aprendizado; o aprendizado requer inevitavelmente algum tipo de retenção, uma marca deixada no sistema nervoso.

A psicologia distingue entre quatro e cinco tipos de memória principais. A memória semântica diz respeito aos fatos — Paris fica na França. A memória procedimental guarda a capacidade de fazer coisas — como andar de bicicleta. A memória episódica é a memória da experiência dos acontecimentos. Essas formas de memória podem persistir a longo prazo. Há também uma memória "operacional", a retenção momentânea das ideias e imagens que manipulamos.

Considera-se normalmente que a memória episódica apresenta duas características principais: ela guarda eventos específicos, e não generalidades, e ela é experimentada ou revivida. Uma literatura científica vasta, e às vezes perturbadora, descreve como a memória humana pode ser pouco confiável em diversas circunstâncias, e as memórias episódicas em especial podem parecer "inventadas".

O psicólogo canadense Endel Tulving, que batizou a memória episódica e mapeou essas distinções nos anos 1970 e 1980, observou que Kent Cochrane, um paciente com a memória episódica afetada por amnésia severa, tinha também outro problema; ele não conseguia imaginar eventos acontecendo no futuro.[1] Cochrane foi o primeiro de muitos pacientes que tinham esses problemas correlacionados e foram estudados. Clive Wearing, um especialista inglês em música antiga,[2] sofreu amnésia em 1985 por causa de uma infecção e, embora tenha ficado com as memórias semântica e procedimental praticamente intactas, teve a memória episódica muito prejudicada, e além disso ficou com uma sensação quase permanente de que tinha acabado de acordar. Também nesse caso, imaginar futuros é tão inacessível para Wearing quanto recordar passados.

Por volta de 2007, surgiram vários estudos[3] que apresentaram novos dados sobre essas relações e os reuniram numa teoria, ou num apanhado de teorias. Os novos dados recorreram a imagens de atividade cerebral e revelaram que as regiões do cérebro envolvidas na memória episódica também são ativadas quando imaginamos o futuro. A teoria propôs, em diferentes formas, que uma única capacidade para a "viagem no tempo mental" é responsável por olharmos para a frente e para trás. Em retrospecto, outros indícios de uma relação entre as duas coisas estavam mais disponíveis e só precisavam ter sido notados. Sem esforço deliberado, somos capazes de "lembrar" acontecimentos a partir de perspectivas visuais que nunca experimentamos. Você consegue se ver de fora numa memória episódica.

As novas reflexões a respeito da memória episódica que surgiram nesse período também incluem ideias sobre a finalidade desse tipo de memória. Entre elas, há ideias que colocam a própria memória em segundo plano, de um ponto de vista funcional. Elas sugerem que a coisa realmente importante e útil que fazemos com a viagem no tempo mental é simular situações possíveis que possam auxiliar planejamentos. Essas situações não precisam ter acontecido — são meras possibilidades, coisas que poderiam ocorrer no futuro. A memória episódica, que olha para trás, é um subproduto dessa capacidade de olhar à frente. (Versões dessa teoria são conhecidas como a hipótese da *simulação episódica construtiva*.)

Por que deveríamos acreditar nisso? Um dos motivos é a pouca confiança que podemos ter na memória episódica. Se a sua função fosse a de um mero registro, poderíamos esperar um resultado mais preciso. Esse caráter ao mesmo tempo inexato e vívido que encontramos na memória episódica é um dos elementos que nos sugerem que ela é um subproduto da habilidade de explorar futuros possíveis. A aptidão para vislumbrar o que está por vir também carrega consigo a capacidade de forjar passados.

Algumas formulações dessa visão talvez estejam indo longe demais ao contrastar a tarefa de planejar à frente com a atividade de lembrar olhando para trás. A memória semântica também só será útil se nos ajudar a tomar decisões sobre ações futuras, e isso é totalmente compatível com o fato de ela ser um registro de fatos aprendidos no passado. A memória semântica também se revela imprecisa, embora seu principal papel seja guardar vestígios do passado para guiar as ações do futuro; a memória episódica talvez não seja muito diferente disso. Pense na memória episódica de um evento complexo que aconteceu recentemente, como uma festa animada. Você pode revisitar essa memória e — sem deixar de cometer possíveis erros — tentar revirá-la à procura de coisas nas quais não reparou explicitamente na ocasião (aquelas duas pessoas passaram *mesmo* um tempão conversando).

A retenção dos fatos não precisa ser a função exclusiva de nenhum desses dois tipos de memória. Outra função para elas, incluindo seu lado falível, é moldar uma narrativa que nos ajude a manter uma personalidade, uma imagem de si mesmo. Essa possibilidade foi sugerida por estudos iniciais acerca da inexatidão da memória episódica. Ela ainda soa razoável e parcialmente distinta da exploração de futuros visando planejamento.

Outro modo de interpretar várias dessas descobertas é que a memória episódica, a imaginação e algumas outras habilidades que possuímos fazem parte de uma capacidade geral para o "processamento off-line" (fora de linha), uma capacidade que pode ser apontada para a frente, para trás e para os lados (para presentes alternativos). Na expressão "processamento off-line", a "linha" em questão é o fluxo normal entre percepção e ação. Estamos "fora" dessa linha quando construímos e avaliamos possibilidades sem que elas sejam respostas diretas ao que percebemos, e sem que ajamos, pelo menos de imediato, no sentido por elas indicado. Donna Rose Addis, uma das psicólogas com destaque nessa área, adotou uma visão desse tipo.[4]

Esse conjunto de habilidades off-line, a habilidade de nos distanciarmos do que está de fato ao nosso redor, é uma parte importante da mente humana. De certo modo, sua chegada traz consigo o advento da mente num sentido adicional — uma mente desinibida e criativa, não presa ao aqui e ao agora. A modelagem off-line é útil; trata-se de uma ferramenta com importância prática nos processos de decisão. Ela também provê uma boa parte das sensações associadas à experiência humana.

A ideia de que o processamento off-line é uma única habilidade multifacetada foi estendida para o caso dos sonhos. Após séculos sendo compreensivelmente tratados em termos religiosos e espirituais, a primeira teoria detalhada dos sonhos com base sólida na neurobiologia (não estou incluindo Freud) foi desenvolvida nos anos 1970 e 1980 por dois psiquiatras de Harvard, Allan Hobson e Robert McCarley.[5] Eles propuseram que os sonhos acontecem quando o córtex tenta extrair sentido de surtos de atividade no tronco cerebral, uma região muito antiga e situada na parte inferior do cérebro. Posteriormente, Francis Crick e Graeme Mitchinson[6] levantaram a hipótese de que os sonhos são lixo, num sentido semelhante ao empregado no mundo dos computadores. Sonhar é livrar-se de informações inúteis e desorganizadas, arrastando-as para o lixo e evitando que atravanquem o cérebro. Sobre esse pano de fundo, algumas teorias mais recentes casam melhor com o papel que se costuma atribuir aos sonhos.[7] Essas teorias tratam os sonhos como uma espécie de modelagem, uma revisão e recombinação de possibilidades, aliada a uma consolidação da memória através de *replays* de fragmentos da experiência passada. Nesse caso, há uma continuidade entre os sonhos e outras atividades off-line, entre eles os devaneios, a exploração feita durante cochilos e a própria memória episódica.

Os sonhos claramente constituem uma forma bastante insubordinada desse tipo de exploração e modelagem de cenários. Talvez os sonhos sejam uma mistura disso tudo, contendo também a ideia de Hobson e McCarley de que uma atividade caótica no tronco cerebral aciona uma tentativa de interpretação no córtex. É até mesmo possível que essa atividade seja complementar ao outro lado, mais orientado a objetivos, fornecendo uma injeção de ruído que acaba sendo proveitosa; não há dúvida de que isso daria uma agitada nas coisas.

No conjunto, temos um cenário em que a cognição humana inclui uma família de processos off-line que são experimentados total ou parcialmente — eventos internos que se pode sentir, com fronteiras indistintas e provavelmente ligados aos sonhos. Qual a relação entre esses fenômenos e a história da mente-corpo que estou contando?

Uma boa parte da descrição da experiência que ofereci nos capítulos anteriores se preocupou com a inserção de um self no mundo, com a sua condução "em tempo real" — um envolvimento aqui-e-agora com as coisas. Para usar uma expressão que ronda a filosofia desde os tempos de Martin Heidegger,[8] e que foi usada por Andy Clark no título de um livro influente, boa parte da história até o momento tem sido sobre *ser-aí*. Agora vemos como a experiência pode estar dispensada desse papel. No início havia o *ser-aí*; agora há o *ser-lá*.

Esse aspecto da experiência provavelmente não se limita aos humanos; muitos outros animais devem possuí-lo. Os sonhos fornecem uma pista. O sono propriamente dito é muito comum nos animais e deve ter surgido há muito tempo.[9] Sua função ainda não é muito clara, mas vai além do mero descanso. Os chocos, que são parentes dos polvos, mas em muitos casos ainda mais coloridos, foram objeto de dois estudos formidáveis sobre o sono.[10] O primeiro descobriu evidências de que esses animais entram num estado muito semelhante ao nosso sono REM [*rapid eye movement* (movimento rápido dos olhos)]. Nos humanos, ocorre uma alternância entre o sono de "ondas lentas", mais tranquilo, e períodos mais agitados de sono REM, e o sono REM está mais associado aos sonhos. O segundo estudo com chocos encontrou neles uma alternância semelhante entre estágios de sono, apesar da sua enorme distância evolutiva em relação a nós. Em seu estado semelhante ao REM, os chocos contorcem os tentáculos, movimentam os olhos e geram padrões atípicos na pele. Nos chocos, assim como nos polvos, as cores da pele são controladas pelo cérebro, e o padrão todo pode ser alterado em menos de um segundo; os padrões da pele são reflexo direto da atividade cerebral contínua do animal. Se quisermos saber se esses processos cerebrais fazem ou não parte da experiência dos chocos, a sua pele é uma verdadeira janela.

Os cefalópodes, em especial os chocos e os polvos, geram outras mudanças de cores extravagantes e padrões sem propósito claro. Fazem isso quando estão parados sem fazer nada, mas aparentemente despertos, e também durante o descanso semelhante ao sono. Como já foi dito, a história desses animais torna esses fatos ainda mais notáveis. Os cefalópodes compartilharam o último ancestral conosco há cerca de 600 milhões de anos. Até mesmo as teorias que defendem que aquele último ancestral era mais complexo do que se costuma presumir (teorias discutidas no capítulo 6) afirmam que os cefalópodes construíram seus cérebros complexos quase do zero, após um período menos emocionante de vida mais parecida à de uma lapa. O fato de que esses animais evoluíram uma alternância reconhecível entre dois estágios de sono semelhantes aos nossos, sem mencionar que exibem seus processos cerebrais durante o estágio de tipo REM nas cores da pele, é extraordinário.

Será que esses processos provocam no choco algo parecido com o que os processos off-line provocam em nós? Não fazemos ideia. No caso dos ratos, porém, alguns estudos fascinantes sugerem a ocorrência de expedientes similares. "Células de lugar" fazem parte de um sistema bastante estudado no cérebro dos ratos, capaz de mapear os ambientes físicos experimentados por eles.[11] Essas células, como sugere o nome, disparam quando o rato se encontra num lugar específico. Ao observar a ativação sequencial dessas células, os pesquisadores também conseguem desenhar os trajetos no espaço que o rato está representando para si mesmo quando não está se movendo.

Algum tempo atrás, foi demonstrado que ratos reconstituem durante o sono caminhos anteriormente percorridos. Não é só isso; além de reconstituir trajetos, os ratos *antecipam* a exploração de caminhos que nunca percorreram de verdade, mas que levam a locais onde já encontraram comida. Eles conseguem traçar, dentro do cérebro, trajetos novos que levam a um objetivo, e a ativação de uma célula de lugar após a outra nos mostra que eles estão fazendo isso. Quando acordam, os ratos muitas vezes percorrem os caminhos que haviam ensaiado.

Para alguém interessado em formas ocultas de processamento off-line, a existência do sistema de células de lugar nos ratos é tão milagrosa quanto as janelas dérmicas para a alma encontradas no choco. Será que os ratos também experimentam os caminhos que refazem e antecipam da mesma forma que nós experimentamos os nossos sonhos? Ou será que se trata somente de um processo interno que resolve um problema silenciosamente, como aqueles casos (pelo menos uma dúzia durante a escrita deste livro) em que você acorda de manhã com a solução do problema impossível da noite passada prontinha na cabeça, sem ter a menor ideia de como chegou a ela? Essa pergunta a respeito da experiência é muito difícil de responder — já é difícil o bastante saber quais processos noturnos em nosso próprio cérebro constituem uma experiência, dada a facilidade com que esquecemos dos sonhos. E a maior parte desses estudos sobre a navegação off-line em ratos investigou o sono de ondas lentas em vez do sono REM, que os ratos também possuem (causando menos surpresa que os chocos). Mas existe pelo menos uma boa pista. A reconstituição de caminhos pode ser comparada dentro dos sonos de tipo REM e de ondas lentas.[12] No sono de ondas lentas, o caminho que estava sendo representado foi percorrido pelo rato num piscar de olhos — cerca de vinte vezes mais rápido do que o tempo necessário para percorrê-lo andando. Durante o sono REM, a reconstituição da jornada aconteceu numa velocidade mais natural. Períodos de atividade comportamental que durava minutos — movimento através de um ambiente ao longo de minutos — foram reconstituídos pelo cérebro adormecido, um lugar depois do outro, numa velocidade parecida.

Isso não é conclusivo, mas estabelece uma ponte entre a experiência animal e a utilidade dos processos off-line, assim como no nosso caso.

Esse conjunto de considerações sugere que alguns outros animais possuem um processamento off-line de possibilidades, e também uma experiência off-line. Muitos animais passam uma parcela significativa do seu tempo parados no lugar sem fazer nada. Quando estão assim, não creio que esteja tudo vazio dentro deles, e duvido também que experimentem um recorte fixo e monótono da cena aqui-e-agora em que se encontram. Os padrões dinâmicos autoimpelidos no cérebro dos animais envolvem mais do que somente isso. Acredito que muitos animais passam uma boa parte do tempo "lá". Se existe uma diferença entre os casos humanos e não humanos, provavelmente não é a existência desse tipo de experiência-lá, e sim a extensão do controle deliberado sobre ela. Um aspecto da cognição humana que parece realmente se distanciar bastante do que se passa dentro dos outros animais é aquilo que os psicólogos chamam de "controle executivo", ou a capacidade de se focar numa tarefa, suprimir impulsos momentâneos e convocar as diversas habilidades do indivíduo para alcançar um objetivo conscientemente representado. Contando com esse lado da cognição humana, em parceria com ferramentas tais como a linguagem para organizar o pensamento, podemos induzir e controlar calculadamente nossas jornadas off-line, em vez de simplesmente deixá-las acontecer. Podemos nos lançar deliberadamente rumo a algum "lá" específico, embora também possamos devanear, desligar e sonhar.

Como o final do livro se aproxima, vamos dar uma olhada na visão geral que começa a ganhar forma. O fio condutor está na ideia de que a história da mente e da experiência deriva da história da vida animal. A evolução animal gerou um novo tipo de ser, capaz de um novo tipo de envolvimento com o mundo a partir dos sentidos e da ação. Ela gerou subjetividade e agência. Também gerou animais que conduzem suas interações com o mundo de maneiras que incluem um senso tácito do self. Não acredito que o elemento do sentido-do-self carrega a solução definitiva do problema, um acender das luzes da experiência. Mas ele é importante enquanto característica do "formato" da percepção sensorial e da ação nos animais, e evidentemente relevante para a subjetividade. No capítulo 5, especulei sobre a importância dessas partes da história — simplesmente *ser* um self desse tipo novo, um foco de ação e percepção, e possuir essa noção do self. Agora, uma parte da situação pode ser definida assim: nos animais, a evolução concede vantagem à capacidade de agir com coesão, e a partir de um certo ponto o caminho para agir de modo eficiente *como* um self é possuir uma noção *do* próprio self, de ser uma unidade desse tipo. Essa noção do self é completamente tácita ou implícita no começo, mas pode se tornar menos tácita à medida que a complexidade do comportamento continua evoluindo.

Ao lado dessas ideias, temos outra. Ao fazer dos corpos dos animais esses centros de percepção e ação, a evolução instalou recursos singulares nos sistemas nervosos que controlam esses corpos. A base da experiência não é somente um agrupamento de células que conversam entre si em rede, e sim um órgão com capacidades adicionais de atividade e integração que são alcançadas por meio de ritmos e campos distribuídos, e talvez outras propriedades dinâmicas em grande escala.

Restam muitas perguntas a respeito de como essas ideias se encaixam — a respeito de que peso devemos atribuir à mera formação de um self envolvido com o mundo e capaz de agir sobre ele, de qual é o papel da noção emergente do contraste eu-e-outro, e de quanto devemos creditar às formas singulares com que o sistema nervoso organiza as energias da natureza. Cada uma dessas questões tem sua cota parcial na transposição da lacuna entre a mente e a matéria, entre a experiência e a biologia, mas levo a sério a mensagem contida na citação de Grothendieck (a epígrafe abandonada) que discuti no capítulo 1 — a ideia de que o problema se transformará gradualmente em conhecimento à medida que vamos construindo ao redor dele.

Essa visão das coisas está atrelada ao sistema nervoso (ela é "neurocêntrica", por assim dizer), portanto é cética com relação à existência de mentes não animais. Por que alguma outra coisa não poderia atuar da mesma forma que um sistema nervoso? Talvez seja possível, mas vejam só o *que* eles fazem, nas diversas escalas. Há influência direta entre células em rede; há oscilações mais lentas, capazes de sincronizar atividades; há campos que se espalham no espaço e afetam os neurônios de volta. Há duas imagens em que podemos recair quando pensamos no cérebro e na experiência. Ou o cérebro é feito apenas de chaves e trocas de sinais entre as células (*e de algum modo isso deve bastar*), ou então, quando entram em cena as suas propriedades dinâmicas globais, podemos visualizar de repente uma nuvem consciente, uma nuvem de sensação propagada pelo cérebro. Em certo sentido, a primeira visão faz o problema parecer difícil demais, enquanto a segunda o faz parecer fácil demais. O que o cérebro tem de especial é a combinação das influências locais entre uma célula e outra — organizar estímulos captados por superfícies sensoriais, criar ações coordenadas — com os padrões de atividade em grande escala. Tudo isso foi moldado pela evolução; não é algo que a natureza simplesmente produz de maneira espontânea. É algo que evoluiu para possibilitar a ação e o seu controle.

Se o materialismo é verdadeiro, as tempestades dentro das células, a interligação da atividade de incontáveis células, os ritmos perturbados de sua respiração elétrica e sua coordenação em grande escala *são* os ingredientes da mente. É com isso que precisamos nos identificar — pensar que nossas mentes, em vez de serem uma *consequência* disso, *são* precisamente essas atividades. Parte do que é exigido é um salto de imaginação, um salto em direção ao monismo — a visão filosófica, descrita no capítulo I, que afirma a unidade da composição básica do mundo, apesar das diferenças aparentes entre a mente e a matéria. O salto de imaginação precisa abraçar a ideia de que não somos algo *extra*, que é acrescido ao mundo físico, mas sim aspectos do seu funcionamento. *Fazemos parte* dessas atividades, em vez de estarmos ligados a elas ou sermos constituídos por elas.

Até agora, esta tem sido uma visão sobre que tipo de coisas são dotadas de experiência subjetiva, e por quê. Mas podemos perguntar em seguida: O que é a experiência? Primeiro e acima de tudo, ela é a atividade descrita acima da maneira como é sentido *de dentro*. É a sensação inerente a um sistema caracterizado por uma atividade de determinado tipo. A experiência é a sensação de *ser* um sistema desses — não de olhar para ele nem descrevê-lo, mas sê-lo. É como um padrão de atividade de determinado tipo se sente ao ser *você*.

Em mais detalhes, a situação seria a seguinte. Se você é um certo tipo de coisa viva (e está desperta, e assim por diante), você tem, a cada momento, um *perfil de experiência*.[13] É a sensação das coisas como um todo naquele momento. Esse perfil é afetado por uma quantidade imensa de coisas que estão acontecendo dentro de você, em pequena e grande escala. O perfil de experiência muda à medida que os momentos se sucedem.

Esse perfil será muito diferente de animal para animal. No caso humano típico, porém, ele incluirá um quadro sensorial — com coisas vistas, ouvidas e sentidas — e muitos outros elementos — estado de ânimo, nível de energia, o senso tácito de possuir um corpo. Um perfil desse tipo é marcado por grandes diferenças entre o que está em primeiro e em segundo plano. Se você está prestando atenção em algo — um livro, um som ou o que está acontecendo lá fora —, esse algo vem ao primeiro plano e quase todo o resto se retira. Isso pode mudar rápido. Você pode voltar a atenção à dureza do assento ou à brisa do ventilador, seja porque algo mudou ou porque você tomou essa decisão. Em seguida, essas coisas também podem se retirar. Ao se retirarem, elas continuam sendo parte do seu perfil de experiência. Elas seguem exercendo algum efeito na sua forma de sentir, assim como o nível de energia, o estado de ânimo e por aí vai. Tudo isso pode estar em segundo plano e ainda assim continuar dando sua contribuição.

Apresentarei agora outra parte dessa visão, a última peça que quero encaixar. Trata-se do *gradualismo*, ou a ideia de que, na evolução, as mentes e a experiência passam a existir aos poucos em vez de aparecerem de uma vez só.

Uma investigação dessas começa inevitavelmente na experiência consciente, com suas manifestações humanas variadas e complexas. Isso logo nos conduz a indagações a respeito dos casos mais simples e da origem da coisa toda. Ao mapearmos as características biológicas que são responsáveis pela experiência, descobrimos que muitas delas (talvez todas) parecem ser uma questão de grau. Entre os organismos existentes hoje, a presença ou não de um sistema nervoso parece ser, curiosamente, uma questão bem definida. Pelo menos dentro da visão mais aceita do que constitui um sistema nervoso, você o possui ou não o possui. Mas é provável que os sistemas nervosos evoluíram gradualmente, e quase todos os outros componentes que importam nessa história estão presentes ao nosso redor em muitos matizes.

Algumas mudanças evolutivas podem ser muito rápidas (em decorrência, por exemplo, de mutações que afetam a duração relativa de estágios da vida de um organismo), mas características importantes não brotam já prontas; elas vão se formando aos poucos, nascendo de estados limítrofes. Nos primeiros capítulos, vimos muitos casos em que um animal ou alguma outra criatura viva apresenta somente uma parte ou um indício de características que nos conduzem à experiência: cnidários, gastrópodes, protozoários, plantas. Tudo isso sugere que a origem da experiência propriamente dita ocorreu de maneira gradual.

Embora as transições graduais pareçam naturais pelo lado biológico, muita gente pensa que a consciência ou a experiência não podem ser assim. As luzes dentro de um animal (formiga, medusa, lula) estão acesas ou apagadas: sim ou não.[14] Em discussões recentes, me chamou a atenção a quantidade de filósofos que insistem nisso; as pessoas dizem que não há maneira possível de ver a existência da experiência propriamente dita como algo gradual, presente em maior ou menor quantidade. No início, dizem elas, pode parecer que a situação é um pouco assim — um bom modelo não seria um interruptor de luz comum, e sim um *dimmer*. Mesmo no caso do *dimmer*, contudo, a luz continua um pouco acesa ou nada acesa. Seguindo o mesmo raciocínio, me disseram, pode haver diferenças na complexidade e intensidade da experiência quando as luzes internas estão acesas, mas estar aceso até certo ponto ainda significa estar aceso.

Devemos resistir a esse modo de ver. Se as características que vim descrevendo são a base da experiência, e se há versões incrementais delas nos casos parciais, então a experiência subjetiva também é incremental. A experiência subjetiva não é algo que se concretiza a partir de um certo estágio e partir dele simplesmente *está ali*; pelo contrário, sua ocorrência é uma questão de grau. Ela pode estar parcialmente presente, parcialmente ausente.

Por que isso parece ser algo difícil de aceitar? Em primeiro lugar, é fácil cair nas armadilhas do vocabulário que usamos. A ideia das "luzes acesas" é nada mais que uma metáfora. As pessoas geralmente resistem a abrir mão dessa imagem quando falam a respeito da consciência, ou então a dispensam somente para voltar a adotá-la aos poucos. Mas trata-se realmente de uma metáfora, e em certos sentidos uma metáfora ruim, pois ela acena ao projeto errôneo de evocar cores a partir da escuridão do cérebro, o qual critiquei em capítulos anteriores. Falar em termos de "há algo que é como ser..." também traz problemas: ou há algo que é ser como você, ou não há nada. Algo versus nada é uma distinção dura. Mas embora eu pense que a famosa expressão de Nagel, ao apontar na direção do que precisa ser compreendido, não seja uma maneira ruim de embarcar no projeto, tampouco deveríamos ficar limitados a esses termos. Eles certamente não revelam um caminho para a solução. E pelo menos uma parte dos outros termos que nos oferecem pontes parciais entre o mental e o físico deixa espaço para incrementos e gradações. Um ponto de vista pode vir a existir, pode se tornar nítido, de maneira bastante gradual.

Quando construímos um relato evolutivo, pode ser tentador adotar uma visão em que a consciência surge mediante a transposição de um limiar. Os animais adquirem cada vez mais as características biológicas relevantes e então, de repente, numa "transição de fase", as luzes se acendem. Transições relativamente abruptas de fato ocorrem no lado físico, e elas podem fazer parte da história. O que não pode ser aceito, porém, são mudanças suaves e graduais no lado biológico com uma consciência surgindo de repente. Afirmar algo assim significa retroceder a uma visão na qual a atividade cerebral de alguma forma *causa* a consciência. Em vez disso, uma vez que somos capazes de discernir os tipos de atividade cerebral que precisam ser levadas em conta, podemos afirmar que possuir aquele padrão de atividade é igual a possuir uma experiência consciente.

A visão gradualista angaria algum apoio de um fenômeno familiar, o despertar do sono. Despertar é um processo no qual, pelo menos às vezes, ganhamos consciência de maneira verdadeiramente gradual. Os filósofos dos quais retirei esse exemplo afirmam que, embora a sua consciência ao despertar possa ser vaga e débil, ela precisa se tornar uma experiência vaga e débil que seja *totalmente real* a partir de algum ponto bem definido. Suponho que diriam a mesma coisa sobre um humano adquirindo consciência pela primeira vez quando ainda é um bebê.[15] Esse caso é difícil de acessar posteriormente, ao passo que despertar é um acontecimento familiar e corriqueiro, capaz de dar apoio sólido a uma visão gradualista. Dizer isso não significa alegar que a evolução da consciência no decorrer de milênios é semelhante em outros aspectos a um processo de despertar do sono, mas o despertar nos oferece um modelo para casos limítrofes.

Há um novo vocabulário a ser desenvolvido em torno dessas questões, mas a visão que defendo seria mais ou menos a seguinte. Nos humanos, simplesmente *há* experiência. Mas à medida que nos aproximamos de casos que possuem cada vez menos disso que está presente em nós, a subjetividade vai diminuindo de grau ou desaparecendo aos poucos. Em alguns outros animais, as perguntas "Ele é consciente?" ou "Ele possui experiência?" não podem mais ser respondidas com sim ou não; em vez disso, o que acontece dentro desses animais pode ser *mais ou menos experiencial*.

Estou chamando essa visão de "gradualista", mas não há uma escala única. Se você possui uma capacidade de avaliação mais simples e uma percepção sensorial mais complexa, por exemplo, você não é mais consciente na média do que algo dotado de uma percepção sensorial mais simples e uma capacidade de avaliação mais complexa. A visão correta provavelmente reconhecerá várias dimensões, cada um com seus diferentes graus.

Sendo ou não razoável amarrar dessa forma as ideias expostas neste livro, podemos dizer que elas nadam contra uma parte considerável dos recentes trabalhos nas áreas da filosofia e da psicologia. Ao dizer isso, tenho em mente não apenas a resistência ao gradualismo que acabei de discutir, mas também uma diferença maior de abordagem.

Em boa parte dos estudos recentes, as pessoas tentam explicar a experiência consciente através de um detalhado modelo de processamento de informação,[16] um modelo que procura um estágio crucial ou uma via neural específica dentro do processamento cerebral: quando a informação vai *daqui* até *aqui*, ela faz parte da experiência, do contrário não. Nosso cérebro está realizando montanhas de processamento de informação, e parte disso passa por alguma via ou circuito, ou é codificado de determinada maneira, e por isso faz parte da experiência consciente. Talvez a experiência surja quando a informação é encaminhada para a "memória operacional", ou quando é levada a uma "área de trabalho" ou "modelo de mundo" dentro do cérebro. E somente uma porção muito pequena da informação sendo manejada pelo cérebro em determinado momento é manejada dessa maneira que produz consciência.

Essa abordagem é parcialmente justificada por experimentos, muitos deles fascinantes, que parecem demonstrar o caráter bastante seletivo da experiência consciente. Uma grande parte da atividade do cérebro humano não é consciente, e o lado inconsciente inclui, ao que parece, muitas atividades básicas de que necessitamos para funcionar normalmente — percepção, comando das ações e até mesmo formas básicas de aprendizado. Tudo indica que realizamos boa parte dessas coisas "no escuro", quando se trata da experiência. Experimentos mostram que conseguimos interpretar palavras oferecidas tão rapidamente que nem tomamos conhecimento de tê-las ouvido. Não sabemos que as ouvimos, mas o significado da palavra pode afetar nossa reação a outras coisas. Da mesma forma, pessoas que têm certos tipos de lesão cerebral conseguem lidar visualmente com o que está a seu redor enquanto alegam não terem o menor conhecimento desses objetos — chamamos isso de "visão cega".

Respeito esses achados experimentais, mas discordo da maneira como costumam ser interpretados e encaixados no panorama completo.[17] É muito comum dentro dessa abordagem, por exemplo, dizer que a experiência consciente só pode conter uma coisa de cada vez. O neurocientista francês Stanislas Dehaene, cujo laboratório realizou vários dos experimentos descritos antes, acredita nisso.[18] Só podemos estar conscientes de uma coisa de cada vez, embora possamos alternar entre uma e outra muito rápido. Em alguns sentidos, essa é uma posição extrema dentro dessa família de teses — outros acreditam que mais de uma coisa pode estar presente ao mesmo tempo, mas todas precisam ser reunidas naquela via decisiva ou encaminhadas para aquele local decisivo do cérebro, sejam quais forem.

Quando penso na influência de fatores como estado de ânimo, nível de energia e outros que enfatizei anteriormente, essas teorias de uma "passagem estreita" da experiência soam tão surpreendentes que chego a suspeitar que as pessoas estão falando de algo completamente diferente da minha concepção de experiência. Talvez haja duas coisas aí. Uma é o perfil de experiência geral — tudo que envolve como é ser você neste exato momento. Outra é aquilo *de que* você está consciente no momento — aquilo que está em primeiro plano, recebendo atenção. Para mim, a palavra "consciente" tem mais a ver com essa segunda ideia do que com a primeira, em parte porque a palavra sugere haver algum objetivo envolvido: Você está consciente...? O.k., você está consciente *do quê*? A ideia de um "perfil de experiência" deve ser diferente disso. Muito do que faz diferença para a experiência — muito do que contribui para como é ser você neste exato momento — está muito distante daquele nível de foco.

Se um perfil de experiência é algo mais amplo e expandido do que isso, que parcela do que ocorre dentro do cérebro contribui para a sua existência? A resposta que a minha teoria propõe de início é: *tudo*, mesmo que a maior parte do que ocorre dê uma contribuição muito pequena. Isso porque qualquer alternativa parece nos levar de volta ao dualismo, à ideia de que a experiência é resultado da atividade de alguma parte específica do cérebro, algo feito para nós, algo que nos é oferecido por nosso cérebro. Pelo contrário, nossa experiência é essa atividade, portanto tudo que faz parte da atividade precisa importar em alguma medida. Todavia, a situação não é tão simples assim. Embora tudo — cada detalhe — no padrão de atividade que é a nossa mente deva ter importância para a experiência, nem tudo que acontece nos limites do seu corpo, ou do seu crânio, precisa fazer parte desse padrão. Mas a visão que resulta disso continua muito distante daquelas visões sobre a experiência subjetiva envolvendo passagens estreitas. Muitas coisas que acontecem dentro de uma pessoa terão uma pequena influência no ritmo, na atenção e no estado de ânimo, por exemplo, e essas coisas *fazem* parte da experiência.

As teorias de uma passagem estreita, que estou contrastando com a minha própria, também tendem a rejeitar a ideia de que a experiência animal seja difundida. Isso se deve em parte ao fato de que são modeladas, compreensivelmente, em torno de descobertas envolvendo humanos, e as teorias que as pessoas criam tentam explicar como partes específicas do nosso cérebro dão conta do que precisa ser feito. Além disso, essas teorias favorecem uma noção que parece influenciar a maneira como as pessoas lidam com esse assunto, mesmo quando a noção não está explícita. Os experimentos que mencionei acima parecem demonstrar que existe uma lista bem longa de coisas básicas que um ser humano é capaz de fazer inconscientemente — vários tipos de percepção e de processamento daquilo que captamos pelos sentidos. Se for assim, tudo indica que poderíamos embalar essas coisas juntas e produzir um animal capaz de perceber o mundo e reagir a ele de modo muito satisfatório enquanto permanece inteiramente inconsciente. Afinal de contas, sabemos que tudo que esse animal está fazendo pode ser feito sem ajuda da consciência. Nesse caso, não haveria nenhuma sensação de ser esse animal. Em seguida, essa conclusão pode ser estendida a vários animais existentes e cujas habilidades são parecidas com esse animal hipotético. Este, contudo, não é um bom argumento. Os experimentos nos quais o argumento se baseia foram todos feitos em seres humanos conscientes, muito embora as pessoas não estivessem plenamente conscientes do que acontecia dentro delas. O que estamos aprendendo a partir desses experimentos é que se você for um ser humano consciente, uma quantidade surpreendente de coisas pode estar acontecendo lá no fundo, em segundo plano. Isso não demonstra que tudo poderia estar ao mesmo tempo em segundo plano. Para qualquer ser humano normal e desperto, há *algo* que é como ser aquela pessoa, mesmo que uma boa parte do que acontece esteja nos bastidores. O mesmo pode se aplicar a muitos animais que travam seu contato com o mundo.

Eu disse antes que muitas das ideias dominantes em trabalhos recentes sobre a consciência e a experiência são modeladas a partir de descobertas que observam o nosso próprio caso. Isso é compreensível, pois essas teorias costumam se basear em estudos experimentais feitos com humanos, que são capazes de seguir instruções e relatar o que sentem e enxergam. Estudos desse tipo certamente podem revelar muita coisa sobre como a experiência funciona em nós. Mas e quanto ao resto? Em alguns casos, um arranjo que lembra vagamente as partes relevantes do cérebro humano é encontrado em alguns animais (pássaros, peixes), e isso abre a possibilidade de expandir essa visão. Mas também precisamos lidar com animais bem mais distantes de nós, incluindo muitos dos que apareceram neste livro. O erro, a partir de então, consiste em dizer: *isso* (conforme estudado em humanos) é o que a experiência é, e se você não demonstra possuir isso, não pode ter experiência. A alternativa é dizer que se o seu cérebro é diferente do nosso, então a sua experiência é diferente, mas não está ausente. Uma vez que passamos a aceitar que existe provavelmente algum tipo de experiência nos caranguejos-eremitas, nos polvos, e assim por diante, torna-se necessário adotar uma visão mais ampla — um relato abrangente sobre o que eles possuem, e o que nós possuímos, que nos torna a todos seres dotados de experiência. É nisso que tentei realizar algum progresso aqui. Além disso, creio que a abordagem abrangente que adotei fornece pistas sobre a experiência humana, sobre o nosso próprio caso. Ela nos lembra daqueles elementos primordiais e indistintos da experiência que acompanham a forma de atenção focada e diligente que é mais óbvia nos experimentos psicológicos. A experiência humana é uma mistura do antigo e do novo.

Consequências

Vamos supor que essas ideias estão no caminho certo — incompletas, mas corretas até onde alcançam. O que vem em seguida, levando em conta as demais questões que foram debatidas? Quais seriam algumas das consequências? Vou analisar duas delas.

Mencionei num capítulo anterior que muitas pessoas enxergam as abelhas e as moscas, por exemplo, como pequenos robôs voadores e não como sujeitos dotados de experiência. Alguns leitores podem ter se perguntado por que menosprezo tanto os robôs. Por que excluí-los? Talvez os robôs que existem hoje não sejam capazes de ter experiência, mas os do futuro sim.

As questões relacionadas a isso envolvem sistemas de inteligência artificial (IA) de vários tipos, sistemas nos quais supostamente pode existir uma mente que não está hospedada num corpo da maneira usual, mas que é "produzida" por um padrão de interações presente num programa de computador. Estou falando das tentativas de obter o que se chama de IA "forte"; esta se refere a programas de computador que não são construídos apenas para se comportar ou resolver problemas como faria uma pessoa dotada de mente, e sim programas criados para *ser* uma mente enquanto estão sendo executados. Além disso, se uma mente pode existir dentro de um padrão de interações de software, podemos esperar que um dia seja possível fazer upload de algumas mentes, incluindo talvez a nossa, para uma "nuvem" computacional. Esse cenário requer computadores físicos, mas uma mente poderia se mover de um computador para outro, assim como ocorre com a informação dentro dos sistemas de nuvem computacional. Nossos pensamentos e experiências, mesmo que hoje possam existir somente em corpos localizados, poderiam saltar de uma máquina para outra após o upload.

Se as ideias contidas neste livro estão no caminho certo, não é possível criar uma mente programando interações dentro de um computador, mesmo que eles sejam bastante complexos e modelados de acordo com as capacidades do nosso cérebro. A visão apresentada por este livro se opõe em graus variados aos raciocínios em que se baseiam muitos desses projetos de IA.

Esses projetos de IA são motivados pela ideia de que a mente existe em padrões de interação e atividade. Normalmente, esses padrões podem ser encontrados em nosso cérebro, mas alega-se que os mesmos padrões poderiam existir em outros dispositivos físicos. A visão que defendo aqui concorda, em certo sentido, com a ideia de que mentes existem dentro de padrões de atividade, mas esses padrões são muito menos "portáteis" do que as pessoas costumam supor; eles estão confinados a um tipo específico de base física e biológica.

Uma das objeções que se costuma fazer à IA forte é que pode até ser possível *representar*, nesses programas de computador, o tipo de padrão de interações que se encontra no cérebro, mas isso é diferente de um computador em que essas interações estão *presentes*. Elas estão apenas codificadas, foram escritas nele, e isso não é suficiente. É uma objeção importante, e os defensores da IA muitas vezes a descartam com palavrório vazio. Mas há alguns tipos de atividade relacionadas ao que nosso cérebro faz que poderiam existir de verdade num computador sem muita dificuldade. Vamos supor que o cérebro fosse apenas uma rede de sinais e comutadores, na qual o neurônio A aciona o disparo dos neurônios B e C, o neurônio C afeta D, E e F, e assim por diante, e isso é tudo que acontece. Nesse caso, podemos afirmar que, desde que algo no computador exerça o papel de A (afetando B e C), e que alguma outra coisa exerça o papel de B e assim por diante, você tem tudo de que precisa — o padrão de atividade do cérebro pode estar presente, e não meramente representado, dentro da máquina. Mas os neurônios — e o cérebro — fazem mais do que isso. A objeção de que os programas de IA apenas representam o que os cérebros fazem, em vez de *fazer* o que eles fazem, é bem mais contundente no caso das propriedades dinâmicas em grande escala do cérebro. Essas também precisariam estar presentes de fato no computador. Não bastaria inventar equações que descrevessem o que esses ritmos e ondas (entre outras coisas) fazem no cérebro e em seguida executar essas equações na máquina. A máquina precisa realmente *ter* esses padrões presentes dentro dela.

Se o objetivo for uma mente *qualquer* e não uma mente humana, esses padrões não precisariam ser exatamente iguais aos do nosso cérebro; poderiam ser apenas similares. Mas pense um pouco no que seria necessário para que algo assim acontecesse numa máquina. Pense nas atividades que produzem os ritmos e os campos no cérebro. São minúsculos vaivéns de íons (partículas com carga) através de membranas, combinando-se para gerar oscilações coordenadas em regiões específicas do cérebro. Mesmo se deixarmos de lado os campos, pode ser muito difícil termos um sistema contendo algo parecido com os padrões dinâmicos do cérebro que não seja também fisicamente semelhante a um cérebro.

Este é outro momento oportuno para repensarmos o que significa o tipo de materialismo que estou descrevendo neste livro. Você começa repleto de pensamentos conscientes. Como tudo isso pode ser apenas um cérebro? Olhe só para ele, uma bolha cinzenta. Não pode ser só isso. Alguém diz: não, não. Não é apenas esse objeto, são as atividades dentro do cérebro, e essas você não pode enxergar. Você pergunta: Que atividades? A pessoa responde: Um monte de sinais e interruptores, tudo muito complicado. Esperam que você diga: O.k., e agora você deveria ter a impressão de que tudo faz sentido. Mas será que a situação melhorou muito? E aí você olha para o todo; você enxerga, além dessas influências diretas entre uma célula e outra, os ritmos e os campos, os padrões de atividade elétrica sendo modulados pelos sentidos. E então, pelo menos no meu caso, a situação muda completamente. Essas atividades *podem* ser eu, os pensamentos e as experiências, minha capacidade de reviver o passado e de imaginar o futuro. Já não é difícil de acreditar.

Os computadores atuais contêm uma espécie de fiapo lógico, uma fração minúscula do que acontece dentro de nós. Muitos computadores são projetados para criar ilusões de agência e subjetividade, e fazem isso bem. Se temos como ponto de partida um dispositivo contendo processadores lógicos velozes e confiáveis, conectados a um grande armazenamento de memória e abrigados numa unidade estável que é alimentada com toda a energia de que necessita, ainda assim temos um objeto completamente diferente de um cérebro e de um organismo vivo, não importa como ele seja programado. No futuro, talvez os sistemas artificiais possam ser construídos com materiais diferentes e capazes de realizar operações mais parecidas com as do cérebro. O resultado poderá ser alguma espécie de vida artificial, ou pelo menos algo mais próximo disso do que os atuais sistemas de IA. O problema, aqui, não é a artificialidade, mas o fato de que os sistemas de IA são feitos por nós, e não pela evolução. O problema é a necessidade de se ter determinado tipo de coisa acontecendo lá dentro.

Na área da IA, portanto, a maior discordância que tenho é com os cenários de "upload".[19] A ideia de que um upload de um programa de computador possa ter experiências iguais às suas e ser uma continuação de *você* não passa de uma fantasia. Você é algo muito diferente de qualquer padrão de atividade que possa vagar de um computador a outro na nuvem. Como eu disse, as máquinas do futuro poderão ser diferentes das atuais, e a vida artificial poderá surgir um dia. Mas se levarmos em conta as tecnologias de que dispomos atualmente, não poderia haver um processo que retira as experiências da sua base biológica num corpo vivo e as prolonga — como mais de *você* — na nuvem.

Os cenários de upload são os mais improváveis. No outro lado do espectro encontramos cenários que imaginam futuros robôs equipados com sistemas de controle verdadeiramente semelhantes ao cérebro. Isso pode, um dia, gerar não apenas inteligência artificial como também experiência artificial.

Se a senciência existe mais ou menos nos moldes em que a descrevo, como isso pode mudar nosso comportamento em relação aos animais e a outros seres vivos? A questão é ampla demais para ser abordada em detalhes aqui, mas uma coisa que este livro nos fornece são razões para estendermos alguma *consideração* a uma grande variedade de animais que hoje em dia não a recebem. O bem-estar de um número muito maior de animais se torna parte do debate, algo a ser levado em conta. A extensão da consideração não é a mesma coisa que a extensão de direitos, nem se trata de estabelecer algum tipo de igualdade de condição; o objetivo deste livro não é elevar mosquitos, borrachudos e pulgões ao status de cidadãos, nem argumentar que devemos mudar radicalmente nossa atitude em relação a animais desse tipo. De certo modo, estender a consideração não é um grande passo em si, mas é *um* passo, e um passo justificado.

Uma parte da visão que defendo nos conduz a uma situação esquisita. A partir do momento em que abrimos mão da divisão tradicional entre humanos e todos os outros animais ao refletir sobre questões de ética e bem-estar, há uma tentação muito razoável de procurar uma nova divisão, uma nova fronteira. Podemos dizer: os seres sencientes ficam de um lado e todos os demais ficam do outro. Algumas propostas recentes dizem que, havendo uma chance razoável[20] de um animal ser senciente, deveríamos lhe dar o benefício da dúvida e proteger seus interesses. Há muito a defender nesse tipo de postura, e em alguns contextos ela pode ser facilmente aplicada. Mas se a visão gradualista é verdadeira, poderá haver muitos casos, inclusive os de vários invertebrados, em que a pergunta "É ou não é senciente?" não pode ser respondida nem em princípio.

Precisaremos encontrar novas maneiras de pensar sobre esses casos. A questão das muitas diferentes variedades de experiência também importa aqui. Por muito tempo, suspeitei de que vários tipos de insetos tinham alguma espécie de experiência sensorial, mas nenhuma experiência avaliativa, tal como dor ou estresse. Se fosse esse o caso, haveria um enorme efeito nas questões em torno do seu bem-estar. Mas hoje acredito, como vimos no capítulo 8, que essa visão a respeito da experiência dos insetos pode muito bem estar errada.

Vemos surgir também um problema mais específico. Do começo ao fim deste livro, usei informações que foram obtidas, direta ou indiretamente, a partir de experimentos que envolveram diversos tipos de crueldade. A ciência é muitas vezes divulgada de forma muito simplificada, especialmente depois que os achados foram processados por revisões de literatura e coisas do tipo: o animal funciona desse modo; ele é assim por dentro. Mas por trás dos bastidores pode haver muito sofrimento. Como devemos pensar sobre esses estudos que nos trouxeram até aqui? Não tenho nenhum problema com uma parte deles. Falei isso quando mencionei o estudo de Elwood com os caranguejos. Há outras situações durante as minhas leituras em que encontro certos experimentos e simplesmente viro o rosto, em especial os estudos com macacos e gatos. Este livro não incluiu muito material a respeito dos mamíferos, portanto não precisou enfrentar uma quantidade significativa desses casos mais difíceis.[21] Os ratos off-line que apareceram neste capítulo nos fizeram chegar perto. A informação daqueles estudos não podia ser mais interessante — é quase um milagre que os ratos possuam esse sistema dentro deles, e que ele possa ser estudado. Questões sobre como o cérebro funciona estão sendo transformadas por essas pesquisas,[22] e ela resultou em prêmios Nobel. Fico muito contente de conhecer esses resultados, mas tudo foi bem mais difícil para os ratos. Podemos esperar que, à medida que formos aprendendo mais, seremos induzidos a recuar ao invés de avançar à força.

Nessas discussões em torno dos experimentos com animais, na maioria das vezes estamos falando de números muito pequenos. Uns poucos animais envolvidos em experimentos deveriam importar nesse contexto? As perguntas que devemos fazer nem sempre dependem de números; há também a questão do tipo de relação que desejamos manter com os outros animais sencientes. O sadismo, por exemplo, é ruim mesmo quando os números envolvidos são muito pequenos. Não acho que experimentos do tipo que foi descrito aqui costumam ser sádicos no sentido literal da palavra — sentir prazer com a dor dos outros. Mas a partir do momento em que fica claro que algo resulta em dor para um animal e você segue insistindo apenas porque é interessante aprender sobre o que se passa... não tenho certeza de como devo descrever isso, mas colocar em prática uma relação dessas não é uma coisa boa. Muitas vezes, é razoável esperar que o conhecimento obtido levará a uma redução do sofrimento em outro lugar, e isso é importante. Nessa área, o que mais me assombra é o fato de que o progresso na prática muitas vezes resulta de consequências não previstas de pesquisas básicas que foram realizadas com outros objetivos. Esse fato precisa ser encarado, e torna muito difícil o acompanhamento de consequências. Mesmo quando raciocínios dessa natureza dominam a situação, muito pode ser feito para garantir que os experimentos sejam informativos e ao mesmo tempo reduzam os prováveis efeitos sobre a experiência dos animais.[23] É possível ser grato pelo conhecimento adquirido sem desejar, agora que já o possuímos, que certo tipo de estudo jamais seja feito novamente.

A forma da mente

Ano passado, ao fim de um mergulho na baía que foi cenário de muitos dos acontecimentos narrados neste livro, nadei até as águas rasas e parei quando dois pedaços de alga começaram a se enfrentar violentamente diante de mim. Olhando melhor, percebi que eram caranguejos-decoradores bem pequenos que estavam usando algas, e não esponjas, como vestimentas. Eles pareciam bem irritados um com o outro e pouco dispostos a recuar. Nenhum deles cedeu espaço ao adversário durante o tempo em que os observei. Ficavam bem próximos e às vezes agitavam suas algas na direção do oponente. Era uma demonstração de agência que me surpreendeu de início, mas que depois se revelou compreensível.

Como é a distribuição geral da mente no mundo? Onde e quando ela pode ser encontrada? Quanto dela está presente ao nosso redor? Podemos comparar duas visões radicalmente diferentes; podemos chamá-las de deserto e selva. A visão desértica sustenta que a mente não existe quase em lugar nenhum. O mundo é destituído de mente em quase toda a sua extensão, inclusive no mundo vivo. A postura de Descartes, esboçada no primeiro capítulo, é uma posição desse tipo, mas não é necessário ser um dualista para defender algo nessa linha; muitas pessoas já apresentaram visões igualmente áridas. Talvez os humanos e alguns outros mamíferos possuam mente, mas quando saímos desse grupo, a mente fica para trás. O resto do mundo é mentalmente vazio. Até seus componentes vivos não passam, em sua maior parte, de cascas desprovidas de mente.

A visão oposta é a de uma selva em que a mente está em toda parte, ou quase. A versão mais extrema dessa posição é o pampsiquismo, que enxerga poderes semelhantes à alma até mesmo em átomos. Também se encontra algo próximo a essa selva nas visões que dizem que todas as coisas vivas — plantas, bactérias — possuem sentimentos. Nesse caso, a senciência está em quase todos os cantos da Terra, exceto nas zonas completamente sem vida.

A verdade não está nem no deserto nem na selva, mas num lugar intermediário. Sua forma pode ser explorada percorrendo mais uma vez a árvore genealógica da vida na Terra, a árvore produzida pela evolução, que hoje ultrapassa os 3 bilhões de anos. É surpreendente verificar, já no começo, que certas atividades com caráter mental em sentido amplo estão em todas as partes da árvore, talvez em todos os galhos e ramificações. Percepção e reação estão por toda parte. Nenhuma célula viva ignora totalmente o que se passa a seu redor. Embora não conheçamos os estágios mais iniciais da vida, o que se chama hoje de "cognição mínima" parece existir em praticamente toda a extensão da árvore.

Isso é, sem dúvida, uma surpresa. Esperaríamos encontrar algo mais próximo da visão de Aristóteles. Ele pensava que toda vida possui uma alma "nutritiva", um impulso para se manter viva, e que apenas os animais também têm uma "alma sensível", a capacidade de perceber e reagir. Os humanos, ainda por cima, possuem uma alma racional. Soa plausível que as coisas pudessem ter ido para esse lado — a maior parte das formas de vida se sustentando cegamente, com os sentidos desabrochando pela primeira vez nos animais. Em vez disso, vemos que a alma sensível está muito bem distribuída e que talvez estivesse presente desde o começo.

Desse ponto de partida, várias linhas evolutivas percorrem seu caminho próprio. Em um dos galhos, surge o corpo animal, uma forma nova de capacitar para a ação, e nesse outro galho o sistema nervoso articula o corpo inteiro de novas maneiras. Dentro desse galho, em algumas de suas sub-ramificações e gravetos, os animais começam a se mover rápido, a manipular objetos e a perceber os objetos sobre os quais estão agindo. Esse galho gera o modo de ser animal.

Que forma a senciência, a experiência *com sensações*, a consciência no sentido mais amplo do termo, assume dentro desse quadro? A partir do momento em que a percepção e a cognição mínima são reconhecidas em toda parte, e a partir do momento em que animais como os polvos e os caranguejos são considerados sencientes, um panorama inquietante pode se abrir diante de você. Você tem diante de si um declive gradual que vai levando a plantas, fungos, animais não neurais, protistas e bactérias. Se a senciência precisa surgir gradualmente, por que não pode ser *essa* a estrada em que ela surge? Por que a cognição mínima não implicaria uma senciência mínima? Se a subjetividade é uma ideia importante para desvendarmos a evolução da mente, não poderíamos afirmar que cada ser que possui cognição mínima possui também uma espécie de subjetividade, um jeito como as coisas *se parecem* para ele, e assim por diante?

Essa pergunta se tornou a incerteza mais recorrente durante o meu processo de escrita deste livro. Ela abre caminho não para o pampsiquismo, mas para o que podemos chamar de *biopsiquismo*, a ideia de que toda vida é senciente. (O termo foi inventado por Haeckel,[24] que bateu a cabeça com essa questão, embora eu esteja modificando um pouco o seu significado.) Entretanto, acredito que isso é um erro. A cognição mínima, afinal, está presente nas bactérias, e quando observamos o que elas fazem e como o fazem, os sentimentos simplesmente não parecem fazer parte da equação. Retornando muitas vezes a essas perguntas, adquiri uma noção da importância dos sistemas nervosos e — de novo — da maneira única como organizam as energias da natureza.

Isso não resolve tudo, pois ainda temos quase todos os animais diante de nós. A partir daqui, uma das possibilidades é que, embora precursores da experiência existam numa grande porção da parte animal da árvore, a experiência tenha surgido diversas vezes em diferentes linhas evolutivas. Isso aconteceu com os artrópodes, alguns moluscos e vertebrados — talvez em mais de uma ocasião dentro de alguns desses grupos. Pode ser que tenha acontecido também em outros grupos que não discuti no livro, mas muitos dos outros invertebrados (corais, briozoários) simplesmente não possuem as características necessárias. A senciência surgiu nos animais a partir da sua ausência, de acordo com essa visão, e o fez em pelo menos um punhado de ocasiões.

Uma segunda possibilidade é que uma forma primordial de experiência tenha surgido somente uma vez, há mais tempo, ainda no princípio da evolução dos animais. Essa forma estava presente ao longo das irradiações evolutivas que mapeamos neste livro, e se desenvolveu da sua própria maneira em diferentes linhas evolutivas.

Qual opção é a verdadeira? A tentativa de resolver essa dúvida enfrenta todo tipo de problema; ela depende de eventos que se perderam no passado, envolve esclarecer o que ocorre por dentro de animais com sistemas nervosos muito variados e também esclarecer como poderiam *ser* as formas mais simples da experiência, e o que significa afirmar que a senciência entrou em cena num estágio muito primordial.

Cavamos o problema quase até um ponto em que já não tenho como prosseguir. Se eu tivesse que apostar, seria na primeira das possibilidades acima, mas não tenho certeza de qual é a base desse palpite, e talvez a verdade seja alguma combinação das duas coisas, uma combinação que ainda não pode ser expressa com a linguagem de que dispomos. Ainda assim, eu apostaria numa visão em que uma senciência inequívoca existe não apenas nos vertebrados, mas também em alguns grupos muito distantes do nosso: pelo menos nos cefalópodes e alguns artrópodes. Daí em diante, olhando para trás, não encontramos nenhum acender das luzes repentino nessas linhas evolutivas, mas sim um processo através do qual o self foi ficando mais definido, os funcionamentos internos foram ficando mais experienciais e a subjetividade foi adquirindo forma. Os únicos organismos que sentem sua vida possuem sistemas nervosos, portanto são somente animais. Quando você se desloca por um recife, ou por uma floresta na superfície, a percepção sensorial e a cognição mínima existem em toda a vida a seu redor. Parte dessa vida também se organiza em torno de um self que também é um sujeito da experiência. A senciência não está em absolutamente toda parte, mesmo nos domínios da vida. Mas ela é abundante, das borboletas-marinhas (talvez) aos dragões-marinhos-folhados (com certeza). O mundo é mais *cheio*, mais repleto de experiência, do que muitas pessoas estiveram dispostas a aceitar.

Ao elaborar esse sumário pontuado por incertezas, estive escrevendo novamente sobre a experiência do tipo *ser-aí*, de perceber a sua vida à medida que ela acontece. Um outro lado da experiência, como já vimos neste capítulo, é a capacidade de sair do aqui e agora e se transportar para um lá. Essa é uma dádiva libertadora da evolução, e que não foi concedida somente a nós. Muitos outros animais provavelmente possuem esse tipo de experiência em alguma medida, especialmente durante os sonhos. Nos humanos, porém, essa capacidade é submetida a um controle mais deliberado.

Esse aprimoramento, a ampliação do processamento off-line, transforma a mente em algo mais próximo de uma *coisa*. O que isso significa — uma coisa em oposição a quê? Quero dizer que a história construída nos primeiros capítulos é mais bem contada de alguma maneira que evite reificar (coisificar) a mente em si, ou seja, tratar a mente como um objeto. Um animal é um objeto físico, assim como o seu cérebro, mas a mente não é tanto um objeto, e mais um aspecto do seu funcionamento e as atividades que ocorrem no seu interior. Uma vez que entra em modo off-line, as coisas mudam um pouco de figura. Agora a mente se transforma em algo semelhante a uma *arena* na qual ensaiamos possibilidades, inventamos coisas e manipulamos imagens sonoras e visuais. Na década de 1920, o filósofo John Dewey[25] escreveu que a mente possui tanto uma função prática, guiando as ações, quanto uma atuação enquanto "campo estético". É um lugar onde cenas podem ser construídas, histórias podem ser contadas e circunstâncias do momento presente podem ser postas de lado. Presumo que as formas mais básicas de experiência não funcionam assim, e que o *ser-aí* vem primeiro. Mas o aparecimento dessa outra dimensão traz o advento de um novo tipo de mente.

Trinta anos atrás, quando ainda era estudante, fui a uma conferência e acompanhei um ciclo de palestras sobre o filósofo austríaco Ludwig Wittgenstein.[26] Wittgenstein, que desenvolveu seu trabalho no início e em meados do século XX, fez a mais detalhada e influente sustentação de que a ideia de mente que predominava na filosofia era baseada em ilusões.[27] Numa expressão tornada célebre por Gilbert Ryle, que teve forte influência de Wittgenstein, os filósofos pensavam na mente como um "fantasma dentro da máquina" — uma controladora espectral, misteriosamente hospedada num corpo material. Tanto Wittgenstein quanto Ryle pensavam que, ao adotar essa visão da mente, você não teria chance alguma de entender nada. Essa visão gera problemas infinitos e espúrios — problemas que não precisamos resolver, mas simplesmente abandonar.

Dentro dessa linha de pensamento, um dos palestrantes no encontro (Crispin Wright)[28] falou sobre o erro filosófico de tratar a mente humana como algo parecido com um "jardim cercado", um lugar secreto que uma pessoa — a dona da mente — pode observar em privado e sem possibilidade de erros. Para Wittgenstein, as mentes não podiam ser nada desse tipo. Em vez disso, as mentes estão presentes *naquilo que as pessoas fazem*, no seu comportamento.

A metáfora do "jardim cercado" tinha como objetivo indicar um erro, uma escolha equivocada. Mas à medida que a ideia era revirada na discussão, alguns palestrantes, mesmo num evento como aquele, pareciam perceber o seu atrativo. E pessoas comuns, não apenas filósofos, muitas vezes se expressam de formas que sugerem uma visão desse tipo — falam da mente como se fosse um reino privado. Era um ponto que merecia atenção, pois Wittgenstein queria respeitar as conversas do dia a dia, antes de serem contaminadas pela filosofia. Ele acreditava que os filósofos eram bem mais confusos a respeito desses assuntos do que as outras pessoas (embora não precise muito para que uma pessoa comece a pensar como uma filósofa).

As pessoas podem até falar sobre a mente como se fossem reinos ocultos, mas uma visão desse tipo não pode ser verdadeira, pensavam os palestrantes. As coisas simplesmente não podem ser assim. Eu, por outro lado, acho que no nosso caso as coisas *são* assim, ou parecidas com isso. Não se trata de uma característica geral da senciência, algo que estaria presente em todos os animais que experimentam suas vidas. Mas no nosso caso é assim. Criamos uma arena, um campo, igualmente repleto de coisas que surgem e coisas que suprimos. Entramos num jardim.

Notas

1. Protozoa [pp. 11-32]

1. Minha principal fonte sobre a questão do *Bathybius* é Philip F. Rehbock, "Huxley, Haeckel, and the Oceanographers: The Case of *Bathybius haeckelii*", *Isis* 66, n. 4, pp. 504-33, 1975. O artigo de Huxley publicado em 1868 se chama "On Some Organisms Living at Great Depths in the North Atlantic Ocean", *Quarterly Journal of Microscopical Science* (n.s.) 8, pp. 203-12, 1868. Nele, Huxley diz acreditar que a substância é um "protoplasma" e a batiza de *Bathybius Haeckelii* (usando um "H" maiúsculo, como também fiz no texto, em vez da inicial minúscula normalmente empregada em nomes de espécies).
2. Sobre Haeckel, me baseio na biografia escrita por Robert J. Richards, *The Tragic Sense of Life: Ernst Haeckel and the Struggle Over Evolutionary Thought* (Chicago: University of Chicago Press, 2008), e num bom retrato recente feito por Georgy S. Levit e Uwe Hossfeld, "Ernst Haeckel in the History of Biology", *Current Biology* 29, n. 24, pp. R1276-84, 2019. Logo antes desse texto, nas pp. R1272-76, há um artigo sobre as famosas ilustrações de Haeckel: "The Enthusiastic Observer — Haeckel as Artist", de Florian Maderspacher, incluindo controvérsias sobre a sua exatidão.

   Haeckel, como muitos biólogos daquela época, acreditava numa hierarquia racial em cujo topo estavam os europeus brancos. Ele já foi ligado algumas vezes ao desenvolvimento do nazismo na Alemanha. Richards desconstrói essas alegações (sem tentar afirmar que as visões de Haeckel eram inteiramente esclarecidas) em "Ernst Haeckel's Alleged Anti-Semitism and Contributions to Nazi Biology", *Biological Theory* 2, pp. 97-103, 2007. No topo da escala dos humanos Haeckel incluía, por exemplo, judeus e berberes (*Berber* e *Juden* aparecem ao lado de *Romanen* e *Germanen*). Richards também ressalta que Haeckel se tornou amigo próximo do pesquisador sexual e pioneiro do ativismo homossexual Magnus Hirschfeld, que dedicou seu livro *Natural Laws of Love* (1912) a Haeckel.

3. A passagem mais famosa é uma reflexão cautelosa presente numa carta de 1871 a J. D. Hooker: "Costuma-se dizer que todas as condições para a produção de um organismo vivo que já puderam existir em qualquer época estão também presentes hoje. — Mas se (e, ah, que grande se) pudéssemos conceber que em alguma poça quentinha contendo todo tipo de sais de amônia e fósforo — luz, calor, eletricidade etc., um composto de proteína se formasse quimicamente, pronto para sofrer transformações ainda mais complexas, nos dias de hoje tal matéria seria devorada ou absorvida de imediato, o que não teria sido o caso antes de as criaturas vivas terem se formado...". (Darwin para J. D. Hooker, Down, Kent, 1 fev. 1871, Darwin Correspondence Project, <darwinproject.ac.uk/letter/DCP-LET-7471.xml>).
4. De acordo com Rehbock, Huxley negava que sua obra afirmasse essa visão.
5. O *Systema Naturae* de Linnaeus foi publicado em diversas edições de 1735 em diante. As edições posteriores incluíram os animais além das plantas, e depois os minerais.
6. Ver Hogg, "On the Distinctions of a Plant and an Animal and on a Fourth Kingdom of Nature", *Edinburgh New Philosophical Journal* (n.s.) 12, pp. 216-25, jul.-out. 1860. Para Hogg, como eu disse no texto, as fronteiras entre os reinos vivos eram vagas enquanto a fronteira entre os vivos e os não vivos era nítida; em seu diagrama, ele traçou essa linha com especial firmeza.
7. Mesmo este segundo termo é hoje considerado questionável, pois não isola um único ramo definido da árvore da vida (Protista é um grupo "parafilético"). Uma boa parte da terminologia empregada neste livro é problemática pela mesma razão. Mas não é fácil escrever sobre esses assuntos sem usar termos como "peixe" e "crustáceo", que incorrem no mesmo problema.
8. Ver especialmente o *De Anima* de Aristóteles. A interpretação dessa obra é controversa; estou tratando o sistema de Aristóteles como não dualista, mas há leituras mais dualistas de Aristóteles, e o *De Anima* é repleto de enigmas. Ver Christopher Shields, "The First Functionalist", in *Historical Foundations of Cognitive Science*, ed. J.-C. Smith (Dordrecht, The Netherlands: Kluwer, 1990), pp. 19-33.

   Um comentário de Justin Smith: "Antes do início da era moderna, negar que os animais tenham alma seria incorrer num paradoxo. A palavra 'animal', afinal de contas, é simplesmente uma forma adjetivada do substantivo latino 'anima', que significa 'alma'". Justin E. H. Smith, "Machines, Souls, and Vital Principles", in *The Oxford Handbook of Philosophy in Early Modern Europe*, ed. Desmond M. Clarke e Catherine Wilson (Oxford, UK: Oxford University Press, 2011), pp. 96-115.

9. Baseio-me em Gary Hatfield, "René Descartes", in *The Stanford Encyclopedia of Philosophy*, ed. Edward Zalta, verão 2018, <plato.stanford.edu/archives/sum2018/entries/descartes>. Aqui também há controvérsias de interpretação, e Descartes não publicou todas as suas reflexões sobre o tema. Hatfield: "Ao mecanizar o conceito de coisa viva, Descartes não negou a distinção entre o vivo e o não vivo, mas redesenhou a linha que separa os seres providos dos desprovidos de alma. Na sua visão, entre os seres terrenos apenas os humanos possuem alma. Desse modo, ele equiparou alma e mente: as almas estão por trás do intelecto e da vontade, incluindo as experiências sensoriais conscientes, a experiência consciente das imagens e as memórias acessadas pela consciência". Agradeço a Alison Simmons pela ajuda nessas questões.

   No texto, faço um contraste entre as visões de Aristóteles e Descartes. Há um estágio intermediário importante, a visão escolástica, que fundiu Aristóteles ao cristianismo, trazendo consequências ao entendimento da alma. Tomás de Aquino foi uma figura central nesse período. O artigo da *Stanford Encyclopedia of Philosophy* sobre Tomás de Aquino, escrito por Ralph McInerny e John O'Callaghan, também me ajudou nesse tópico (plato.stanford.edu/entries/aquinas).

10. Retiro muito do que está aqui do artigo de Trevor Pearce, "'Protoplasm Feels': The Role of Physiology in Charles Sanders Peirce's Evolutionary Metaphysics", *HOPOS: The Journal of the International Society for the History of Philosophy of Science* 8, n. 1, pp. 28-61, 2018. O artigo é teoricamente sobre o filósofo C. S. Peirce, mas abrange vários outros assuntos. A citação de William Carpenter foi retirada do artigo de Pearce.

   A afirmação de Huxley segundo a qual "é a organização que resulta da vida, e não a vida que resulta da organização" está citada no artigo de Rehbock sobre *Bathybius*, e foi retirada do *Hunterian Lectures on the Invertebrata* (1868), de Huxley, como relatado no *British Medical Journal*. De acordo com Pearce, no início Huxley mostrou cautela em relação a essas questões da mente, mas a partir de meados dos anos 1870 passou a atribuir um tipo de senciência à própria matéria: "[T]odo átomo tem sensação e poder de movimento", como citado por Pearce.

11. Uma tradição filosófica de longa data nos convidava a pensar que a matéria comum continha mundos ocultos de formas intrincadas, talvez infinitamente divisíveis. O filósofo do século XVII Gottfried Leibniz afirmava que a matéria devia ser assim composta. Leibniz tinha olhado através de um dos microscópios de Van Leeuwenhoek numa visita à Holanda, embora alegasse ter razões mais genéricas para insistir nesses reinos dentro de outros reinos. A ideia de estruturas ocultas nessa escala estava pelo menos posta sobre a mesa. Mas podemos suspeitar que as pessoas que

viam células no microscópio na época de Darwin e Huxley talvez não levassem a sério essas ideias especulativas, caso estivessem a par delas. Afinal de contas, você está vendo uma bolha transparente minúscula, e essa bolha transparente parece estar fazendo coisas incríveis. Isso explica a tentação exercida pelo protoplasma.

12. Algumas das mais belas ilustrações de Haeckel representam espécimes dessa expedição; ver *Art Forms from the Abyss: Ernst Haeckel's Images from the Challenger Expedition*, ed. Peter J. le B. Williams et al. (Munique: Prestel, 2015). Amy Rice propôs que o *Bathybius* pode, no fim das contas, ter sido orgânico, embora não um tipo especial de vida, e sim resquícios de plâncton sazonal ("Thomas Henry Huxley and the Strange Case of *Bathybius haeckelii*: A Possible Alternative Explanation", *Archives of Natural History* 2, pp. 169-80, 1983).
13. Ver o seu "Bathybius and the Moners", *Popular Science Monthly* 11, pp. 641-52, out. 1877. Aqui ele também afirma quase a mesma coisa que a citação anterior de Huxley: "Portanto, a vida não é um resultado da organização, e sim vice-versa".
14. Em "How You Consist of Trillions of Tiny Machines", *The New York Review of Books*, 9 jul. 2015, Tim Flannery diz que "Até 400 milhões de ribossomos poderiam caber dentro de um único ponto-final numa frase publicada no *The New York Review*". Quatrocentos milhões? Eu precisava tentar reconstruir esse número. Eis o melhor que pude fazer. Ao realizar uma comparação simples entre áreas (ignorando questões de sobreposição de espaço desperdiçado), os ribossomos eucariontes têm diâmetro de cerca de 25 nanômetros — 25 milionésimos de milímetro. Um círculo com esse diâmetro possui uma área de cerca de 500 nm^2. Um ponto-final possui aproximadamente um terço de milímetro de diâmetro, resultando numa área de cerca de 85 bilhões de nm^2. Isso dá cerca de 170 milhões de ribossomos por ponto-final, em termos de área. Considerando uma margem para pontos-finais de tamanhos diferentes e arranjos variáveis de ribossomos, a conta fecha.
15. Isso foi extraído do artigo de Nagel cujo título é "What Is It Like to Be a Bat?", *The Philosophical Review* 83, n. 4, pp. 435-50, 1974.
16. A defesa de Nagel está em "Panpsychism", no seu livro *Mortal Questions* (Cambridge, UK: Cambridge University Press, 1979), pp. 181-95. Galen Strawson é um adepto ferrenho dessa visão; ver "Realistic Monism: Why Physicalism Entails Panpsychism", *Journal of Consciousness Studies* 13, n. 10-1, pp. 3-31, 2006. David Chalmers vê com bons olhos uma visão algo parecida, que ele chama de "pamprotopsiquismo"; ver "Panpsychism and Panprotopsychism", in *Consciousness in the Physical World: Perspectives on Russellian Monism*, ed. Torin Alter e Yujin

Nagasawa (Oxford, UK: Oxford University Press, 2015). Uma explicação simples e clara pode ser encontrada numa entrevista com Philip Goff feita por Gareth Cook na *Scientific American*, 14 jan. 2020, <scientific-american.com/article/does-consciousness-pervade-the-universe>.

17. Essa visão é chamada de *epifenomenalismo*, e sua defesa (em certos sentidos difícil de interpretar) está em "On the Hypothesis that Animals Are Automata, and Its History", uma palestra de 1874, incluída em seus *Collected Essays*, v. 1 (Cambridge, UK: Cambridge University Press, 2011), pp. 199-250.
18. Ver "Materialism and Qualia: The Explanatory Gap", *Pacific Philosophical Quarterly* 64, pp. 354-61, 1983. Às vezes se atribui a Huxley uma formulação antecipada do problema, mas acho que ele estava tratando de algo menos específico: "O surgimento de algo tão extraordinário quanto um estado de consciência a partir da excitação de tecidos nervosos é tão inexplicável quanto a aparição do gênio quando Aladdin esfrega a lâmpada". *Lessons in Elementary Physiology* (Londres: Macmillan, 1866), p. 193.
19. O termo é usado em relação a teorias variadas, todas pertencentes à mesma família. Haeckel se definia como um "monista"; seu pampsiquismo era um tipo de monismo. Ver "Our Monism: The Principles of a Consistent, Unitary World-View", *The Monist* 2, n. 4, pp. 481-6, 1892.
20. Isso é tratado no meu texto "Materialism: Then and Now", a ser incluído futuramente numa coleção de artigos sobre a teoria da mente de David Armstrong e o desenvolvimento do materialismo no século XX.
21. Extraída de "The Abyss", *The New Yorker*, 24 set. 2007.
22. Deixando de lado questões envolvendo os animais e se atendo somente ao caso humano, o neurocientista Björn Merker descreve que algumas das crianças com quem interagiu e que fizeram parte de seus estudos possuem uma condição trágica chamada *hidranencefalia*, na qual o córtex e várias outras partes do cérebro são quase totalmente aniquilados, muitas vezes por causa de um derrame ocorrido no estágio fetal. Essas crianças são seriamente debilitadas de várias maneiras e provavelmente não possuem nada parecido com a vida mental da maioria das pessoas. Mas será que elas não possuem nenhuma experiência? Merker acredita que isso é improvável, baseando-se em evidências como sorrisos e risadas, e pelo que parece ser um envolvimento frágil, porém real, que essas crianças estabelecem com pessoas próximas. Merker acha que não há razão para crer que a ausência do córtex cerebral erradica toda e qualquer experiência. Os argumentos de Merker me soam convincentes. Seu artigo é "Consciousness Without a Cerebral Cortex: A Challenge for Neuroscience and Medicine", *Behavioral and Brain Sciences* 30, n. 1, pp. 63-81, 2007. António Damásio também defendeu que a experiência não

depende do córtex; ver Damásio e Gil B. Carvalho, "The Nature of Feelings: Evolutionary and Neurobiological Origins", *Nature Reviews Neuroscience* 14, pp. 143-52, 2013.

23. A citação aparece em francês em seu livro *Récoltes et Semailles*, p. 553. A versão francesa está neste website: <ncatlab.org /nlab/show/Récoltes+et +semailles>. A referência usual para a tradução inglesa e o debate em torno dessa citação é Colin McLarty, "The Rising Sea: Grothendieck on Simplicity and Generality", in *Episodes in the History of Recent Algebra (1800-1950)*, ed. Jeremy J. Gray e Karen Hunger Parshall (Providence, RI: American Mathematical Society, 2007). A minha tradução é um pouco diferente (com ajuda de Jane Sheldon). Não sou matemático e não me considero seguidor do trabalho de Grothendieck na matemática.
24. Uma palavrinha sobre a citação de Melville que acabou abrindo o livro. Na primeira edição norte-americana do seu livro, Melville colocou (Thomas) Cranmer no lugar de John Wycliffe. John Wycliffe foi um teólogo inglês e um dos primeiros críticos da Igreja católica no século XIV. Morreu de causas naturais e foi enterrado, mas trinta anos depois o papa ordenou que seu corpo fosse desenterrado e queimado, e que as cinzas fossem jogadas num rio. Cranmer foi outro reformista religioso inglês, da Reforma de quase um século mais tarde, que foi executado na fogueira. Críticos acreditam que o próprio Melville fez a alteração de Cranmer para "Wickliff", que surgiu na edição inglesa, e que se tratou de uma correção. A edição inglesa também omite a palavra "Panteísta" nesse trecho, mas algumas edições críticas posteriores a restauram, mesclando as versões norte-americana e inglesa. Agradeço a John Bryant pela ajuda nessa questão.

2. A esponja-de-vidro [pp. 33-56]

1. Alguns nomes de capítulos ecoam obras musicais que tiveram algum papel acompanhando a escrita. Este se refere a um CD de 2003 de Loren Chasse e Jim Haynes, atuando como Coelacanth.
2. Para boa parte do material nas próximas duas páginas, recorro ao livro de Peter M. Hoffmann *Life's Ratchet: How Molecular Machines Extract Order from Chaos* (Nova York: Basic Books, 2012), e também a Peter B. Moore, "How Should We Think About the Ribosome?", *Annual Review of Biophysics* 41, pp. 1-19, 2012; e Derek J. Skillings, "Mechanistic Explanation of Biological Processes", *Philosophy of Science* 82, n. 5, pp. 1139-51, 2015.
3. Para uma exploração acessível de ideias recentes, ver Nick Lane, *The Vital Question: Why Is Life the Way It Is?* (Londres: Profile, 2015).
4. O título dessa seção ecoa um livro clássico de Ian Hacking, *The Taming of Chance* [O adestramento do acaso], sobre a história da teoria da

probabilidade (Cambridge, UK: Cambridge University Press, 1990). O adestramento do acaso, em sentido diferente, também tem a ver com o que está acontecendo aqui (como discutido por Hoffmann em *Life's Ratchet*).

5. In *Lectures on Physics*, v. 2, cap. 1, "Electromagnetism", <feynmanlectures.caltech.edu/II_01.html>. As *Lectures on Physics* de Feynman estão agora disponíveis online e de graça (legalmente) em <feynmanlectures.caltech.edu/index.html>. [Ed. bras.: *Lições de física*. Trad. Elcio Abdalla, Cecília Bertoni Martha Hadler Chirenti, Mario Cesar Baldiotti. Porto Alegre: Bookman, 2008.]
6. Ver Peter A. V. Anderson e Robert M. Greenberg, "Phylogeny of Ion Channels: Clues to Structure and Function", *Comparative Biochemistry and Physiology Part B* 129, n. 1, pp. 17-28, 2001; Kalypso Charalambous e B. A. Wallace, "NaChBac: The Long Lost Sodium Channel Ancestor", *Biochemistry* 50, n. 32, pp. 6742-52, 2011. Para a comparação com o transistor, Fred Sigworth, "Life's Transistors", *Nature* 423, pp. 21-2, 2003; e para a sinalização nos biofilmes, Arthur Prindle et al., "Ion Channels Enable Electrical Communication Within Bacterial Communities," *Nature* 527, pp. 59-63, 2015.
7. Comentários feitos por John Allen durante uma das edições do Arthur M. Sackler Colloquium na National Academy of Sciences em 2014 também influenciaram meu pensamento nesse caso. A natureza dos sistemas vivos — o modo como existem nas idas e vindas de um tráfego eletromagnético — os torna inevitavelmente sensíveis a eventos externos.
8. Em um e-mail de 2017.
9. Os artigos de Pamela Lyon contêm reflexões detalhadas e instigantes a respeito das formas simples de percepção. O "piso inferior" são os sistemas de transdução de sinais com um fator nas bactérias; neles, um controlador interno reage a estímulos do lado de fora que conseguem entrar sem um receptor ou sensor na membrana da célula. Ver seu estudo "The Cognitive Cell: Bacterial Behavior Reconsidered", *Frontiers in Microbiology* 6, p. 264, 2015.
10. Isso foi no seu *Anthropogenie oder Entwickelungsgeschichte des Menschen* (Leipzig: Wilhelm Engelmann, 1874).
11. Digo isso, e depois digo que "a palavra 'animal' se refere a qualquer organismo encontrado num ramo específico da árvore genealógica, não importa a aparência ou o modo como vive". Há uma tensão aí? Sim, de certo modo. Se em algum lugar da parte animal da árvore encontrássemos um organismo unicelular, ele contaria como um animal de acordo com a definição mais oficial que ofereço aqui. Não se conhece nenhum animal que tenha regredido de um estado multicelular para o unicelular, mas há um caso que chega perto. Os mixozoários são pequenos parasitas

de peixes e vermes. No início, pensava-se que eram protistas (como os paramécios). Não são unicelulares, mas quase, possuindo poucas células na maioria de seus estágios. Na verdade, são cnidários, parentes dos corais e das anêmonas, só que tremendamente simplificados. Ver Elizabeth U. Canning e Beth Okamura, "Biodiversity and Evolution of the Myxozoa", *Advances in Parasitology* 56, pp. 43-131, 2004. Outra consideração nas mesmas linhas: eu disse que "a palavra 'animal' se refere a qualquer organismo encontrado num ramo específico da árvore genealógica". Ótimo, mas em que ramo, exatamente? Na classificação biológica moderna, todos os ramos podem ser nomeados. Em certo sentido, todos os ramos merecem nomes. Por que não usar "animal" para um ramo menor, que não inclua (digamos) as esponjas? Não haveria problema nisso, desde que tudo naquele ramo menor esteja incluído. Às vezes, um termo como "Eumetazoa" é usado para esse tipo de ramo mais restrito.

12. Trata-se de uma simplificação, principalmente, falar de uma "árvore" no caso dos organismos unicelulares como as bactérias. Falar de uma "rede" da vida, que em certos pontos tem o formato de uma árvore, seria mais preciso.
13. Fui ajudado aqui por uma discussão com Patrick Keeling durante o Sackler Colloquium da National Academy of Sciences de 2014. A evolução do citoesqueleto permitiu que alguns animais simplificassem a sua química metabólica e investissem, por sua vez, numa vida mais ativa e móvel. Isso soa como uma característica animal, mas estamos falando de organismos unicelulares.
14. Ver John Archibald, *One Plus One Equals One: Symbiosis and the Evolution of Complex Life* (Oxford, UK: Oxford University Press, 2014), para o desenvolvimento de ideias sobre esse tema.
15. Em seu "Die Gastraea-Theorie, die phylogenetische Classification des Thierreichs und die Homologie der Keim- blätter", *Jenaische Zeitschrift für Naturwissenschaft* 8, pp. 1-55, 1874.
16. Como diz o capítulo, esse ponto não costuma integrar a teoria do "Gastraea". Um novo artigo tratou dele, e essa me parece ser uma ideia potencialmente relevante. Ver Zachary R. Adam et al., "The Origin of Animals as Microbial Host Volumes in Nutrient-Limited Seas". O artigo ainda não saiu em nenhuma publicação: <peerj.com/preprints/27173>. Ele não estabelece conexão com o Gastraea de Haeckel.

    Outros tipos de associações entre os primeiros animais e as bactérias foram bastante debatidos; ver Margaret McFall-Ngai et al., "Animals in a Bacterial World, a New Imperative for the Life Sciences", *Proceedings of the National Academy of Sciences USA* 110, n. 9, pp. 3229-36, 2013; e Rosanna A. Alegado e Nicole King, "Bacterial Influences on Animal

Origins", *Cold Spring Harbor Perspectives in Biology* 6, n. 11, a016162, 2014. Considero essa ideia modificada de Gastraea um pouco diferente.

17. Uma boa fonte aqui é Casey W. Dunn, Sally P. Leys e Steven H. D. Haddock, "The Hidden Biology of Sponges and Ctenophores", *Trends in Ecology & Evolution* 30, n. 5, pp. 282-91, 2015. Sobre peculiaridades dos placozoários, Bernd Schierwater e Rob DeSalle, "Placozoa", *Current Biology* 28, n. 3, pp. R97-8, 2018; e Frédérique Varoqueaux et al., "High Cell Diversity and Complex Peptidergic Signaling Underlie Placozoan Behavior", *Current Biology* 28, n. 21, p. 3495-501.e2, 2018. Para um resumo do debate corrente a respeito dos formatos da árvore, ver Paul Simion et al., "A Large and Consistent Phylogenomic Dataset Supports Sponges as the Sister Group to All Other Animals", *Current Biology* 27, n. 7, pp. 958-67, 2017. Caso algum leitor tenha se perguntado por que falei, nas primeiras páginas, que naquele primeiro passeio somente as esponjas não tinham sistema nervoso, o motivo é que os placozoários, que também não possuem sistema nervoso, não estariam visíveis, ainda que pudessem muito bem estar presentes.
18. Alguns artigos úteis: Sally P. Leys e Robert W. Meech, "Physiology of Coordination in Sponges", *Canadian Journal of Zoology* 84, n. 2, pp. 288-306, 2006; Leys, "Elements of a 'Nervous System' in Sponges", *The Journal of Experimental Biology* 218, pp. 581-91, 2015.
19. Para uma abordagem completa do assunto: Sally P. Leys, George O. Mackie e Henry M. Reiswig, "The Biology of Glass Sponges", *Advances in Marine Biology* 52, pp. 1-145, 2007. Ver também James C. Weaver et al., "Hierarchical Assembly of the Siliceous Skeletal Lattice of the Hexactinellid Sponge Euplectella aspergillum", *Journal of Structural Biology* 158, n. 1, pp. 93-106, 2007; esse artigo apresenta ótimas imagens.
20. Os originais foram feitos pelo zoólogo alemão Franz Eilhard Schulze, que também foi o primeiro a descrever um placozoário. Os originais estão contidos em F. E. Schulze, *Report on the Hexactinellida Collected by H.M.S. 'Challenger' During the Years 1873-1876* (Edimburgo: Neill, 1886-87).
21. Ver Werner E. G. Müller et al., "Metazoan Circadian Rhythm: Toward an Understanding of a Light-Based Zeitgeber in Sponges", *Integrative and Comparative Biology* 53, pp. 103-17, 2013: "Propomos que este processo de fotorrecepção/fototransdução possa funcionar como um sistema de transmissão de sinais análogo às células nervosas"; Franz Brümmer et al., "Light Inside Sponges", *Journal of Experimental Marine Biology and Ecology* 367, pp. 61-4, 2008: "As esponjas possuem um sistema de transmissão de luz e podem abrigar micro-organismos fotossinteticamente ativos em regiões mais profundas de tecido. [...] As espículas das esponjas nos espécimes vivos transmitem luz para regiões mais

profundas de tecido"; Joanna Aizenberg et al., "Biological Glass Fibers: Correlation Between Optical and Structural Properties", *Proceedings of the National Academy of Sciences, USA* 101, n. 10, pp. 3358-63, 2004: "Essa lâmpada de fibra óptica pode agir potencialmente para atrair os estágios larvais ou juvenis do organismo e os camarões simbiontes para perto da esponja hospedeira".

3. A ascensão do coral-mole [pp. 57-84]

1. Dois outros pesquisadores, Dave Harasti e Steve Smith, contribuíram para a concepção e a escrita do estudo. O artigo é de Tom R. Davis, David Harasti e Stephen D. A. Smith, "Extension of *Dendronephthya australis* Soft Corals in Tidal Current Flows". *Marine Biology* 162, pp. 2155-9, 2015. Algo em torno de 70% desses corais morreram durante o ano passado. O motivo não está claro; Meryl Larkin está estudando o declínio e os resultados estão por vir.
2. Alguns artigos que usei como fonte aqui são de Thomas C. G. Bosch et al., "Back to the Basics: Cnidarians Start to Fire", *Trends in Neurosciences* 40, n. 2, pp. 92-105, 2017; e D. K. Jacobs et al., "Basal Metazoan Sensory Evolution", in *Key Transitions in Animal Evolution*, ed. Bernd Schierwater e Rob DeSalle (Boca Raton, FL: CRC, 2010).
3. Me informei sobre os ciclos de vida dos cnidários em "Complex Life Cycles and the Evolutionary Process", *Philosophy of Science* 83, n. 5, pp. 816-27, 2016.
4. Ver John B. Lewis, "Feeding Behaviour and Feeding Ecology of the Octocorallia (Coelenterata: An-thozoa)", *Journal of Zoology* 196, n. 3, pp. 371-84, 1982. Octocorais parecem ser um grupo problemático para a reconstrução histórica. Ver Catherine S. McFadden, Juan A. Sánchez e Scott C. France, "Molecular Phylogenetic Insights into the Evolution of Octocorallia: A Review", *Integrative and Comparative Biology* 50, n. 3, pp. 389-410, 2010.
5. Ver Susannah Porter, "The Rise of Predators", *Geology* 39, n. 6, pp. 607-8, 2010; e o trabalho de John Tyler Bonner ao longo dos anos. Seu livro *First Signals: The Evolution of Multicellular Development* (Princeton, NJ: Princeton University Press, 2001) influenciou o meu pensamento sobre todos esses assuntos. Ao pensar sobre a transição para a vida multicelular, é importante ter em mente um elenco de personagens *ativos* já no primeiro estágio. Organismos unicelulares podem se mover e caçar. Se você aumenta de tamanho, pode viver sem ser incomodado pelos caçadores, e a multicelularidade é uma boa maneira de aumentar de tamanho. Mais tarde, os próprios organismos multicelulares podem se

tornar ativos e predatórios, como fizeram no Cambriano. O Cambriano pode ter sido como uma reprise em grande escala de um mundo prévio de interações antagônicas, enquanto o Ediacarano foi uma época mais sossegada em que a ação estava sendo reinventada dentro de uma nova escala espacial. Um caminho parcialmente distinto desse de predação-fuga pode ser aquele que nos levaria às esponjas e, de forma diferente, às plantas terrestres; a vida multicelular também torna possível se fixar num local favorável e viver como se fosse uma torre, deixando que o alimento venha até você.

6. Este é um tema central no trabalho de Alvaro Moreno, Argyris Arnellos e seus colaboradores. Ver Arnellos e Moreno, "Multicellular Agency: An Organizational View", *Biology and Philosophy* 30, pp. 333-57, 2015; e "Integrating Constitution and Interaction in the Transition from Unicellular to Multicellular Organisms", in *Multicellularity: Origins and Evolution*, ed. Karl J. Niklas e Stuart A. Newman (Cambridge, MA: MIT Press, 2016); e também Fred Keijzer e Argyris Arnellos, "The Animal Sensorimotor Organization: A Challenge for the Environmental Complexity Thesis", *Biology and Philosophy* 32, pp. 421-41, 2017.
7. Estamos longe de ter certeza disso. Ver Antonio C. Marques e Allen G. Collins, "Cladistic Analysis of Medusozoa and Cnidarian Evolution", *Invertebrate Biology* 123, n. 1, pp. 23-42, 2004; e David A. Gold et al., "The Genome of the Jellyfish Aurelia and the Evolution of Animal Complexity", *Nature Ecology & Evolution* 3, pp. 96-104, 2019.
8. Isso se tornou bastante controverso devido a incertezas quanto ao formato da árvore. Ver Gáspár Jékely, Jordi Paps e Claus Nielsen, "The Phylogenetic Position of Ctenophores and the Origin(s) of Nervous Systems", *EvoDevo* 6, p. 1, 2015; e Leonid L. Moroz et al., "The Ctenophore Genome and the Evolutionary Origins of Neural Systems", *Nature* 510, pp. 109-14, 2014.
9. Há exceções; "junções comunicantes" conectam algumas células mais diretamente.
10. Três artigos que provocam a reflexão a respeito da origem dos sistemas nervosos são de George O. Mackie, "The Elementary Nervous System Revisited", *American Zoologist* 30, n. 4, pp. 907-20, 1990; Gáspár Jékely, "Origin and Early Evolution of Neural Circuits for the Control of Ciliary Locomotion", *Proceedings of the Royal Society B* 278, pp. 914-22, 2011; e Fred Keijzer, Marc van Duijn e Pamela Lyon, "What Nervous Systems Do: Early Evolution, Input-Output, and the Skin Brain Thesis", *Adaptive Behavior* 21, n. 2, pp. 67-85, 2013. Jékely, Keijzer e eu também reunimos algumas dessas questões em "An Option Space for Early Neural Evolution", *Philosophical Transactions of the Royal Society B* 370, 20150181, 2015.

11. Isso é enfatizado nos trabalhos de Moreno, Arnellos e Keijzer, que foram citados antes. Como esses estudos também apontam, outra inovação importante para o surgimento do corpo animal é o *epitélio*. O epitélio consiste em células em formato de folha que se alinham e muitas vezes emitem sinais às vizinhas. Essas folhas atuam como barreiras e podem se dobrar para produzir formas complexas. O epitélio permite o isolamento do corpo e fornece um material para a construção de formas e passagens internas. Nossos corpos são construções semelhantes a origamis, feitas de dobras sucessivas dessas folhas de células. Numa esponja, cujo corpo possui somente uma forma parcial de epitélio, o ambiente está em tudo; a água do mar permeia o corpo. Num cnidário, ou em nós, há um ambiente interno delimitado: o corpo se aparta do restante do mundo.
12. Ver Bosch et al., "Back to the Basics: Cnidarians Start to Fire", e Jacobs et al., "Basal Metazoan Sensory Evolution", citado acima, e também Natasha Picciani et al., "Prolific Origination of Eyes in Cnidaria with Co-Option of Non-Visual Opsins", *Current Biology* 28, n. 15, pp. 2413-9, 2018.
13. Isso as acaba tornando também sensíveis ao som: Marta Solé et al., "Evidence of Cnidarians Sensitivity to Sound After Exposure to Low Frequency Noise Underwater Sources", *Scientific Reports* 6, 37979, 2016.
14. Por que somente nessa direção? Não poderíamos dizer também que a ação tem sua razão de ser no controle da percepção? Não, há uma assimetria nisso. A ação propicia alimento e vantagem reprodutiva. A ação também afeta aquilo que você percebe, e uma boa parte da ação tem como objetivo controlar o que é percebido, mas sobreviver e se reproduzir têm um peso mais fundamental. A ação não é *somente* o controle da percepção.

    Por motivos relacionados, vejo com ceticismo as versões mais ambiciosas da teoria do "processamento preditivo", segundo a qual a função fundamental da cognição e da ação é reduzir a surpresa ou a incerteza — como visto em Andy Clark, *Surfing Uncertainty: Prediction, Action, and the Embodied Mind* (Oxford, UK: Oxford University Press, 2015), e também no trabalho de Karl Friston, como em seu artigo "The Free-Energy Principle: A Unified Brain Theory?", *Nature Reviews Neuroscience* 11, pp. 127-38, 2010. Um organismo pode optar em termos adaptativos por um aumento na incerteza da sua experiência ao se mover para um ambiente mais arriscado, por exemplo, se isso permitir que ele aja de maneira a obter compensações suficientemente benéficas.
15. Bem no começo das minhas reflexões a respeito da evolução do comportamento, fui a uma palestra de Fred — sem saber nada a respeito dele, mas intrigado com o título de seu cargo — numa conferência na Europa.

Filósofos não têm nenhuma aparência específica, mas Fred se parecia mais com um bom jogador de tênis do que com um filósofo. Sua palestra desafiou meus hábitos de pensamento. Misturando biologia e filosofia, ele apresentava um jeito diferente de pensar a evolução dos sistemas nervosos, e também a vida animal e as relações entre ideias científicas e filosóficas nessa área. Ele estava interessado pela maneira como as concepções filosóficas — não somente aquelas oferecidas *pelos* filósofos, mas concepções de um tipo implicitamente filosófico nas mentes dos cientistas, gostem eles ou não de filosofia — moldam o trabalho científico. O trabalho exposto na palestra também se apoiava em suas colaborações com Pam Lyon e Marc van Duijn.

Citei alguns dos artigos de Fred acima, mas ver também "Moving and Sensing Without Input and Output: Early Nervous Systems and the Origins of the Animal Sensorimotor Organization", *Biology and Philosophy* 30, pp. 311-31, 2015.

16. Muito obrigado novamente a Jim Gehling do South Australian Museum, que me ajudou muitas vezes com questões envolvendo o Ediacarano.
17. O artigo é Ilya Bobrovskiy et al., "Ancient Steroids Establish the Ediacaran Fossil Dickinsonia as One of the Earliest Animals", *Science* 361, pp. 1246-49, 2018.
18. Para esse debate, ver Shuhai Xiao e Marc Laflamme, "On the Eve of Animal Radiation: Phylogeny, Ecology and Evolution of the Ediacara Biota", *Trends in Ecology and Evolution* 24, n. 1, pp. 31-40, 2009; e Ed Landing et al., "Early Evolution of Colonial Animals (Ediacaran Evolutionary Radiation-Cambrian Evolutionary Radiation-Great Ordovician Biodiversification Interval)", *Earth-Science Reviews* 178, pp. 105-35, 2018.
19. O primeiro e hoje famoso artigo de Sprigg sobre o tema é "Early Cambrian (?) Jellyfishes from the Flinders Ranges, South Australia", *Transactions of the Royal Society of South Australia* 71, pp. 212-4, 1947.
20. Ver Emily G. Mitchell et al., "Reconstructing the Reproductive Mode of an Ediacaran Macro-Organism", *Nature* 524, pp. 343-46, 2015.
21. O artigo que introduz os nomes é "The Ediacaran Biotas in Space and Time", *Integrative and Comparative Biology* 43, n. 1, pp. 104-13, 2003. Minha discussão sobre esses estágios e os estudos recentes sobre o Ediacarano se baseia muito em Mary L. Droser, Lidya G. Tarhan e James G. Gehling, "The Rise of Animals in a Changing Environment: Global Ecological Innovation in the Late Ediacaran", *Annual Review of Earth and Planetary Sciences* 45, pp. 593-617, 2017. A ilustração na p. 78 é parcialmente baseada em outra presente nesse artigo.
22. De lá para cá, Waggoner tem estudado mitos antigos. Talvez ele estivesse de olho no Rei Arthur e no tempo que passou na ilha das árvores frutíferas.

23. Para mais informações sobre as candidatas, ver Erik A. Sperling, Kevin J. Peterson e Marc Laflamme, "Rangeomorphs, Thectardis (Porifera?) and Dissolved Organic Carbon in the Ediacaran Oceans", *Geobiology* 9, pp. 24-33, 2011; e Erica C. Clites, M. L. Droser e J. G. Gehling, "The Advent of Hard-Part Structural Support Among the Ediacara Biota: Ediacaran Harbinger of a Cambrian Mode of Body Construction", *Geology* 40, n. 4, pp. 307-10, 2012. Joseph P. Botting e Lucy A. Muir, em "Early Sponge Evolution: A Review and Phylogenetic Frame-work", *Palaeoworld* 27, n. 1, pp. 1-29, 2018, sugerem, por outro lado, que as esponjas podem não ter estado presentes no Ediacarano.

24. Ver Sperling, Peterson e Laflamme, "Rangeomorphs, Thectardis (Porifera?) and Dissolved Organic Carbon in the Ediacaran Oceans", e Jennifer F. Hoyal Cuthill e Simon Conway Morris, "Fractal Branching Organizations of Ediacaran Rangeomorph Fronds Reveal a Lost Proterozoic Body Plan", *Proceedings of the National Academy of Sciences, USA* 111, n. 36, pp. 13122-6, 2014.

25. Charles D. Walcott, famoso pelos Xistos de Burgess, disse: "O dr. Fitch propôs o gênero *Helminthoidichnite* para *trilhas que se parecem com as dos vermes*". Asa Fitch era um médico. Talvez também um terapeuta da fala. Ver o artigo de Walcott, "Descriptive Notes of New Genera and Species from the Lower Cambrian or Olenellus Zone of North America", *Proceedings of the National Museum* 12, n. 763, pp. 33-46, 1889. Hoje existem diversos fósseis diferentes chamados *Helminthoidichnites*, de lugares e épocas variados, com tentativas de nomes diferenciados; não se considera que "Helminthoidichnites" se refira em todos os casos ao mesmo animal que deixa marcas. Para saber mais sobre os escavadores do Ediacarano, ver James G. Gehling e Mary L. Droser, "Ediacaran Scavenging as a Prelude to Predation", *Emerging Topics in Life Sciences* 2, n. 2, pp. 213-22, 2018. O novo candidato a ter deixado as marcas está descrito em Scott D. Evans et al., "Discovery of the Oldest Bilaterian from the Ediacaran of South Australia", *Proceedings of the National Academy of Sciences USA* 117, n. 14, pp. 7845-50, 2020.

26. Os cnidários, que possuem um design "radial", também têm uma organização das camadas de células mais simples do que os bilaterados, uma organização que acredita-se ter surgido mais cedo. Os ctenóforos continuam sendo uma carta curinga. Suas descrições apontam com frequência para um design "birradial", que é uma espécie de mistura dos outros dois. E alguns poucos ctenóforos são rastejadores do leito oceânico que se parecem com os platelmintos. Isso é intrigante; talvez mereçam uma investigação mais cuidadosa.

27. Uma pista encontrada nos cnidários dos tempos atuais e discutida anteriormente no capítulo se torna novamente relevante aqui. Acredita-se que os nematócitos, as células urticárias encontradas nos cnidários de

hoje, evoluíram no começo daquela linhagem, antes que os principais grupos de cnidários (corais, anêmonas, medusas) se dividissem. Se essa divisão ocorreu no Ediacarano, como defendem alguns, pelo menos algumas formas simples dessas células urticárias deviam estar presentes lá atrás. Não seria necessário que elas apresentassem nada semelhante aos arpões velozes que vemos nos dias atuais, mas a sua existência sugere que já ocorria algum tipo de predação. Isso se aplica igualmente se as células urticárias tivessem sido armas ofensivas ou defensivas.

28. Para saber mais sobre o intenso debate a respeito da evolução dos simples "acelos", ver Ferdinand Marlétaz, "Zoology: Worming into the Origin of Bilaterians", *Current Biology* 29, n. 12, pp. R577-9, 2019; e Johanna Taylor Cannon et al., "Xenacoelomorpha is the sister group to Nephrozoa", *Nature* 530, pp. 89-93, 2016. Um bom livro sobre os platelmintos policládidos que discuto em mais detalhes é *Marine Flatworms: The World of Polyclads*, de Leslie Newman e Lester Cannon (Clayton, Australia: CSIRO, 2003).

29. Ver *Marine Flatworms*, de Newman e Cannon, sobre essa imitação. Os nudibrânquios são tema de muitos livros, em parte porque são muito populares entre os mergulhadores. Um bom lugar para começar é *Nudibranch Behavior*, de David Behren (Jacksonville, FL: New World, 2005).

4. O camarão de um braço só [pp. 85-111]

1. Sobre as relações evolutivas, ver David A. Legg, Mark D. Sutton e Gregory D. Edgecombe, "Arthropod Fossil Data Increase Congruence of Morphological and Molecular Phylogenies", *Nature Communications* 4, p. 2485, 2013. Sobre os fósseis, ver Edgecombe e Legg, "The Arthropod Fossil Record", in *Arthropod Biology and Evolution*, ed. Alessandro Minelli et al. (Berlim: Springer-Verlag, 2013), pp. 393-415; este livro está repleto de coisas ótimas. Acerca de seus cérebros, ver Gregory Edgecombe, Xiaoya Ma e Nicholas J. Strausfeld, "Unlocking the Early Fossil Record of the Arthropod Central Nervous System", *Philosophical Transactions of the Royal Society B* 370, p. 20150038, 2015.

2. A bibliografia é vasta, e aqui vão alguns artigos que achei interessantes, com perspectivas diversas: Erik A. Sperling et al., "Oxygen, Ecology, and the Cambrian Radiation of Animals", *Proceedings of the National Academy of Sciences USA* 110, n. 33, pp. 13446-51, 2013; Rachel Wood et al., "Integrated Records of Environmental Change and Evolution Challenge the Cambrian Explosion", *Nature Ecology & Evolution* 3, pp. 528-38, 2019 (uma perspectiva sem ocorrência de explosão).

3. Cenários alternativos são discutidos em Simon A. F. Darroch et al., "Ediacaran Extinction and Cambrian Explosion", *Trends in Ecology & Evolution* 33, n. 9, pp. 653-63, 2018. Esses autores preferem uma teoria em que há uma certa continuidade entre os ediacaranos de Nama e os primeiros animais do Cambriano, e na qual a grande mudança ocorreu entre os estágios do Mar Branco e Nama dentro do Ediacarano.
4. Trata-se do *Aegirocassis benmoulae*, que chegava a ter pelo menos dois metros de comprimento. Peter Van Roy, Allison Daley e Derek Briggs, "Anomalocaridid Trunk Limb Homology Revealed by a Giant Filter-Feeder with Paired Flaps", *Nature* 522, pp. 77-80, 2015. Estritamente falando, ele pode ser um parente próximo dos artrópodes (um artrópode-tronco).
5. Ver Roy E. Plotnick, Stephen Q. Dornbos e Junyuan Chen, "Information Landscapes and Sensory Ecology of the Cambrian Radiation", *Paleobiology* 36, n. 2, pp. 303-17, 2010; e Andrew R. Parker, "On the Origin of Optics", *Optics & Laser Technology* 43, pp. 323-9, 2011. Todd E. Feinberg e Jon M. Mallatt, *The Ancient Origins of Consciousness: How the Brain Created Experience* (Cambridge, MA: MIT Press, 2016) também contém uma exploração rica deste tópico. Eles enfatizam o uso da estrutura espacial, principalmente a formação de "mapas" internos, como recurso para a percepção sensorial complexa.
6. Trata-se de S. N. Patek e R. L. Caldwell, "Extreme Impact and Cavitation Forces of a Biological Hammer: Strike Forces of the Peacock Mantis Shrimp Odontodactylus Scyllarus", *The Journal of Experimental Biology* 208, pp. 3655-64, 2005.
7. Títulos charmosos ainda são possíveis na biologia: "Hawksbill Turtles Visit Moustached Barbers: Cleaning Symbiosis Between *Eretmochelys imbricata* and the Shrimp *Stenopus hispidus*" [A tartaruga-de-pente vai ao barbeiro de bigode: Simbiose de limpeza entre *Eretmochelys imbricata* e o camarão *Stenopus hispidus*], de Ivan Sazima, Alice Grossman e Cristina Sazima, *Biota Neotropica* 4, n. 1, pp. 1-6, 2004.
8. Quando este livro estava em processo de edição, saiu um artigo justamente sobre o cérebro dessa espécie: Jakob Krieger et al., "Masters of Communication: The Brain of the Banded Cleaner Shrimp *Stenopus hispidus* (Olivier, 1811) with an Emphasis on Sensory Processing Areas", *Journal of Comparative Neurology*, pp. 1-27, 2019. O estudo é anatômico e não analisa o comportamento, mas possui muita coisa interessante. As antenas são cobertas de sensores diminutos, e parece que essa espécie possui uma percepção química elaborada.
9. Para uma revisão, ver Trinity B. Crapse e Marc A. Sommer, "Corollary Discharge Across the Animal Kingdom", *Nature Reviews Neuroscience* 9, pp. 587-600, 2008. Eles afirmam que: "É essa coordenação entre os dois

sistemas [o sensorial e o ativo] que torna possível analisar o mundo enquanto se está em movimento nele".

Em 1950, dois cientistas alemães, Erich von Holst e Horst Mittelstaedt, escreveram um artigo clássico sobre esse fenômeno, muito antes de ele ter sido encontrado na grande variedade de animais que se conhece hoje, e eles inauguraram uma boa terminologia. Um dos problemas que todo animal enfrenta é distinguir entre *exaferência* e *reaferência*. *Exaferência* (com ênfase no prefixo) é qualquer efeito sobre os sentidos provocado por um acontecimento *externo* de algum tipo. *Re*aferência é qualquer efeito sobre os sentidos provocado pelas suas próprias ações. O animal pode tentar fazer essa distinção procurando achar o que parece haver de diferente nos próprios eventos causados por ele mesmo, mas a maneira óbvia de lidar com a situação é interpretar a informação sensorial de modo a levar em conta as próprias ações. Ver Von Holst e Mittelstaedt, "The Reafference Principle: Interaction Between the Central Nervous System and the Periphery", in *Behavioural Physiology of Animals and Man: The Collected Papers of Erich von Holst*, v. 1, trans. Robert Martin (Coral Gables, FL: University of Miami Press, 1973).

"Adaptive Trends in Malacostracan Brain Form and Function Related to Behavior", de David C. Sandeman, Matthes Kenning e Steffen Harzsch, é outro estudo interessante sobre o comportamento dos artrópodes marinhos, in *Nervous Systems and Control of Behavior*, ed. Charles Derby e Martin Thiel (Oxford, UK: Oxford University Press, 2014). Uma passagem relevante: "O movimento é percebido por um olho quando uma imagem se desloca pelas células fotorreceptoras da retina. Isso pode resultar do deslocamento de um objeto diante do olho imóvel ou do movimento do olho diante de um objeto imóvel. Se o animal permanece imóvel, qualquer movimento no campo de visão pode ser considerado sem dúvida extrínseco a ele. Durante movimentos voluntários, porém, a situação se torna mais complexa, pois é necessário distinguir entre movimentos de imagem autoinduzidos e extrínsecos. Uma estratégia para enfrentar esse problema — o desenvolvimento de olhos que se movem de maneira independente do corpo — evoluiu em diversas ocasiões. Isso permite que uma imagem fique estabilizada, dentro de limites, numa só área do olho". A tamarutaca tem olhos com imenso alcance de movimento. O camarão-palhaço também possui olhos móveis sobre hastes, embora sejam menores e tenham, suponho, menor capacidade de movimento.

10. Ver o seu "The Liabilities of Mobility: A Selection Pressure for the Transition to Consciousness in Animal Evolution", *Consciousness and Cognition* 14, n. 1, pp. 89-114, 2005. Logo abaixo, quando falo de "um outro jeito de encarar essa situação", devo a Fred Keijzer.

11. Para as diferenças entre os sentidos com relação à reaferência e uma visão diferente sobre a sua relevância, ver J. Kevin O'Regan e Alva Noë, "A Sensorimotor Account of Vision and Visual Consciousness", *Behavioral and Brain Sciences* 24, n. 5, pp. 939-1031, 2001. "Phenomenal and Access Consciousness and the 'Hard' Problem: A View from the Designer Stance", *International Journal of Machine Consciousness* 2, n. 1, pp. 117-69, 2010, de Aaron Sloman, apresenta uma abordagem interessante sobre o assunto.
12. Ver Masanori Kohda et al., "If a Fish Can Pass the Mark Test, What Are the Implications for Consciousness and Self-Awareness Testing in Animals?", *PLOS Biology* 17, n. 2, p. e3000021, 2019. Digo "uma versão" por causa do argumento de que os peixes fazem algo consideravelmente mais simples nesse caso do que os golfinhos e outros participantes. Ver o comentário de Frans B. M. de Waal, "Fish, Mirrors, and a Gradualist Perspective on Self-Awareness", *PLOS Biology* 17, n. 2, p. e3000112, 2019. Essas reservas parecem se refletir no título final do artigo de Kohda et al., que também possui uma nota do editor acerca dessa questão. Os resultados me parecem muito bons.
13. Ver Mirjam Appel e Robert W. Elwood, "Motivational Trade-Offs and Potential Pain Experience in Hermit Crabs", *Applied Animal Behaviour Science* 119, n. 1-2, pp. 120-4, 2009; e Barry Magee e R. W. Elwood, "Shock Avoidance by Discrimination Learning in the Shore Crab (*Carcinus maenas*) Is Consistent with a Key Criterion for Pain", *Journal of Experimental Biology* 216, pt. 3, pp. 353-8, 2013. Elwood revisa esse trabalho em "Evidence for Pain in Decapod Crustaceans", *Animal Welfare* 21, supl. 2, pp. 23-7, 2012. Michael Tye discute o trabalho (e o coloca no título) em seu *Tense Bees and Shell-Shocked Crabs: Are Animals Conscious?* (Oxford, UK: Oxford University Press, 2016).

    Para outros comportamentos interessantes dos caranguejos-eremitas, ver Brian A. Hazlett, "The Behavioral Ecology of Hermit Crabs", *Annual Review of Ecology and Systematics* 12, pp. 1-22, 1981. Por exemplo, há muito tempo se descreve que os eremitas "lutam" pela posse de conchas, com os indivíduos maiores expulsando os menores. Mas pelo menos em algumas espécies o "perdedor" também ganha uma concha mais adequada; "quando o 'defensor' não se beneficiaria de uma troca, são raras as vezes que ele abandona a concha". Isso sugere, diz Hazlett, que as batucadas que os "agressores" fazem nas conchas podem consistir numa comunicação mutuamente vantajosa a respeito delas, e não em demonstrações do tamanho e da agressividade do caranguejo.
14. Ver "Is It Wrong to Boil Lobsters Alive?", *The Guardian*, 11 fev. 2018.
15. Trata-se de D. M. Ross e L. Sutton, "The Association Between the Hermit Crab *Dardanus arrosor* (Herbst) and the Sea Anemone *Calliactis*

parasitica (Couch)", *Proceedings of the Royal Society B* 155, n. 959, pp. 282-91, 1961. Ver também Graeme D. Ruxton e Martin Stevens, "The Evolutionary Ecology of Decorating Behaviour", *Biology Letters* 11, n. 6, 20150325, 2015, para uma boa revisão sobre decorações corporais nos animais.

Algumas anêmonas chegam a produzir para o caranguejo "pseudoconchas" que crescem à medida que ele cresce, eliminando a necessidade de troca de conchas por parte do caranguejo. Ver Hiroki Kise et al., "A Molecular Phylogeny of Carcinoecium-Forming *Epizoanthus* (Hexacorallia: Zoantharia) from the Western Pacific Ocean with Descriptions of Three New Species", *Systematics and Biodiversity* 17, n. 8, pp. 773-86, 2019.

16. Ver Jeremy B. C. Jackson, Leo W. Buss e Robert E. Cook (eds.), *Population Biology and Evolution of Clonal Organisms* (New Haven, CT: Yale University Press, 1985). Olhei de perto alguns casos num livro anterior, *Darwinian Populations and Natural Selection* (Oxford, UK: Oxford University Press, 2009).
17. Existem alguns anelídeos, que são organismos unitários, com forma ramificada. Ver Christopher J. Glasby, Paul C. Schroeder e María Teresa Aguado, "Branching Out: A Remarkable New Branching Syllid (Annelida) Living in a *Petrosia* Sponge (Porifera: Demospongiae)", *Zoological Journal of the Linnean Society* 164, n. 3, pp. 481-97, 2012: "Descrevemos a morfologia e a biologia de uma forma ramificada de anelídeo até então desconhecida, *Ramisyllis multicaudata* gen. et sp. nov., um endossimbionte de esponjas marinhas de águas rasas (*Petrosia* sp., Demospongiae) no norte da Austrália. Ele pertence à família dos poliquetas Syllidae, assim como *Syllis ramosa* McIntosh, 1879, o único outro anelídeo ramificado a ser nomeado, que foi coletado de esponjas hexactinellida de águas profundas durante a missão de 1875 do *Challenger*".
18. Ver Matthew H. Dick et al., "The Origin of Ascophoran Bryozoans Was Historically Contingent but Likely", *Proceedings of the Royal Society B* 276, pp. 3141-8, 2009.
19. Victor R. Johnson Jr., "Behavior Associated with Pair Formation in the Banded Shrimp *Stenopus hispidus* (Olivier)", *Pacific Science* 23, n. 1, pp. 40-50, 1969; e Johnson, "Individual Recognition in the Banded Shrimp *Stenopus hispidus* (Olivier)", *Animal Behaviour* 25, pt. 2, pp. 418-28, 1977. Ver também: <theaquariumwiki.com/wiki/Stenopus_hispidus>.

Alguns outros crustáceos são capazes de reconhecer indivíduos. Ver Joanne Van der Velden et al., "Crayfish Recognize the Faces of Fight Opponents", *PLOS ONE* 3, n. 2, p. e1695, 2008; e Roy Caldwell, "A Test of Individual Recognition in the Stomatopod *Gonodactylus festate*", *Animal Behaviour* 33, n. 1, pp. 101-6, 1985.

20. Nas primeiras páginas do livro, comparei alguns comportamentos de ascídias com "um suspiro diante do inevitável". O que elas estão realmente fazendo? Elas parecem estar expelindo a água armazenada em seus corpos. Às vezes é possível ver que detritos também são expelidos, porém é mais comum que o movimento se pareça com uma espécie de espirro lacônico. Esse termo, "espirro", é usado por biólogos que escrevem sobre esponjas; algumas esponjas dão uma espécie de espirro em câmera lenta para lidar com água turva (Leys, "Elements of a 'Nervous System' in Sponges"). Essa é outra forma de ação coordenada que pode ser muito antiga.

As ascídias são famosas por fazerem parte de uma piada acadêmica. Dizem que elas são móveis durante a juventude, e uma vez que se assentam (ganham cargo estável), consomem o próprio cérebro. A anedota se tornou conhecida com o neurocientista Rodolfo Llinás, que aparecerá mais adiante no livro. George O. Mackie e Paolo Burighel, em um artigo sobre as ascídias, rejeitam essa anedota veementemente e com uma ponta de indignação: "Na verdade, as ascídias adultas possuem cérebros em perfeito estado, uma ordem de magnitude maior que a daqueles das larvas, e seu comportamento é tão bem adaptado à sessilidade quanto o das larvas à mobilidade". Mackie e Burighel, "The Nervous System in Adult Tunicates: Current Research Directions", *Canadian Journal of Zoology* 83, n. 1, pp. 151-83, 2005.

5. A origem dos sujeitos [pp. 112-31]

1. Isso está em seu livro *Consciousness in Action* (Cambridge, MA: Harvard University Press, 1998), p. 249. Eis a passagem:

> Uma certa forma tradicional de pensar sobre pessoas ainda parece natural a muitos. O cerne de uma pessoa é visto como um sujeito e um agente de costas um para o outro, por assim dizer. O sujeito possui experiência sensorial consciente e às vezes fica autoconsciente, no sentido de que a experiência consciente se torna ela mesma objeto da consciência (em oposição aos objetos do mundo). O agente se dedica a esforços, tenta fazer várias coisas, e às vezes é autodeterminado, no sentido de que certas ações, esforços ou estados da vontade são eles mesmos, às vezes de [*sic* — acho que ela quer dizer "um" ou "o") objeto da tentativa (em oposição aos acontecimentos do mundo). O sujeito é a última parada no caminho de entrada da pessoa; o mundo se impõe no sujeito. O agente é a primeira parada no caminho de saída; o agente se impõe no mundo.

Hurley distingue diferentes tipos de envolvimento entre os lados sensorial e agencial. Em alguns casos, as ações e suas consequências sensoriais são distintas entre si — você vira uma pedra para ver o que está embaixo. Em outras situações, a relação é mais estreita. Seus olhos estão disparando continuamente para todos os lados, quer você perceba ou não, portanto as impressões que chegam à sua retina mudam o tempo todo, mas isso não é registrado como mudança na cena que você está vendo. Os humanos se adaptam quase totalmente aos "óculos invertidos" que levam as coisas à esquerda até o seu campo de visão na direita, e vice-versa. As pessoas acabam vendo as coisas no seu lugar certo — "certo" enquanto determinado pelo que acontece quando você tenta agir.

2. Ver as suas *Meditações sobre filosofia primeira* (1641).
3. Ver seu livro *The Conscious Mind: In Search of a Fundamental Theory* (Oxford, UK: Oxford University Press, 1996).
4. Isso está numa nota de rodapé do artigo de 1974, "Como é ser um morcego?". Ver também, de minha autoria, "Evolving Across the Explanatory Gap", *Philosophy, Theory, and Practice in Biology* 11, n. 1, pp. 1-24, 2019.
5. Ver, em especial, o seu artigo "Quining Qualia", in *Consciousness in Contemporary Science*, ed. Anthony J. Marcel e E. Bisiach (Oxford, UK: Oxford University Press, 1988), pp. 42-77.
6. Em "Evolving Across the Explanatory Gap", digo que toda a ideia de um "ponto de vista em terceira pessoa" é um pouco confusa — todos os pontos de vista são em primeira pessoa. Mas a linguagem familiar nos ajuda um pouco aqui.
7. Isso também está em *Consciousness in Action*.
8. *Consciousness in Action*, p. 326.
9. Um exemplo paradigmático, e também de leitura agradável, é fornecido por Hume nas *Investigações sobre o entendimento humano* (1748). Para as teorias da "informação dos sentidos" que vieram a seguir, no começo do século XX, ver (por exemplo) Bertrand Russell, *The Problems of Philosophy* (Nova York: Henry Holt, 1912).
10. Essa tradição vai especialmente da *Crítica da Razão Pura* (1781), de Immanuel Kant, até o trabalho de G. W. F. Hegel (como *A Fenomenologia do Espírito*, 1807). Uma continuação em língua inglesa dessa tradição muitas vezes enfocou a situação como um embate entre as visões mais passivas e ativas — William James, no final do século XIX, foi um observador sagaz dessa oposição (ver *The Will to Believe, and Other Essays in Popular Philosophy*, 1896).
11. Agora o enativismo possui ampla bibliografia, e talvez nem todas as versões endossem essa visão. Ver J. Kevin O'Regan e Alva Noë, "A Sensorimotor Account of Vision and Visual Consciousness", *Behavioral and*

Brain Sciences 24, n. 5, pp. 939-1031; e o livro de Noë, *Out of Our Heads: Why You Are Not Your Brain, and Other Lessons from the Biology of Consciousness* (Nova York: Hill and Wang, 2009). Citações da primeira obra citada: "Propomos que ver é uma forma de agir. É uma forma particular de explorar o ambiente" (retirado do *abstract*); "[E]xperiências, defendemos, não são estados. São modos de agir. São coisas que fazemos" (p. 960). O termo "enativo", nesse contexto, foi introduzido por Francisco J. Varela, Evan Thompson e Eleanor Rosch em seu livro *The Embodied Mind: Cognitive Science and Human Experience* (Cambridge, MA: MIT Press, 1991).

12. Isso está em *Experience and Nature* (Chicago: Open Court, 1925), p. 36.
13. Ver seu livro *The Conscious Brain: How Attention Engenders Experience* (Oxford, UK: Oxford University Press, 2012), pp. 341-2. Sobre Dretske, ver "Conscious Experience", *Mind* 102, n. 406, pp. 263-83, 1993. Palavras de Dretske sobre alguns casos problemáticos para ele:

    > Por que não podemos, nos baseando em Damasio, [...] conceber emoções, sentimentos e estados de ânimo como percepções dos estados químicos, hormonais, viscerais e musculoesqueléticos do corpo? [...] Esse modo de pensar sobre as dores, coceiras, cócegas e outras sensações corporais as coloca exatamente na mesma categoria das experiências que temos quando nos tornamos perceptivamente atentos ao nosso ambiente.

    Devo muito a Leonard Katz para a discussão sobre o caso do nível de energia.
14. Isso está no seu "Consciousness", *Annual Review of Neuroscience* 23, pp. 557-78, 573, 2000.
15. Ver Llinás e D. Paré, "Of Dreaming and Wakefulness", *Neuroscience* 44, n. 3, pp. 521-35, 1991. Searle cita também Giulio Tononi e Gerald M. Edelman; ver o seu "Consciousness and Complexity", *Science* 282, pp. 1846-51, 1998.
16. Uma declaração mais ponderada: "[O] conceito de *presença* é usado para se referir ao senso de realidade subjetivo do mundo e do self inserido no mundo". Anil K. Seth, Keisuke Suzuki e Hugo D. Critchley, "An Interoceptive Predictive Coding Model of Conscious Presence", *Frontiers in Psychology* 2, p. 395, 2012. Ver também a citação de Hurley na p. 120, onde ela fala de um "um senso de ser um self presente no mundo". E também as citações de Evan Thompson a seguir.
17. Sempre achei que a transparência é uma das ideias mais peculiares e improváveis dentro de um debate repleto de ideias peculiares e improváveis. Imagine que você borra um pouco a sua visão de propósito enquanto está olhando alguma coisa. Você terá a experiência da imagem

borrada no seu campo de visão. Isso certamente não é uma borradura repentina atribuída aos objetos para os quais você está olhando; é somente um aspecto da experiência propriamente dita. Este é um argumento bom (e bem conhecido) contra a transparência, embora tenha gerado réplicas e um certo debate. (O exemplo, hoje comum, pode ter sido empregado pela primeira vez em Paul A. Boghossian e J. David Velleman, "Colour as a Secondary Quality", *Mind* [n.s.] 98, n. 389, pp. 81-103, 1989.) Uma defesa influente da transparência está em Gilbert Harman, "The Intrinsic Quality of Experience", in *Philosophical Perspectives 4: Action Theory and Philosophy of Mind*, ed. James E. Tomberlin (Atascadero, CA: Ridgeview, 1990), pp. 31-52.

18. Um exemplo é Sam Harris, *Waking Up: A Guide to Spirituality Without Religion* (Nova York: Simon & Schuster, 2014). A doutrina da inexistência do self dentro do budismo tradicional está relacionada, mas não conheço o budismo bem o bastante para traçar uma comparação detalhada.
19. Algo próximo a essa perspectiva talvez figure no livro de Evan Thompson, *Mind in Life: Biology, Phenomenology, and the Sciences of the Mind* (Cambridge, MA: Harvard University Press, 2010). Thompson sugere que parte do problema da experiência subjetiva fica resolvida se reconhecermos uma sensação básica de animação e presença resultante do mero fato de sermos um sistema vivo e autodefinido:

> Poderíamos descrever a consciência, no sentido de senciência, como um tipo primitivamente autoconsciente de vivacidade ou ânimo do corpo. (p. 161) [...]. Mais cedo nesse livro, descrevi a senciência como o sentimento de estar vivo. Estar senciente significa ter a capacidade de sentir a presença do próprio corpo no mundo. A senciência se baseia na identidade autopoiética e na capacidade de atribuição de sentido nos seres vivos, mas implica, além disso, um sentimento de self e mundo. (p. 221)

20. Aqui recorro a Olaf Blanke e Thomas Metzinger, "Full-Body Illusions and Minimal Phenomenal Selfhood", *Trends in Cognitive Sciences* 13, n. 1, pp. 7-13, 2009; e ao livro de Frédérique de Vignemont, *Mind the Body: An Exploration of Bodily Self-Awareness* (Oxford, UK: Oxford University Press, 2018).
21. Na primeira vez que discuti a interação entre percepção e ação, no capítulo 4, observei que a audição difere muito da visão e do toque nesses aspectos; os efeitos das suas ações naquilo que você escuta são reais, mas muitas vezes mais sutis. O papel dos sistemas "onde" e do cruzamento entre os sentidos também são diferentes. A audição é um caso tão claro de percepção sensorial quanto a visão. Isso é algo para ficarmos atentos.

6. Polvo [pp. 132-76]

1. Só uma vez testemunhei um polvo comendo um caranguejo-decorador; não conheço os detalhes da interação, pois cheguei no fim do processo.
2. Como em *Outras mentes*, conto essa história me baseando em Björn Kröger, Jakob Vinther e Dirk Fuchs, "Cephalopod Origin and Evolution: A Congruent Picture Emerging from Fossils, Development and Molecules", *BioEssays* 33, n. 8, pp. 602-13, 2011; e num artigo mais recente: Alastair R. Tanner et al., "Molecular Clocks Indicate Turnover and Diversification of Modern Coleoid Cephalopods During the Mesozoic Marine Revolution", *Proceedings of the Royal Society B* 284, p. 20162818, 2017.
3. Um único fóssil francês de 165 milhões de anos foi interpretado como sendo de um polvo (e assim apresentado em *Outras mentes*), mas estudos adicionais sugerem que aquele animal tinha uma estrutura interna rígida, um "gládio" do tipo que se vê nas lulas de hoje em dia, e que portanto não se aproximava tanto do design do polvo, sendo talvez mais semelhante a uma lula-vampira-do-inferno; ver Isabelle Kruta et al., "*Proteroctopus ribeti* in Coleoid Evolution", *Palaeontology* 59, n. 6, pp. 767-73, 2016.
4. Ver Gabriella H. Wolf e Nicholas J. Strausfeld, "Genealogical Correspondence of a Forebrain Centre Implies an Executive Brain in the Protostome-Deuterostome Bilaterian Ancestor", *Philosophical Transactions of the Royal Society B* 371, p. 20150055, 2016.
5. Esse artigo é de Eric Edsinger e Gül Dölen, "A Conserved Role for Serotonergic Neurotransmission in Mediating Social Behavior in Octopus", *Current Biology* 28, n. 19, pp. 3136-44, 2018.
6. Isso está no seu livro *Cephalopod Behaviour* (Cambridge, UK: Cambridge University Press, 1996).
7. Vários dos artigos produzidos foram usados aqui: Tamar Gutnick et al., "*Octopus vulgaris* Uses Visual Information to Determine the Location of Its Arm", *Current Biology* 21, n. 6, pp. 460-2, 2011; Letizia Zullo et al., "Nonsomatotopic Organization of the Higher Motor Centers in Octopus", *Current Biology* 19, n. 19, pp. 1632-6, 2009; e de autoria de Hochner, "How Nervous Systems Evolve in Relation to Their Embodiment: What We Can Learn from Octopuses and Other Molluscs", *Brain, Behavior, and Evolution* 82, pp. 19-30, 2013.
8. Ver Lesley J. Rogers, Giorgio Vallortigara e Richard Andrew, *Divided Brains: The Biology and Behaviour of Brain Asymmetries* (Cambridge UK: Cambridge University Press, 2013), e Giorgio Vallortigara, Lesley J. Rogers e Angelo Bisazza, "Possible Evolutionary Origins of Cognitive Brain Lateralization", *Brain Research Reviews* 30, pp. 164-75, 1999.

9. Ver Alexandra K. Schnell et al., "Lateralization of Eye Use in Cuttlefish: Opposite Direction for Anti-Predatory and Predatory Behaviors", *Frontiers in Physiology* 7, p. 620, 2016.
10. Esse lugar foi descrito em *Outras mentes*. Ver também o artigo mais recente de David Scheel et al., "Octopus Engineering, Intentional and Inadvertent", *Communicative & Integrative Biology* 11, n. 1, p. e1395994, 2018. Para um artigo comportamental, ver Scheel, Godfrey-Smith e Matthew Lawrence, "Signal Use by Octopuses in Agonistic Interactions", *Current Biology* 26, n. 3, pp. 377-82, 2016.
11. Há exceções, todas habitantes de mares profundos. Ver o capítulo 7 de *Outras mentes* para saber mais sobre esses casos.
12. Em "Signal Use by Octopuses in Agonistic Interactions", listamos exceções conhecidas, envolvendo doze espécies.
13. Ver David Scheel et al., "A Second Site Occupied by *Octopus tetricus* at High Densities, with Notes on Their Ecology and Behavior", *Marine and Freshwater Behaviour and Physiology* 50, n. 4, pp. 285-91, 2017.
14. Estamos preparando um artigo sobre isso no momento, com o título provisório de "Octopuses Throw Debris, Often Hitting Others, with Behavioral Consequences".
15. Ver o seu artigo "What Is in An Octopus's Mind?", *Animal Sentience*, 2019.209.
16. Ver Shaun Gallagher, *How the Body Shapes the Mind* (Oxford, UK: Clarendon Press; Oxford University Press, 2005), para uma discussão do tema.
17. Isso foi relatado por Ben Guarino em "Inside the Grand and Sometimes Slimy Plan to Turn Octopuses into Lab Animals", *The Washington Post*, 3 mar. 2019.
18. A referência é "The Octopus with Two Brains: How Are Distributed and Central Representations Integrated in the Octopus Central Nervous System?", in *Cephalopod Cognition*, ed. Anne-Sophie Darmaillacq, Ludovic Dickel e Jennifer Mather (Cambridge, UK: Cambridge University Press, 2014), pp. 94-122. Sobre a discussão com Sidney Carls-Diamante, ver o seu artigo "The Octopus and the Unity of Consciousness", *Biology and Philosophy* 32, n. 6, pp. 1269-87, 2017.
19. Adrian Tchaikovsky, *Children of Ruin* (Nova York: Orbit; Hachette, 2019).
20. O artigo que Thomas Nagel escreveu em 1971 continua sendo uma boa porta de entrada para essas questões: "Brain Bisection and the Unity of Consciousness", *Synthese* 22, n. 3/4, pp. 396-413, 1971. O livro de Tim Bayne, *The Unity of Consciousness* (Oxford, UK: Oxford University Press, 2010) traz uma abordagem abrangente das questões da unidade. Aqui me baseei muito no livro de Elizabeth Schechter, *Self-Consciousness and "Split" Brains: The Minds' I* (Oxford, UK: Oxford University Press, 2018).

21. Versões dessa teoria foram defendidas por muitas pessoas ao longo dos anos, às vezes sem entrar em muitos detalhes. O livro de Michel Tye, *Consciousness and Persons: Unity and Identity* (Cambridge, MA: MIT Press, 2003), e o artigo de Adrian Downey discutidos a seguir são mais detalhados. Elizabeth Schechter cita o artigo de Jerome A. Shaffer, "Personal Identity: The Implications of Brain Bisection and Brain Transplants", *The Journal of Medicine and Philosophy*, n. 2, pp. 147-61, 1977, como uma formulação inicial.
22. Este é o livro citado acima, *Self-Consciousness and "Split" Brains*.
23. Em alguns casos, a vida cotidiana de um paciente de cérebro dividido revela sinais consistentes de falta de unidade manifestando-se em discordâncias; há casos em que uma das mãos veste uma camiseta ou pega um cigarro, por exemplo, enquanto a outra mão se opõe ao mesmo gesto. Se esse tipo de comportamento fosse constante, seria tentador afirmar que a condição das duas mentes era permanente (como acredita Schechter). Talvez alguns casos sejam assim e outros apresentem uma unidade maior. Analiso melhor esses fenômenos em "Integration, Lateralization, and Animal Experience" em *Mind and Language*.
24. Ver o seu "Action, the Unity of Consciousness, and Vehicle Externalism", in *The Unity of Consciousness: Binding, Integration, and Dissociation*, ed. Axel Cleeremans (Oxford, UK: Oxford University Press, 2003).
25. Ver seu artigo "Split-Brain Syndrome and Extended Perceptual Consciousness", *Phenomenology and the Cognitive Sciences* 17, pp. 787-811, 2018.
26. Minha discussão aqui se baseia em maior parte no artigo de James Blackmon, "Hemispherectomies and Independently Conscious Brain Regions", *Journal of Cognition and Neuroethics* 3, n. 4, pp. 1-26, 2016. A citação que está no texto é extraída de uma postagem de um blog: <jcblackmon.com/general/the-wada-test-for-philosophers-what-is-it-like-to-be-a-proper-part-of-your-own-brain-losing-and-regaining-other-proper-parts-of-your-brain>, que por sua vez usa um website público sobre epilepsia: <epilepsy.com/connect/forums/surgery-and-devices/wada-test-1>.

    A versão mais extrema que já encontrei da teoria de que o cérebro contém muitas consciências distintas foi defendida detalhadamente pelo neurocientista Semir Zeki. Para um resumo de sua tese, ver seu artigo "The Disunity of Consciousness", *Trends in Cognitive Sciences* 7, n. 5, pp. 214-8, 2003.
27. Schechter escreveu um artigo anterior sobre essa alternativa, defendendo a sua coerência. "Partial Unity of Consciousness: A Preliminary Defense", in *Sensory Integration and the Unity of Consciousness*, ed. David J. Bennett and Christopher S. Hill (Cambridge, MA: MIT Press, 2014), pp. 347-73.

28. Roger Sperry, em uma passagem citada por Schechter, diz que cada hemisfério possui as duas próprias memórias inacessíveis à outra metade. (Ver o artigo de Sperry, "Hemisphere Deconnection and Unity in Conscious Awareness", *American Psychologist* 23, n. 10, pp. 72333, 1968). Isso levaria a pensar numa situação com duas mentes permanentes. Mas o artigo de Sperry e outras fontes que consultei parecem estar falando de memórias estabelecidas numa fase do experimento e lembradas em outra fase do mesmo experimento. Seria diferente — e talvez as coisas sejam assim — se as memórias permanecessem associadas a um hemisfério ou outro a longo prazo. Seria outra razão para crer na permanência do estado de duas mentes.
29. Essa passagem usa alguns elementos do meu artigo anterior, "Octopus Experience", in *Animal Sentience* 2019.270, um comentário sobre o texto de Jennifer Mather, "What Is in An Octopus's Mind?". A propósito, alguns equinodermos aparentemente conseguem *enxergar* — escolher objetos — com seus corpos inteiros: ver Divya Yerramilli e Sönke Johnsen, "Spatial Vision in the Purple Sea Urchin *Strongylocentrotus purpuratus* (Echinoidea)", *Journal of Experimental Biology* 213, n. 2, pp. 249-55, 2010.
30. Talvez até antes; ver James G. Gehling, "Earliest Known Echinoderm — A New Ediacaran Fossil from the Pound Subgroup of South Australia", *Alcheringa* 11, n. 4, pp. 337-45, 1987. Ver Samuel Zamora, Imran A. Rahman e Andrew B. Smith, "Plated Cambrian Bilaterians Reveal the Earliest Stages of Echinoderm Evolution", *PLOS One* 7, n. 6, p. e38296, 2012, para uma discussão a respeito de sua linhagem divergente do plano bilaterado usual, com algumas ótimas imagens. Acho que a espécie que vi perto de Polvópolis era *Antedon loveni*.

7. Olhete [pp. 185-226]

1. O livro é *Your Inner Fish: A Journey into the 3.5-Billion-Year History of the Human Body* (Nova York: Pantheon, 2008).
2. Minha principal fonte aqui é o livro de John A. Long, *The Rise of Fishes: 500 Million Years of Evolution* (Baltimore: Johns Hopkins University Press, 1995). O livro está repleto de conversas sobre escadas e balanças evolutivas, algo que critico algumas vezes aqui. Um bom livro que cobre o início da evolução dos vertebrados com atenção específica para a consciência é o de Todd E. Feinberg e Jon M. Mallatt, *The Ancient Origins of Consciousness: How the Brain Created Experience* (Cambridge, MA: MIT Press, 2016). Um artigo recente procura ressaltar a importância dos ambientes costeiros nos primórdios da evolução dos peixes: Lauren Sallan et al., "The Nearshore Cradle of Early Vertebrate Diversification", *Science* 362, pp. 460-4, 2018 (outro artigo com ótimas imagens).

3. Ver o seu "Evolution and Tinkering", *Science* 196, pp. 1161-6, 1977.
4. Conforme relatado pela SBS News (sbs.com.au/news/rare-set-of-mega-shark-teeth-from-prehistoric-species-unearthed): "Think a Steak Knife. They're Sharp". O *Carcharocles angustidens* passava dos nove metros de comprimento.
5. Ver Sönke Johnsen e Kenneth J. Lohmann, "The Physics and Neurobiology of Magnetoreception", *Nature Reviews Neuroscience* 6, pp. 703-12, 2005.
6. Provavelmente não é o maior de todos os tempos; este parece ter vivido na era dos dinossauros, o *Leedsichthys problematicus*.
7. Tirei isso do programa da BBC TV *Blue Planet II* (2017).

   Uma observação sobre o sexo do peixe que eu estava seguindo: no recife Ningaloo, a proporção dos sexos é desequilibrada em cerca de três machos para cada fêmea. O motivo é desconhecido.
8. Ver Darja Obradovic Wagner e Per Aspenberg, "Where Did Bone Come From?", *Acta Orthopaedica* 82, n. 4, pp. 393-8, 2011.
9. Me baseio muito em Horst Bleckmann e Randy Zelick, "Lateral Line System of Fish", *Integrative Zoology* 4, n. 1, pp. 13-25, 2009. Há um livro para os obcecados por linhas laterais: Sheryl Coombs et al., eds., *The Lateral Line System* (Nova York: Springer, 2014). Para a descrição do "toque à distância", ver John Montgomery, Horst Bleckmann e Sheryl Coombs, "Sensory Ecology and Neuroethology of the Lateral Line", em *The Lateral Line System*, pp. 121-50.
10. Aqui me baseio em Bernd Fritzsch e Hans Straka, "Evolution of Vertebrate Mechanosensory Hair Cells and Inner Ears: Toward Identifying Stimuli That Select Mutation Driven Altered Morphologies", *Journal of Comparative Physiology A* 200, n. 1, pp. 5-18, 2014; Bernd U. Budelmann e Horst Bleckmann, "A Lateral Line Analogue in Cephalopods: Water Waves Generate Microphonic Potentials in the Epidermal Head Lines of *Sepia* and *Lolliguncula*", *Journal of Comparative Physiology A* 164, n. 1, pp. 1-5, 1988.
11. Bleckmann e Zelick, "Lateral Line System of Fish". A percepção da linha lateral apresenta interações elaboradas entre percepção sensorial e ação: John C. Montgomery e David Bodznick, "An Adaptive Filter That Cancels Self-Induced Noise in the Electrosensory and Lateral Line Mechanosensory Systems of Fish", *Neuroscience Letters* 174, n. 2, pp. 145-8, 1994.
12. Bleckmann e Zelick, "Lateral Line System of Fish". Esses peixes usam as informações obtidas pelas linhas laterais para construir mapas internos do ambiente em que vivem: Theresa Burt de Perera, "Spatial Parameters Encoded in the Spatial Map of the Blind Mexican Cave Fish, *Astyanax fasciatus*", *Animal Behaviour* 68, n. 2, pp. 291-5, 2004.

13. Clare V. H. Baker, Melinda S. Modrell e J. Andrew Gillis, "The Evolution and Development of Vertebrate Lateral Line Electroreceptors", *The Journal of Experimental Biology* 216, pt. 13, pp. 2515-22, 2013; e Nathaniel B. Sawtell, Alan Williams e Curtis C. Bell, "From Sparks to Spikes: Information Processing in the Electrosensory Systems of Fish", *Current Opinion in Neurobiology* 15, n. 4, pp. 437-43, 2005. Os únicos animais terrestres que possuem eletrorrecepção parecem ser os monotremados (ornitorrinco, equidna): John D. Pettigrew, "Electroreception in Monotremes", *Journal of Experimental Biology* 202, pp. 1447-54, 1999.
14. Ver <elasmo-research.org/education/topics/d_functions_of_hammer.htm>.
15. "Por causa do seu interesse geral, é preciso falar sobre a capacidade de previsão de terremotos nos bagres. Até hoje, este é o caso mais bem documentado de reações animais antecedendo um grande tremor. A série de artigos no Japão do início dos anos 1930 que estabeleceu uma mudança de comportamento estatisticamente relevante algumas horas antes de um terremoto é revisada por Kalmijn (1974). Os autores japoneses forneceram algumas evidências de que o estímulo adequado era de potenciais elétricos da Terra. Somente depois medidas quantitativas da sensibilidade dos bagres e da magnitude dos potenciais que antecipavam o tremor principal (que não acompanham terremotos de maneira universal e talvez sejam peculiares a certas regiões) mostraram que os sinais estavam muito acima do limiar e que as observações originais eram, portanto, bastante plausíveis." Theodore H. Bullock, "Electroreception", *Annual Review of Neuroscience* 5, pp. 121-70, 128, 1982.
16. Ver, por exemplo, Prasong J. Mekdara et al., "The Effects of Lateral Line Ablation and Regeneration in Schooling Giant Danios", *Journal of Experimental Biology* 221, p. jeb175166, 2018.
17. O peixe-corneta, *Fistularia commersonii*.
18. Nesta seção, me baseio em Redouan Bshary e Culum Brown, "Fish Cognition", *Current Biology* 24, n. 19, pp. R947-50, 2014; e em referências extraídas desse artigo. Também Jonathan Balcombe, *What a Fish Knows: The Inner Lives of Our Underwater Cousins* (Nova York: Scientific American; Farrar, Straus and Giroux, 2016).

    A respeito da contagem, ver Christian Agrillo et al., "Use of Number by Fish", *PLOS One* 4, n. 3, p. e4786, 2009. Os experimentos sobre reconhecimento musical estão descritos no livro de Balcombe.
19. Ver Nicholas K. Humphrey, "The Social Function of Intellect", in *Growing Points in Ethology*, ed. P. P. G. Bateson and R. A. Hinde (Cambridge, UK: Cambridge University Press, 1976), pp. 303-17.
20. Matz Larsson, "Why Do Fish School?", *Current Zoology* 58, n. 1, pp. 116-28, 2012. Pergunto-me se as faixas amarelas verticais que muitos peixes

prateados possuem nas caudas, incluindo o olhete e outros, não teria uma função no comportamento dos cardumes — servindo de guia visual para localização e movimento. Isso exigiria que cada peixe individual tirasse vantagem de permanecer visível e previsível. Não basta que isso torne as coisas mais fáceis para peixes observadores ou para o cardume como um todo.

21. Ver, entre outras obras, Thomas Riedlinger, "Sartre's Rite of Passage", *Journal of Transpersonal Psychology* 14, n. 2, pp. 105-23, 1982.
22. Ver Jeremy R. Kendal et al., "Nine-Spined Sticklebacks Deploy a Hill-Climbing Social Learning Strategy", *Behavioral Ecology* 20, n. 2, pp. 238-44, 2009; Stefan Schuster et al., "Animal Cognition: How Archer Fish Learn to Down Rapidly Moving Targets", *Current Biology* 16, n. 4, pp. 378-83, 2006; Logan Grosenick, Trisha S. Clement e Russell D. Fernald, "Fish Can Infer Social Rank by Observation Alone", *Nature* 445, pp. 429-32, 2007.
23. Ver Ana Pinto et al., "Cleaner Wrasses *Labroides dimidiatus* Are More Cooperative in the Presence of an Audience", *Current Biology* 21, n. 13, pp. 1140-4.
24. Há muitos estudos sobre essas associações, por exemplo, Annemarie Kramer, James L. Van Tassell e Robert A. Patzner, "A Comparative Study of Two Goby Shrimp Associations in the Caribbean Sea", *Symbiosis* 49, pp. 137-41, 2009.
25. Alexander L. Vail, Andrea Manica e Redouan Bshary, "Referential Gestures in Fish Collaborative Hunting", *Nature Communications* 4, p. 1765, 2013.
26. Uso como fonte David Millett, "Hans Berger: From Psychic Energy to the EEG", *Perspectives in Biology and Medicine* 44, n. 4, pp. 522-42, 2001. Alguns relatos da história de Berger parecem ter sido um pouco distorcidos.
27. Isso está relatado no texto de Millet, "Hans Berger: From Psychic Energy to the EEG".
28. Ao que tudo indica, Vladimir Vladimirovich Pravdich-Neminsky é o precursor nesse caso. Ele foi preso pelo regime soviético e não conseguiu avançar muito no trabalho depois disso.

    Depois de sua morte, Berger foi visto durante certo tempo como opositor dos nazistas, mas pesquisas mais recentes parecem mostrar que não foi assim. Ver Lawrence A. Zeidman, James Stone e Daniel Kondziella, "New Revelations About Hans Berger, Father of the Electroencephalogram (EEG), and His Ties to the Third Reich", *Journal of Child Neurology* 29, n. 7, pp. 1002-10, 2014.
29. Não estou falando aqui da dualidade entre o elétrico e o magnético dentro dos fenômenos eletromagnéticos; trata-se de um uso mais informal do termo. Neste capítulo, estou deixando o aspecto magnético de lado na medida do possível.

30. Aqui, como em boa parte dessa discussão inicial sobre ritmos e campos, me baseio em György Buzsáki, *Rhythms of the Brain* (Oxford, UK: Oxford University Press, 2006), e (uma abordagem mais técnica, mas também bastante útil) György Buzsáki, Costas A. Anastassiou e Christof Koch, "The Origin of Extracellular Fields and Currents — EEG, ECoG, LFP and Spikes", *Nature Reviews Neuroscience* 13, pp. 407-20, 2012.
31. Alguns exemplos: Theodore H. Bullock, "Ongoing Compound Field Potentials from Octopus Brain Are Labile and Vertebrate-Like", *Electroencephalography and Clinical Neurophysiology* 57, n. 5, pp. 473-83, 1984; R. Aoki et al., "Recording and Spectrum Analysis of the Planarian Electroencephalogram", *Neuroscience* 159, n. 2, pp. 908-14, 2009; Bruno van Swinderen e Ralph J. Greenspan, "Salience Modulates 20-30 Hz Brain Activity in *Drosophila*", *Nature Neuroscience* 6, pp. 579-86, 2003; Fidel Ramón et al., "Slow Wave Sleep in Crayfish", *Proceedings of the National Academy of Sciences USA* 101, n. 32, pp. 11 857-61, 2004.
32. Ver György Buzsáki, *Rhythms of the Brain*; Rodolfo R. Llinás, *I of the Vortex: From Neurons to Self* (Cambridge, MA: MIT Press, 2001); Wolf Singer, "Neuronal Oscillations: Unavoidable and Useful?", *European Journal of Neuroscience* 48, n. 7, pp. 2389-98, 2018; Conrado A. Bosman, Carien S. Lansink e Cyriel M. A. Pennartz, "Functions of Gamma-Band Synchronization in Cognition: From Single Circuits to Functional Diversity Across Cortical and Subcortical Systems", *European Journal of Neuroscience* 39, n. 11, pp. 1982-99, 2014.
33. Ela não parece ser muito conhecida. Me baseei em François Clarac e Edouard Pearlstein, "Invertebrate Preparations and Their Contribution to Neurobiology in the Second Half of the 20th Century", *Brain Research Reviews* 54, n. 1, pp. 113-61, 2007.
34. McClintock acabou ganhando o prêmio Nobel. O papel de Margulis é discutido num livro citado no capítulo 2, *One Plus One Equals One*, de John Archibald. Sobre McClintock, ver Evelyn Fox Keller, *A Feeling for the Organism: The Life and Work of Barbara McClintock* (Nova York: Henry Holt, 1983).
35. Trata-se de "Effects Evoked in An Axon by the Activity of a Contiguous One", *Journal of Neurophysiology* 5, n. 2, pp. 89-108, 1942. O estudo foi realizado com chocos.
36. Os principais estudos em que me baseio aqui são Costas A. Anastassiou et al., "Ephaptic Coupling of Cortical Neurons", *Nature Neuroscience* 14, n. 2, pp. 217-23, 2011; Chia-Chu Chiang et al., "Slow Periodic Activity in the Longitudinal Hippocampal Slice Can Self-Propagate Non-Synaptically by a Mechanism Consistent with Ephaptic Coupling", *Journal of Physiology* 597, n. 1, pp. 249-69, 2019; Costas A. Anastassiou e Christof

Koch, "Ephaptic Coupling to Endogenous Electric Field Activity: Why Bother?", *Current Opinion in Neurobiology* 31, pp. 95-103, 2015.

37. Em "Ephaptic Coupling to Endogenous Electric Field Activity: Why Bother?".

38. O livro é *I of the Vortex: From Neurons to Self.*

    Na sua resenha "Review of György Buzsáki's book *Rhythms of the Brain*", *Neuroscience* 149, pp. 726-7, 2007, Llinás opta pela segunda escolha na lista que forneço no texto — a ideia de que a atividade sincronizada é importante, mas campos e suas oscilações não — porém faz uma ressalva:

    > Espantosamente, alguns autores consideram que esses ritmos "emanam" do cérebro e são a expressão derradeira da função cerebral. Essa visão é tão absurda em relação aos campos elétricos registrados extracelularmente quanto em relação ao aspecto biologicamente significativo da condução nos nervos. Aliás, exceto em casos como o efeito inibidor da atividade do nervo VIII no axônio das células Mauthner em teleósteos, ou talvez em alguns casos de "modulação efáptica da excitabilidade do nervo", *os potenciais de campo extracelulares são epifenômenos*. Eles podem transmitir ao observador externo a presença de coerência elétrica de grupos neuronais, mas não são, eles mesmos, nada além de sombras numa caverna platônica.

    A mensagem encontrada nos estudos mais recentes é que pode haver um grande "porém".

39. Por exemplo, ver M. Hartbauer et al., "Competition and Cooperation in a Synchronous BushcricketChorus", *Royal Society Open Science* 1, n. 2, p. 140 167, 2014.

40. Wolf Singer, em seu "Neuronal Oscillations: Unavoidable and Useful?", refere-se a Huygens como "um relojoeiro holandês"; soa um pouco injusto com o descobridor dos anéis de Saturno.

41. Isso está na segunda edição do influente livro de Karl Pearson, *The Grammar of Science* (Londres: Adam and Charles Black, 1900).

42. Em toda essa parte vim sendo influenciado pelo trabalho de Rosa Cao e por muitos anos de debates com ela; ver seu "Why Computation Isn't Enough: Essays in Neuroscience and the Philosophy of Mind" (dissertação de ph.D., New York University, 2018).

43. Visões desse tipo foram propostas por várias pessoas: ver Susan Pockett, *The Nature of Consciousness: A Hypothesis* (Nova York: iUniverse, 2000); E. R. John, "A Field Theory of Consciousness", *Consciousness and Cognition* 10, pp. 184-213, 2001; e Johnjoe McFadden, "Synchronous Firing and Its Influence on the Brain's Electromagnetic Field: Evidence for an Electromagnetic Field Theory of Consciousness", *Journal of*

Consciousness Studies 9, n. 4, pp. 23-50, 2002. No capítulo 5, usei uma citação de John Searle para introduzir algumas ideias sobre o que a experiência tende a incluir, ideias que nos afastam de um foco exclusivo na percepção. O próprio Searle chama essa abordagem da consciência de visão do "campo unificado". Não creio que haja nisso um apelo ao sentido de "campo" usado na física. O papel principal da ideia de campo no artigo de Searle é enfatizar como os vários aspectos da experiência se integram num todo. No capítulo final, uso a expressão "perfil de experiência" para capturar ideias desse tipo sem precisar recorrer a campos.

44. Ver Francis Crick e Christof Koch, "Towards a Neurobiological Theory of Consciousness", *Seminars in the Neurosciences* 2, pp. 263-75, 1990. Entre os outros que adotam essa ideia, achei particularmente instigante o artigo de Jesse Prinz, "Attention, Working Memory, and Animal Consciousness", in *The Routledge Handbook of Philosophy of Animal Minds*, ed. Kristin Andrews e Jacob Beck (Nova York: Routledge, 2018). Os estudos com raios gama foram uma inovação importante, mas minha visão é mais flexível e não insiste na importância de ritmos de 40 hertz.
45. Ver Van Swinderen e Greenspan, "Salience Modulates 20-30 Hz Brain Activity in Drosophila".
46. Eles provavelmente discordam em muitos pontos (Llinás, Buzsáki, Singer, Koch...), mas provavelmente concordam nesse.
47. Como aponta Rosa Cao, um caso interessante para pensarmos aqui é o de pequenos grupos de neurônios cultivados artificialmente — "*brainoids*". Eles podem apresentar alguns dos padrões encontrados nos sistemas nervosos.
48. A "Teoria da Informação Integrada" (IIT) propõe que um grau elevado de integração em qualquer sistema torna este sistema consciente. (Ver Giulio Tononi e Christof Koch, "Consciousness: Here, There and Everywhere?", *Philosophical Transactions of the Royal Society* B 370: 20140167). A integração é importante por causa de suas ligações com as *outras* propriedades, propriedades que possuem função conectiva em relação à mente e à matéria: ser um sujeito e ocupar uma perspectiva.
49. Llinás e Paré, "Of Dreaming and Wakefulness", *Neuroscience* 44, n. 3, pp. 521-35, 1991. "Propomos aqui, como fizemos em outras ocasiões [...] que a consciência, assim como a locomoção, pode ser mais um caso de atividade intrínseca do que de impulso sensorial. Assim, foi proposto que a consciência é um estado funcional interno de caráter onírico, modulado, e não gerado, pelos sentidos."
50. Björn Merker, "Cortical Gamma Oscillations: The Functional Key Is Activation, Not Cognition", *Neuroscience and Biobehavioral Reviews* 37, n. 3, pp. 401-17, 2013.

8. Na superfície terrestre [pp. 227-52]

1. Ver Jason A. Dunlop, Gerhard Scholtz e Paul A. Selden, "Water-to-Land Transitions", in *Arthropod Biology and Evolution: Molecules, Development, Morphology*, ed. Alessandro Minelli, Geoffrey Boxshall e Giuseppe Fusco (Berlim: Springer-Verlag, 2013), pp. 417-40. Também Casey W. Dunn, "Evolution: Out of the Ocean", *Current Biology* 23, n. 6, pp. R241-43, 2013.
2. Outro problema que vou apenas citar de passagem aqui é a radiação UV. Isso está discutido em George McGhee Jr., *When the Invasion of Land Failed: The Legacy of the Devonian Extinctions* (Nova York: Columbia University Press, 2013).
3. Dunlop, Scholtz e Selden, "Water-to-Land Transitions".
4. Ver Richard K. Grosberg, Geerat J. Vermeij e Peter C. Wainwright, "Biodiversity in Water and on Land", *Current Biology* 22, n. 21, pp. R900-3, 2012.
5. Ver Scarlett R. Howard et al., "Numerical Cognition in Honeybees Enables Addition and Subtraction", *Science Advances* 5, n. 2, eaav0961, 2019; Aurore Avarguès-Weber et al., "Simultaneous Mastering of Two Abstract Concepts by the Miniature Brain of Bees", *Proceedings of the National Academy of Sciences USA* 109, n. 19, pp. 7481-86, 2012; e Olli Loukola et al., "Bumblebees Show Cognitive Flexibility by Improving on an Observed Complex Behavior", *Science* 355, pp. 833-6, 2017.
6. Ver Vincent Gallo e Lars Chittka, "Cognitive Aspects of Comb-Building in the Honeybee?", *Frontiers in Psychology* 9, p. 900, 2018.
7. Aprendi muito sobre essa mistura de uso eficiente de recursos e exploração contínua das alternativas em Joseph L. Woodgate et al., "Life-Long Radar Tracking of Bumblebees", *PLOS ONE* 11, n. 8, p. e0160333, 2016.
8. Ver Jonas N. Richter, Binyamin Hochner e Michael J. Kuba, "Pull or Push?: Octopuses Solve a Puzzle Problem", *PLOS ONE* 11, n. 3, p. e0152048, 2016.
9. Para uma abordagem particularmente boa da ideia da consciência dos insetos, ver Andrew B. Barron e Colin Klein, "What Insects Can Tell Us About the Origins of Consciousness", *Proceedings of the National Academy of Sciences USA* 113, n. 18, pp. 4900-8, 2016.
10. Não falo muito sobre as aranhas neste livro — simplesmente porque o elenco de personagens já é grande demais —, mas algumas aranhas são realmente impressionantes no aspecto sensorial. Em geral isso ocorre nas aranhas que não constroem teias, mas exploram e caçam. As aranhas-saltadoras (Salticidae) são especialmente notáveis. Ver Robert R. Jackson e Fiona R. Cross, "Spider Cognition", *Advances in Insect Physiology* 41, pp. 115-74, 2011.
11. Craig H. Eisemann et al., "Do Insects Feel Pain? — A Biological View", *Experientia* 40, pp. 164-7, 1984.

12. Um artigo muito interessante de Justin Sytsma e Edouard Machery, "Two Conceptions of Subjective Experience", *Philosophical Studies* 151, n. 2, pp. 299-327, 2010, investiga se as pessoas comuns reconhecem um único conceito de experiência subjetiva ou "sentida" da mesma maneira que os filósofos. Sytsma e Machery descobrem que não, e que elas veem um laço estreito entre a experiência e a avaliação, tratando eventos puramente sensoriais (ver o vermelho et cetera) de maneiras diferentes e mais vagas. Sytsma e Machery podem estar corretos a respeito da concepção cotidiana de experiência, mas o pensamento cotidiano também pode estar equivocado.

    Feinberg e Mallatt, em *Ancient Origins of Consicousness*, distinguem três tipos de consciência: sensorial (exterorreceptiva), afetiva e interoceptiva.
13. Ver Lynne U. Snedden et al., "Defining and Assessing Animal Pain", *Animal Behaviour* 97, pp. 201-12, 2014.
14. Julia Groening, Dustin Venini e Mandyam V. Srinivasan, "In Search of Evidence for the Experience of Pain in Honeybees: A Self-Administration Study", *Scientific Reports* 7, p. 45825, 2017.
15. Ver Edgar T. Walters, "Nociceptive Biology of Molluscs and Arthropods: Evolutionary Clues About Functions and Mechanisms Potentially Related to Pain", *Frontiers in Physiology* 9, p. 1049, 2018; e Robyn J. Crook e E. T. Walters, "Nociceptive Behavior and Physiology of Molluscs: Animal Welfare Implications", *ILAR Journal* 52, n. 2, pp. 185-95, 2011.
16. Ver Melissa Bateson et al., "Agitated Honeybees Exhibit Pessimistic Cognitive Biases", *Current Biology* 21, n. 12, pp. 1070-3, 2011. O artigo que trata do otimismo é de Clint Perry, Luigi Baciadonna e Lars Chittka, "Unexpected Rewards Induce Dopamine-Dependent Positive Emotion-Like State Changes in Bumblebees", *Science* 353, pp. 1529-31, 2016, com Solvi como primeiro autor, assinando com o nome de Clint Perry.
17. No livro de Simona Ginsburg e Eva Jablonka, *The Evolution of the Sensitive Soul: Learning and the Origins of Consciousness* (Cambridge, MA: MIT Press, 2019), a evolução de um "aprendizado associativo ilimitado" é vista como uma transição que marca o surgimento da consciência. Concordo que esse tipo de aprendizado foi uma invenção muito importante, mas ainda não vejo as conexões intrínsecas dele com a consciência, em parte devido aos estudos sobre estados análogos às emoções em animais mais simples.
18. Winkworth tem um bom canal de YouTube: <youtube.com/user/swinkworth>.
19. Isso está na sua "Review of *Other Minds*", *Biology & Philosophy* 34, n. 1, p. 2, 2019.

20. Ver o livro de Michael Tye, *Tense Bees and Shell-Shocked Crabs: Are Animals Conscious?* (Oxford, UK: Oxford University Press, 2016). Ver também Lynne U. Sneddon, "Nociception", *Fish Physiology* 25, pp. 153-78, 2006.
21. Ver Marta Soares et al., "Tactile Stimulation Lowers Stress in Fish", *Nature Communications* 2, p. 534, 2011.
22. "Nociceptive Behavior and Physiology of Molluscs: Animal Welfare Implications", op. cit.
23. A questão dos insetos traz ainda mais uma complicação. Até agora, estive escrevendo sobre "o inseto", a vida do animal todo. Mas parte do espírito de vida aventureiro de um inseto é a *metamorfose*, a transição da larva para o adulto, como no caso da lagarta e da borboleta. Muitos insetos levam duas vidas, para todos os efeitos, uma em cada lado da divisão metamórfica. Ao longo do caminho ocorre uma ampla desagregação e reconstrução do corpo.

    Nos tipos de insetos levados em conta aqui, é o adulto que possui sentidos aguçados e movimentos complexos; a larva não os possui. (Em muitos casos, as larvas têm olhos, mas são bem mais simples.) Por outro lado, as larvas demonstram uma maior sensibilidade ao dano. Os adultos têm capacidade de proteger e cuidar de ferimentos, mas não o fazem. A larva pode ser mais sensível, *não pode* cuidar dos ferimentos, mesmo que queira. Os estados análogos à emoção descobertos nos estudos de Bateson e Perry são encontrados nos adultos, e não sei dizer se os comportamentos das larvas são complicados o suficiente para possibilitar otimismo e pessimismo.
24. O livro de Karl J. Niklas, *The Evolutionary Biology of Plants* (Chicago: University of Chicago Press, 1997), foi publicado há alguns anos, mas é muito interessante. Para atualizações a respeito dos primeiros estágios, ver Charles H. Wellman, "The Invasion of the Land by Plants: When and Where?", *New Phytologist* 188, n. 2, pp. 306-9, 2010; e Jennifer L. Morris et al., "The Timescale of Early Land Plant Evolution", *Proceedings of the National Academy of Sciences USA* 115, n. 10, pp. e2274-83, 2018.

    Para uma revisão de literatura sobre animais que fazem diversos tipos de fotossíntese, ver Mary E. Rumpho et al., "The Making of a Photosynthetic Animal", *Journal of Experimental Biology* 214, pp. 303-11, 2011. Vestígios de mobilidade permanecem em muitas plantas, nas células sexuais. Samambaias e cicadáceas, entre outras, possuem células de esperma móveis que nadam na água para atingir a fertilização. Uma partezinha do ciclo de vida permanece móvel. Para atingir uma vida mais móvel que essa, as plantas também seriam impedidas por suas paredes celulares grossas; é algo que elas teriam que superar de alguma maneira.
25. Uma fã de planta a quem pergunto isso é Monica Gagliano, autora de *Thus Spoke the Plant* (Berkeley, CA: North Atlantic Books, 2018). Ela defende que plantas manifestam formas simples de aprendizado; ver

especialmente Monica Gagliano et al., "Learning by Association in Plants", *Scientific Reports* 6, p. 38 427, 2016. A planta em questão é uma trepadeira.

Trepadeiras são em sua maior parte angiospermas, plantas floríferas, com algumas poucas exceções (*Gnetum*, uma gimnosperma, e *Lygodium*, uma samambaia).

26. Ver *The Power of Movement of Plants* (Londres: John Murray, 1880), que Charles escreveu para seu filho Francis.
27. Está em Masatsugu Toyota et al., "Glutamate Triggers Long-Distance, Calcium-Based Plant Defense Signaling", *Science* 361, pp. 1112-5, 2018.
28. Ver *Metamorphosis of Plants* (1790), de Johann Wolfgang von Goethe; e *Phytologia* (1800), de Erasmus Darwin.
29. É interessante pensar nos sistemas nervosos de animais modulares como corais e briozoárias, em termos dessa conexão — cada "zooide" tem o seu próprio sistema nervoso.
30. A citação veio de um programa e de uma reportagem da BBC sobre a percepção das plantas, "Plants Can See, Hear and Smell — and Respond", *BBC Earth*, 10 jan. 2017.
31. Esse tipo de coisa é intrigante: Gabriel R. A. de Toledo et al., "Plant Electrome: The Electrical Dimension of Plant Life", *Theoretical and Experimental Plant Physiology* 31, pp. 21-46, 2019.
32. O termo é bastante controverso, em parte devido às razões expressas no título deste artigo de Pamela Lyon, "Of What Is 'Minimal Cognition' the Half-Baked Version?" [A "cognição mínima" é a versão incompleta do quê?], *Adaptive Behavior*, set. 2019. Ver também Jules Smith-Ferguson e Madeleine Beekman, "Who Needs a Brain?: Slime Moulds, Behavioural Ecology and Minimal Cognition", *Adaptive Behavior*, jan. 2019.

9. Barbatanas, pernas, asas [pp. 253-74]

1. Aqui me baseio em Miriam Ashley-Ross et al., "Vertebrate Land Invasions — Past, Present, and Future: An Introduction to the Symposium", *Integrative and Comparative Biology* 53, n. 2, pp. 192-6, 2013; e Jennifer A. Clack, *Gaining Ground: The Origin and Evolution of Tetrapods*, 2. ed. (Bloomington: University of Indiana Press, 2012).
2. Sobre a deglutição dos peixes-gato, ver Sam Van Wassenbergh, "Kinematics of Terrestrial Capture of Prey by the Eel-Catfish *Channallabes apus*", *Integrative and Comparative Biology* 53, n. 2, pp. 258-68, 2013.
3. Esse foi muitas vezes considerado o grande obstáculo. Por outro lado, estudos mais recentes sugerem que a reprodução em terra não pode ter sido um problema tão grave quanto parecia, pois alguns peixes dos

tempos atuais que não costumam sair da água fazem essas excursões para depositar seus ovos. Alguns abandonam os ovos para dar passeios breves na superfície entre as marés. No caso de outro peixe, o piratantã, o acasalamento ocorre no meio de um espetacular salto em conjunto até uma folha que pende acima, na qual os ovos são deixados. Depois o macho espirra água nos ovos em intervalos de alguns minutos para que permaneçam úmidos durante a incubação, e os peixinhos que nascem caem de novo na água.

A superfície é provavelmente um bom lugar para os ovos nesses casos devido à abundância de oxigênio, e talvez às altas temperaturas. A superfície oferece uma combinação de vantagens e desvantagens. Ver Karen L. M. Martin e A. L. Carter, "Brave New Propagules: Terrestrial Embryos in Anamniotic Eggs", *Integrative and Comparative Biology* 53, n. 2, pp. 233-47, 2013.

4. Em toda essa parte, me baseio muito no livro de Steve Brusatte, *The Rise and Fall of the Dinosaurs: A New History of Their Lost World* (Nova York: William Morrow, 2018).
5. E talvez também em protomamíferos e mamíferos de grupos-tronco anteriores ao Triássico; isso está em debate.

   Há duas distinções para ficarmos de olho nesse caso. *Endotermia* versus *ectotermia* é produzir o próprio calor versus obtê-lo do ambiente, respectivamente; *homeotermia* versus *pecilotermia* é uma questão de temperatura constante versus variável, respectivamente. Nós mamíferos somos endotérmicos e homeotérmicos. Um artigo útil que discute um estudo clássico é Michael S. Hedrick e Stanley S. Hillman, "What Drove the Evolution of Endothermy?", *Journal of Experimental Biology* 219, pp. 300-1, 2016.
6. Ver Benjamin W. Tatler, David O'Carroll e Simon B. Laughlin, "Temperature and the Temporal Resolving Power of Fly Photoreceptors", *Journal of Comparative Physiology* A 186, n. 4, pp. 399-407, 2000.
7. Ver Barbara A. Block et al., "Evolution of Endothermy in Fish: Mapping Physiological Traits on a Molecular Phylogeny", *Science* 260, pp. 210-4, 1993; e Kerstin A. Fritsches, Richard W. Brill e Eric J. Warrant, "Warm Eyes Provide Superior Vision in Swordfishes", *Current Biology* 15, n. 1, pp. 55-8, 2005. Agradeço a Bill Blessing por ter me estimulado a pensar nesse assunto.
8. Ver Jorge Cubo et al., "Bone Histology of Azendohsaurus laaroussii: Implications for the Evolution of Thermometabolism in Archosauromorpha", *Paleobiology* 45, n. 2, pp. 317-30, 2019.
9. Ver *The Rise and Fall of the Dinosaurs*, de Brusatte.
10. Aqui me baseio numa série de artigos de Giorgio Vallortigara e Lesley Rogers. (Muito obrigado a Lesley Rogers pela ajuda com esse material.) Entre os artigos estão Giorgio Vallortigara, "Comparative

Neuropsychology of the Dual Brain: A Stroll through Animals' Left and Right Perceptual Worlds", *Brain and Language* 73, n. 2, pp. 189-219, 2000; e Lesley J. Rogers, "A Matter of Degree: Strength of Brain Asymmetry and Behaviour", *Symmetry* 9, n. 4, p. 57, 2017. Para uma revisão de literatura, ver novamente Rogers, Vallortigara e Andrew, *Divided Brains: The Biology and Behaviour of Brain Asymmetries*.

11. Ver Vallortigara, "Comparative Neuropsychology of the Dual Brain". Ele também resume os estudos com sapos.

12. Do artigo de Vallortigara citado acima:

> Animais como peixes e répteis em geral combinam o fato de seus olhos estarem posicionados nas laterais da cabeça (de modo que cada olho tem acesso limitado ao hemicampo de espaço acessível ao olho contralateral) com projeções ipsilaterais muito reduzidas. Eles não apresentam estrutura análoga ao corpus callosum, possuindo, em vez disso, apenas uma pequena comissura anterior e uma pequena comissura inter-hemisférica hipocampal que interliga regiões da parte dorsal do telencéfalo. Neuroanatomicamente, eles podem ser considerados muito próximos das preparações de "cérebro dividido" (ver Deckel, 1995, 1997).

O estudo de Deckel é com largartos *Anolis*, e ele os compara frequentemente a condições de cérebro dividido: "Ao contrário de mamíferos, o sistema visual do *Anolis* pode, em certos sentidos, ser considerado uma preparação de 'cérebro dividido', por exemplo, uma condição em que o hemisfério esquerdo do cérebro está relativamente 'alheio' à informação percebida e processada pelo hemisfério direito do cérebro". A. Wallace Deckel, "Laterality of Aggressive Responses in *Anolis*", *Journal of Experimental Zoology* 272, n. 3, pp. 194-200, 1995.

13. Ver Theresa Burt de Perera e Victoria A. Braithwaite, "Laterality in a Non-Visual Sensory Modality: The Lateral Line of Fish", *Current Biology* 15, n. 7, pp. R241-2, 2005. Victoria Braithwaite faleceu durante as últimas etapas da redação deste livro. Ela realizou um trabalho fantástico sobre a senciência dos peixes e, embora eu não a conhecesse intimamente, parecia ser uma pessoa maravilhosa.

14. O movimento de fuga propriamente dito, contudo, parece ser coordenado imediatamente no corpo inteiro; não é somente no lado sinalizante que os tentáculos se preparam para escapar. Em alguns casos a fuga se dá com um simples jato d'água e com os tentáculos relaxados e soltos atrás — algo fácil de fazer. Mas em outros casos a fuga é um rebuliço que envolve os oito tentáculos. (O livro *Outras mentes* contém uma ilustração dessa divisão de cor no último capítulo.)

15. Ver Laura Jiménez Ortega et al., "Limits of Intraocular and Interocular Transfer in Pigeons", *Behavioural Brain Research* 193, n. 1, pp. 69-78, 2008.
16. Ver Rodrigo Suárez et al., "A Pan-Mammalian Map of Interhemispheric Brain Connections Predates the Evolution of the Corpus Callosum", *Proceedings of the National Academy of Sciences USA* 115, n. 38, pp. 9622-7, 2008. Eles dizem que "humanos com ausência congênita do corpus callosum, mas com funções integradoras inter-hemisféricas preservadas, manifestam muitas vezes ligações compensatórias na comissura anterior que lembram um conectoma não euteriano".
17. Isso está em "Comparative Neuropsychology of the Dual Brain".
18. Antes, também comparei a situação do cérebro dividido com o procedimento de Wada, em que cada metade do cérebro de um paciente é adormecida em turnos. O procedimento de Wada foi usado naquela discussão anterior para embasar a possibilidade da alternância rápida em pacientes de cérebro dividido. Num procedimento de Wada, como o corpus callosum fica intacto, as duas metades dentro do procedimento, e também o cérebro todo fora do procedimento, possuem o tipo de conexão interna que permitem que as propriedades dinâmicas em grande escala fiquem unificadas. Na alternância rápida que ocorreria nos casos de cérebro dividido, a condição de "mente única" aconteceria de tal modo que muitas das conexões que integram os padrões dinâmicos em grande escala estariam ausentes.
19. Ver Kieran C. R. Fox, Michael Muthukrishna e Susanne Shultz, "The Social and Cultural Roots of Whale and Dolphin Brains", *Nature Ecology & Evolution* 1, pp. 1699-705, 2017; Lori Marino, Daniel W. McShea e Mark D. Uhen, "Origin and Evolution of Large Brains in Toothed Whales", *The Anatomical Record Part A, Discoveries in Molecular Cellular and Evolutionary Biology* 281, n. 2, pp. 1247-55, 2004; e Richard C. Connor, "Dolphin Social Intelligence: Complex Alliance Relationships in Bottlenose Dolphins and a Consideration of Selective Environments for Extreme Brain Size Evolution in Mammals", *Philosophical Transactions of the Royal Society of London B, Biological Sciences* 362, pp. 587-602, 2007.
20. Ver Raymond J. Tarpley e Sam H. Ridgway, "Corpus Callosum Size in Delphinid Cetaceans", *Brain, Behavior and Evolution* 44, n. 3, pp. 156-65, 1994.
21. Teria sido por causa dos cabelos ruivos? Os golfinhos são supostamente daltônicos, ao contrário de seus parentes terrestres. "Supostamente"? Sua fisiologia ocular sugere que são, mas pode haver meios ocultos de distinção de cores nos golfinhos, assim como nos polvos. A evidência comportamental é ambígua; ver Ulrike Griebel e Axel Schmid, "Spectral Sensitivity and Color Vision in the Bottlenose Dolphin (*Tursiops truncatus*)", *Marine and Freshwater Behaviour and Physiology* 35, n. 3, pp. 129-37,

2002. Eles detectaram algum grau de sensibilidade às cores em um indivíduo. Algumas ideias recentes interessantes sobre sensibilidade a cores em polvos também podem se aplicar aos golfinhos, como observam os autores; ver Alexander L. Stubbs e Christopher W. Stubbs, "Spectral Discrimination in Color Blind Animals via Chromatic Aberration and Pupil Shape", *Proceedings of the National Academy of Sciences USA* 113, n. 29, pp. 8206-11, 2016.

22. Ver Geerat J. Vermeij e Richard K. Grosberg, "The Great Divergence: When Did Diversity on Land Exceed That in the Sea?", *Integrative and Comparative Biology* 50, n. 4, pp. 675-82, 2010; e Grosberg, Vermeij e Peter C. Wainwright, "Biodiversity in Water and on Land", *Current Biology* 22, n. 21, pp. R900-3, 2012.
23. Está em seu artigo "How the Land Became the Locus of Major Evolutionary Innovations", *Current Biology* 27, n. 20, pp. 3178-82, 2017.

10. Recompondo gradualmente [pp. 275-310]

1. O artigo original é "Episodic and Semantic Memory", in Endel Tulving e Wayne Donaldson, *Organization of Memory* (Nova York: Academic Press, 1972). O paciente Kent Cochrane foi originalmente conhecido apenas como "KC".
2. Sua esposa, Deborah Wearing, escreveu um livro sobre o seu caso e a vida que tiveram juntos, chamado *Forever Today: A Memoir of Love and Amnesia* (Londres: Transworld, 2004). Wearing também é descrito no artigo de Oliver Sacks, "The Abyss", *The New Yorker*, 24 set. 2007.
3. Entre eles estão Donna Rose Addis, Alana T. Wong e Daniel L. Schacter, "Remembering the Past and Imagining the Future: Common and Distinct Neural Substrates During Event Construction and Elaboration", *Neuropsychologia* 45, n. 7, pp. 1363-77, 2007; e Demis Hassabis, Dharshan Kumaran e Eleanor A. Maguire, "Using Imagination to Understand the Neural Basis of Episodic Memory", *Journal of Neuroscience* 27, n. 52, pp. 14 365-74, 2007. Aqui me baseio especialmente em Thomas Suddendorf, Donna Rose Addis e Michael C. Corballis, "Mental Time Travel and the Shaping of the Human Mind", *Philosophical Transactions of the Royal Society B* 364, pp. 1317-24, 2009; Daniel L. Schacter et al., "The Future of Memory: Remembering, Imagining, and the Brain", *Neuron* 76, n. 4, pp. 644-94, 2012; também Donna Rose Addis, "Are Episodic Memories Special?: On the Sameness of Remembered and Imagined Event Simulation", *Journal of the Royal Society of New Zealand* 48, n. 2-3, pp. 64-88, 2018. O argumento sobre lembrar a partir de perspectivas visuais que não foram experimentadas vem de Schacter e Addis, "Memory

and Imagination: Perspectives on Constructive Episodic Simulation", a ser publicado em *The Cambridge Handbook of the Imagination*, ed. Anna Abraham (Cambridge, UK: Cambridge University Press, 2020).

4. Isso está em "Are Episodic Memories Special?".
5. "The Brain as a Dream State Generator: An Activation-Synthesis Hypothesis of the Dream Process", *American Journal of Psychiatry* 134, n. 12, pp. 1335-48, 1977. Minha discussão a respeito dos sonhos nessa seção se baseia muito em Erin J. Wamsley e Robert Stickgold, "Dreaming and Offline Memory Processing", *Current Biology* 20, n. 23, pp. R1010-3, 2010.
6. "The Function of Dream Sleep", *Nature* 304, pp. 111-4, 1983.
7. Aqui estou me baseando em Wamsley e Stickgold, "Dreaming and Offline Memory Processing".
8. A expressão é uma das traduções do alemão *Dasein*, termo central em *O ser e o tempo* de Martin Heidegger (1927), embora Heidegger aparentemente não achasse que "ser-aí" fosse uma boa tradução de *Dasein* (ver Hubert L. Dreyfus, *Being-in-the-World: A Commentary on Heidegger's "Being and Time"* [Cambridge, MA: MIT Press, 1990]). O livro de Andy Clark é *Being There: Putting Brain, Body, and World Together Again* (MIT Press, 1997). Hegel também havia usado o termo *Dasein* em *A ciência da lógica* (1812-16), mas Heidegger o tornou famoso.
9. Para uma revisão da literatura, ver Alex C. Keene e Erik R. Duboue, "The Origins and Evolution of Sleep", *Journal of Experimental Biology* 221, n. 11, p. jeb159533, 2018. Até algumas medusas (Cubozoa, cubomedusas) têm algo semelhante ao sono.
10. Marcos G. Frank et al., "A Preliminary Analysis of Sleep-Like States in the Cuttlefish *Sepia officinalis*", *PLOS ONE* 7, n. 6, p. e38125, 2012; e Teresa L. Iglesias et al., "Cyclic Nature of the REM Sleep-Like State in the Cuttlefish *Sepia officinalis*", *Journal of Experimental Biology* 222, p. jeb174862, 2019.
11. A bibliografia é imensa. Um clássico é John O'Keefe e Lynn Nadel, *The Hippocampus as a Cognitive Map* (Oxford, UK: Clarendon; Oxford University Press, 1978), e para estudos mais recentes ver H. Freyja Ólafsdóttir et al., "Hippocampal Place Cells Construct Reward Related Sequences Through Unexplored Space", *eLife* 4, p. e06063, 2015; e H. Freyja Ólafsdóttir, Daniel Bush e Caswell Barry, "The Role of Hippocampal Replay in Memory and Planning", *Current Biology* 28, n. 1, pp. R37-50, 2018. Estudos recentes conseguiram demonstrar uma interação contínua entre reconstituição e antecipação em ratos despertos à medida que eles aprendem e planejam: ver Justin D. Shin, Wenbo Tang e Shantanu P. Jadhav, "Dynamics of Awake Hippocampal-Prefrontal Replay for Spatial Learning and Memory-Guided Decision Making", *Neuron* 104, n. 6, pp. 1110-25.e 7, 2019.

12. Para ondas lentas, ver Thomas J. Davidson, Fabian Kloosterman e Matthew A. Wilson, "Hippocampal Replay of Extended Experience", *Neuron* 63, n. 4, pp. 497-507, 2009; para a reconstituição em ritmo natural dentro do sono REM, Kenway Louie e Matthew A. Wilson, "Temporally Structured Replay of Awake Hippocampal Ensemble Activity during Rapid Eye Movement Sleep", *Neuron* 29, n. 1, pp. 145-56, 2001. A comparação é discutida no artigo de Ólafsdóttir, Bush e Barry, "The Role of Hippocampal Replay in Memory and Planning".
13. Embora essa proposição minha tenha um caráter menos enfático (por enquanto), nutro simpatia pela teoria da "experiência única" de Michael Tye: ver seu livro *Consciousness and Persons* (Cambridge, MA: MIT Press, 2003). Algo que me preocupa é como equacionar essa teoria com as ideias sobre desunidade e unidade parcial defendidas nos capítulos 6 e 8. Essa noção de um perfil de experiência também evoca a teoria da consciência do "campo unificado" de Searle, mas acho que essa teoria pode incorrer naquele mau uso da ideia de "campo" que foi discutido no capítulo 7 e neste. Ver seu "Consciousness", 2000.
14. Isso foi debatido numa conferência sobre consciência animal na NYU em 2006. Michael Tye rejeitou o gradualismo em sua palestra e nos debates, a exemplo de outros. Ver também Jonathan A. Simon, "Vagueness and Zombies: Why 'Phenomenally Conscious' Has No Borderline Cases", *Philosophical Studies* 174, pp. 2105-23, 2017. Tim Bayne, Jakob Hohwy e Adrian M. Owen dizem que "a noção de graus de consciência tem coerência dúbia": "Are There Levels of Consciousness?", *Trends in Cognitive Sciences* 20, n. 6, pp. 405-13, 2016.
15. Ver Alison Gopnik, *The Philosophical Baby: What Children's Minds Tell Us About Truth, Love, and the Meaning of Life* (Nova York: Farrar, Straus and Giroux, 2009).
16. A versão de Stanislas Dehaene para a visão da "área de trabalho" é o meu foco aqui; ver seu *Consciousness and the Brain: Deciphering How the Brain Codes Our Thoughts* (Nova York: Viking, 2014). Outras visões dentro da mesma família incluem a teoria AIR de Prinz, exposta em *The Conscious Brain* (Oxford, UK: Oxford University Press, 2012), e a teoria PANIC de Michael Tye, in *Ten Problems of Consciousness: A Representational Theory of the Phenomenal Mind* (Cambridge, MA: MIT Press, 1995).
17. O trabalho de Morten Overgaard é um estímulo saudável a interpretações alternativas; ver, por exemplo, Morten Overgaard et al., "Is Conscious Perception Gradual or Dichotomous?: A Comparison of Report Methodologies During a Visual Task", *Consciousness and Cognition* 15, pp. 700-8, 2006.
18. Ver *Consciousness and the Brain.*

19. Para uma reunião de artigos sobre uploading, ver Russell Blackford e Damien Broderick, eds., *Intelligence Unbound: The Future of Uploaded and Machine Minds* (Malden, MA: John Wiley and Sons, 2014), inclusive os dois artigos de David Chalmers e Massimo Pigliucci.
20. Ver Jonathan Birch, "Animal Sentience and the Precautionary Principle", *Animal Sentience* 2017.017.
21. O trabalho de Hobson sobre os sonhos, mencionado antes neste capítulo, incluía alguns experimentos muito perturbadores com gatos.
22. Ver os estudos sobre "células de lugar" citados acima. O prêmio Nobel foi concedido em 2014 a John O'Keefe (metade), e a May-Britt Moser e Edvard Moser (metade, conjuntamente). Para uma discussão sobre experimentos com animais voltados especialmente ao caso dos ratos, que são usados hoje em gigantesco número, ver Phillip Kitcher, "Experimental Animals", *Philosophy and Public Affairs* 43, n. 4, pp. 287-311, 2015.
23. Sobre todos esses tópicos, ver Lori Gruen, *Ethics and Animals: An Introduction* (Cambridge, UK: Cambridge University Press, 2011).
24. Ele aparece em seu texto "Our Monism" (1892); discuto a ideia em "Mind, Matter, and Metabolism", *Journal of Philosophy* 113, n. 10, pp. 481-506, 2016.
25. Ver seu livro *Experience and Nature* (Chicago: Open Court, 1925), pp. 227-8.
26. Foi a Eastern Division Meeting of the American Philosophical Association, em 1989, que teve um simpósio chamado "Thought of Wittgenstein", com Crispin Wright, Warren Goldfarb e John McDowell.
27. Ver suas *Investigações filosóficas*, tradução de José Carlos Bruni (São Paulo: Nova Cultural, 1999 [Coleção Os Pensadores: Wittgenstein]), e *The Concept of Mind* (Chicago: University of Chicago Press, 1949), de Gilbert Ryle. Nas palavras de Ryle: "A afirmação 'a mente é seu próprio lugar', como interpretada pelos teóricos, não é verdadeira, pois a mente não é sequer um 'lugar' metafórico. Pelo contrário, o tabuleiro de xadrez, a plataforma, a escrivaninha do acadêmico, o banco do juiz, o assento do caminhoneiro, o estúdio e o campo de futebol estão entre os seus lugares. É neles que as pessoas trabalham e brincam, de maneira estúpida ou inteligente".
28. Tenho quase certeza de que foi Wright que introduziu a ideia, que também foi debatida por outros. Ver, de sua autoria, "Wittgenstein's Later Philosophy of Mind: Sensation, Privacy, and Intention", in *Meaning Scepticism*, ed. Klaus Puhl (Berlim: De Gruyter, 1991), pp. 126-47 (não é o artigo de Wright com o mesmo título no *Journal of Philosophy*) e "Intentionality and Interiority in Wittgenstein", de McDowell, na mesma coletânea.

Agradecimentos

À medida que este livro crescia, ele assumiu uma forma tentacular que foi abarcando cada vez mais grupos animais, uma lista sempre crescente de referências de pesquisa e incontáveis outros caminhos e becos filosóficos e científicos. Eu teria ficado completamente perdido em muitas etapas sem o auxílio generoso de debatedores e correspondentes com especialização nessas áreas. Ordenando as pessoas mais ou menos pela ordem dos capítulos, gostaria de agradecer a Chris Shields, Alison Simmons, Gary Hatfield, Maureen O'Malley, Gáspár Jékely, Tom Davis, Dave Harasti, Meryl Larkin, Jim Gehling, John Allen, Steve Whalen, Gary Cobb, Andrew Barron, Pam Lyon, Nick Lane, Derek Denton, Björn Merker, Björn Brembs, Madeleine Beekman, Kim Sterelny, Andrew Knoll, Nick Strausfeld, Jonathan Birch, Evan Thompson, Michael Kuba, Elizabeth Schechter, Tim Bayne, Bruno van Swinderen, Lars Chittka, Cwyn Solvi, Claire O'Callaghan, Christof Koch, Terry Walters, Katherine Preston, Monica Gagliano e Lesley Rogers. Um agradecimento especial a Rosa Cao, que, junto com Fred Keijzer, me incentivou a me tornar um filósofo da mente menos ortodoxo, e a Lori Guen, que há muito tempo me levou a enxergar os animais de outro modo.

É um prazer incluir o trabalho de dois ilustradores, Alberto Rava e Rebecca Gelernter. Alberto é um mergulhador e artista com talento para captar como os animais se movimentam e habitam seus corpos; seu trabalho aparece nas páginas 61, 72, 98,

153, 198, 216, 234 e 259. A característica combinação de elegância e precisão científica de Rebecca Gelernter pode ser vista nas páginas 55, 70, 78, 90, 108, 135 e 262.

O papel da preparadora de originais costuma faltar nos agradecimentos, mas pela segunda vez Annie Gottlieb fez um excelente trabalho, acrescentando melhorias sutis, porém imprescindíveis. No lado marinho, muito obrigado a Matt Lawrence, David Scheel, Marty Hing e Kylie Brown. Obrigado a Jim Ris Mamuko, meu guia de mergulho no Kungkungan Bay Resort em Lembeh, e a Chris Jansen e Katie Anderson em Live Ningaloo pela grande ajuda com os tubarões-baleia. Obrigado também a Mick Todd da Let's Go Adventures por sua mágica com os tanques de ar e tudo mais, a Trudie Campey na Feet First Dive, e a Richard Nicholls no Dive Center Manly. Agradeço outra vez aos mantenedores de Cabbage Tree Bay Aquatic Reserve, Booderee National Park, Jervis Bay Marine Park e Port Stephens-Great Lakes Marine Park por se dedicarem a cuidar desses lugares extraordinários.

Ao lado das pessoas que me ajudaram a seguir caminhos científicos tentaculares, e daqueles que estavam dentro ou perto d'água, estão algumas pessoas que estiveram envolvidas em todas as partes e estágios. Estou falando da brilhante Jane Sheldon, a quem agradeço pelas muitas formulações engenhosas e pelo olhar crítico aguçado; de Alex Star, meu editor, que me ajudou a dar forma ao material em todas as escalas, com grande atenção e discernimento; e da minha agente Sarah Chalfant, que teve um papel definidor em todo o projeto.

Índice remissivo

Números de páginas em *itálico* referem-se a ilustrações.

A

B

C

D

E

F

G

H

I

J

K

L

M

N

O

P

Q

R

S

T

U

V

W

X

Australian Government

Australia Council for the Arts

This project has been assisted by the Australian Government through the Australia Council for the Arts, its arts funding and advisory body

Metazoa: Animal Life and the Birth of the Mind © Peter Godfrey-Smith, 2020. Todos os direitos reservados

Todos os direitos desta edição reservados à Todavia.

Grafia atualizada segundo o Acordo Ortográfico da Língua Portuguesa de 1990, que entrou em vigor em 2009.

capa e ilustração de capa
Laurindo Feliciano
tratamento de imagens
Carlos Mesquita
ilustrações
Alberto Rava e Rebecca Gelernter
fotos
Peter Godfrey-Smith
composição
Jussara Fino
preparação
Tomoe Moroizumi
índice remissivo
Luciano Marchiori
revisão
Huendel Viana
Ana Alvares

Dados Internacionais de Catalogação na Publicação (CIP)

Godfrey-Smith, Peter (1965-)
Metazoa : A vida animal e o despertar da mente / Peter Godfrey-Smith ; tradução Daniel Galera. — 1. ed. — São Paulo : Todavia, 2022.

Título original: Metazoa : Animal Life and the Birth of the Mind
ISBN 978-65-5692-296-6

1. Sistema nervoso e sensorial. 2. Evolução. 3. Consciência. I. Galera, Daniel. II. Título.

CDD 612.8

Índice para catálogo sistemático:
1. Sistema nervoso e sensorial 612.8

Bruna Heller — Bibliotecária — CRB 10/2348

todavia
Rua Luís Anhaia, 44
05433.020 São Paulo SP
T. 55 11. 3094 0500
www.todavialivros.com.br

fonte
Register*
papel
Pólen soft 80 g/m²
impressão
Geográfica

FSC
www.fsc.org
MISTO
Papel produzido
a partir de
fontes responsáveis
FSC® C019498